【问道设计】

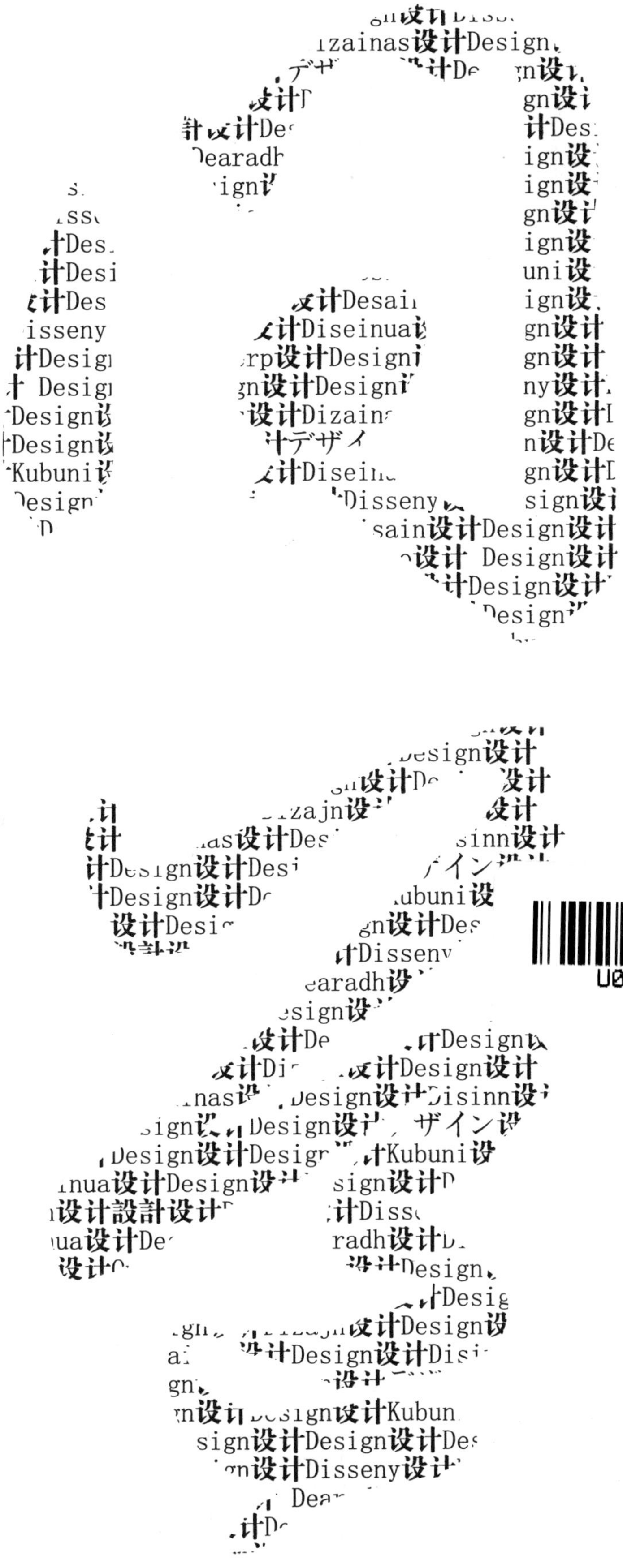

【问道设计】

⊙ 胡飞 著

中国建筑工业出版社

图书在版编目（CIP）数据

问道设计/胡飞著. —北京：中国建筑工业出版社，
2011.2
ISBN 978 – 7 – 112 – 12781 – 8

Ⅰ.①问…　Ⅱ.①胡…　Ⅲ.①设计学　Ⅳ.①TB21

中国版本图书馆 CIP 数据核字（2010）第 254889 号

责任编辑：李晓陶
责任设计：董建平
责任校对：陈晶晶　关　健

问道设计

胡　飞　著

*

中国建筑工业出版社出版、发行（北京西郊百万庄）
各地新华书店、建筑书店经销
北京嘉泰利德公司制版
北京建筑工业印刷厂印刷

*

开本：787×1092毫米　1/16　印张：15½　字数：378千字
2011 年 4 月第一版　　2011 年 4 月第一次印刷
定价：**45.00** 元
ISBN 978 – 7 – 112 – 12781 – 8
　　　（20012）

自　序

　　道，一为道路之道，庄子在《齐物论》中说："道行之而成，物谓之而然"，"问道设计"即走在设计研究的路上，投石以问路；一为道理之道，韩愈在《原道》中说："由是面之焉之谓道"，"问道设计"是在探求设计的思维、方法及其自身的内在规律，殊途以同归。

　　清人刘开作《问说》："君子学必好问。问与学，相辅而行者也，非学无以致疑，非问无以广识。好学而不勤问，非真能好学者也。"设计研究需要广博的知识作为基础和支撑，回顾十年读书治学，正是在跨学科背景下，对设计研究的相关问题展开一系列追问。

　　设计常常被定义为边缘学科、交叉学科或跨学科。然而，一旦涉及"边缘"，就需要思考什么是"中央"？"边缘"离"中央"到底有多"偏远"？一旦形成"交叉"，就需要明白什么和什么在交叉？交叉在哪里？又为什么要交叉？一旦作为"跨学科"，"跨"出去之前一定需要明确"边界"，什么是学科之内？什么是学科之外？甚至追问，设计是一门独立的学科或科学么？这就引发了对设计本体论和认识论的一些思考，也即"设计是什么"和"什么是设计"的问题。当然，这些问题迄今仍没有清晰的答案，甚至永远都无法形成一致的结论；但没有答案并不代表着不需思考，没有结论并不意味着不必探究。于是，在成为"边缘"、"交叉"和"跨"之前，我开始了对设计本身的喃喃自语。什么是设计最根本的要素？围绕这些要素，设计又包括哪些知识？设计是理性的么？设计是客观的么？设计是复杂的么？这些"追问"成为本书的第一章"设计之问"。

　　面对无法被准确定义的"设计"，回到历史中或许能有所收获；但既然设计都没有清晰的轮廓，何谈设计史呢？这似乎进入了一个"盗梦"的迷局。幸有经历历史淘洗遗存的古物，和日常生活中习见的用品。面对过去，在工艺美术氛围下多用"成器"这一术语；面对当下，在设计艺术语境中对应的则是"产品设计"。针对前者，本书选取了锁和墙两个案例展开研究；针对后者，本书选取了MP3音乐播放器和手机展开探讨。结果实现了过去和现在之间的一次"穿越"：器具和产品在"人工物"这个概念中形成一致；在方法上，"成器之道"与"设计之理"也有共通之处；在学理上，"工艺美术"与"产品设计"都融贯于张道一先生所言的"造物研究"之中。这就是本书的第二章"造物之问"。

　　既然明确了"人工物"这个基点，设计研究的路径逐步清晰起来。一谈及"物"，眼前立即浮现出具体的形象和色彩，脑中随之产生相应的意义和回忆，这就是符号学的能指与所指。很多人对符号学感兴趣，是因为他们对设计的形式感兴趣，误以为符号学是研究形式的知识，起码我在误入符号之门时就是如此。进门之后，才发现之前的理解错了。符号学的根本在于意义研究，能指与所指这对基本概念的伟大之处恰恰在于揭示了隐藏在易于感知的形式下面的意义深渊。于是，有的人退缩了；有的人则系着绳索一步一步往下走。因为深不可测，所以走得很慢，也走得很艰难。以人工物为基点，以设计语言为载体，以意义为追寻对象，设计符号学的研究得以展开。设计语言可能成为消费者眼中的视觉噪声，也可能成为企业设计策略的物质载体；"意"、"象"、"言"尝试沟通中国古代文论与现代设计理论，并由此展开传统符号的时尚建构探索；设计识别则尝试建构从设计语言到品牌管理的实现路径。设计语言在"意义"的维度呈现出多种可能性，这些追问构成了本书的第三章"语言之问"。

　　如果"人工物"成为研究现实设计世界的一种对象，那么"界面"则成为探索虚拟设计世界的一种可能。科技进步使得为了传达信息而凸显的物质实体逐渐消退，能指弱化使得隐藏在其后的所指走上前台，于是各种意义蜂拥而至；正是在量上的爆炸和序上的混乱，意义不得不退化为信息甚至数据。于是，在人工物中被人的主观能动性掩盖的意义层次和顺序的问题，在虚拟界面中异常刺目；对人工物意义丰富性的追求也不得不降低到最基本的可用性。如果有人宣称这是一种进步的话，我不得不提醒他：这只是技术的进步，却是设计的退步！信息设计、交互设计、游戏设计等诸多虚拟形态不断呈现，人们往往迷失其中，因为能指太多样刺激太强烈。但任何虚拟形态一旦追溯到原初状态和物质实体，从信息建构回到问路和地图，从交互设计回到面对面聊天和讲故事，从游戏设计回到儿时玩伴和玩具，突然发现：真的是"神马都是浮云"。逻辑导向也好，尖峰体验也罢，都只是现实生活的一个缩影。这些思考都汇集在本书的第四章"界面之问"。

在人工的"物"和"非物"之间兜了一圈，好像有点找到了设计的门道。如果说人、事、物是设计的基本要素，那么三要素的重中之重是"人"，甚至可以说，设计的根本在于人。只有真正理解了这一点，才能正确地理解"物"和"非物"。那么，设计学视角中的"人"如何定位呢？以人为本，以谁为本？如果经济学把"人"视作生产者和消费者，设计学则更应关注作为使用者的"人"；"我购买"、"我拥有"和"我使用"之间的细微差异，在意义的镜子下得以放大，设计师也在眼球经济、梦想经济和实用价值中做出自我选择。既然要研究人，那么社会学、人类学、心理学等与人相关的显学都是被"跨"的对象，"拿来"之后投射到设计学科中，就引发了文化自觉、地方性知识、模糊性等一系列追问；既然关注用户，那么城市低收入群体和农村居民等被消费社会遗忘的群体就浮显出来，而且其中的设计问题更为突出、更为强烈。这就是本书的第五章"用户之问"。

既然"人"是设计的根本，那么设计是不是一门"人"学呢？如果是，它与关注群体的人类学、关注人与人社会学、关注人自身的心理学之间有什么不同呢？如果不是，又该如何理解设计学科和"人"学的关系呢？问到这里，似乎回到了第一章的"设计之问"。很显然，设计不是一门"人"学，起码和上述"人"学不在一个并列的层级上；设计学研究的是人与人工物、人与人为事的关系，设计与"人"学的关系，或许就是边缘、交叉或跨的关系。跨到学科外之后，最终还须回到学科内。无论符号、界面还是用户，设计研究都是面向未来的，都是为了指引今天的设计创新活动。对创新的理解，需建立在理解 Innovation 和 Creation 之间的差异的基础上；也需建立在理解 $1+1>2$ 和 $2-1<1$ 的设计价值创造公式的差异的基础上。当学者们还在象牙塔中对创新理论大快朵颐之时，制造企业和设计公司早已走到了理论与方法的前面，运用设计的智慧创造财富、铸就成功。所以，作为设计研究者，既不能在历史中自我膨胀，更不能在理论中自我满足，而应直达设计的现场，在历史、理论与实践中自如切换；设计所创造的价值也将从产品的商业价值上升到产业和产业链的高度。这些构成了本书的第六章"创新之问"。

附录中收录了我向柳冠中、尹定邦、鲁晓波、许平、蔡军、杨向东、汤重熹和童慧明等多位学者关于设计的请教，一问一答中智慧不时闪光，柳冠中先生的事理学和尹定邦先生的"饭菜论"同样令人醍醐灌顶。

本书记录了我十年求学问道的设计研究历程，艰辛自知；所幸找到了研究的一条路，打开了设计的一扇门。工业设计、设计艺术学专业的硕士研究生和博士研究生们读读，或许能少走些弯路；从事设计理论和方法研究的专业人士们读读，或许能产生一些批评或共鸣；从事设计实践的专业人员虽无法从中找到造型的灵感，但或许能在其间收获顿悟。

昨日在拉萨尔（LaSalle）街畔与佐藤启一（Keiichi Sato）教授于暴风雪中畅谈，倍感"设计共识"的缺乏。很多设计学者都试图建构自己的理论体系，盖起一栋栋设计理论的摩天大楼，哪怕只有寸土尺地；日本学者则举全国之力，都做"感性工学"的一块砖。尤其今日之中国，缺的不是成功设计作品、不是知名设计师、不是优秀设计公司、更不是设计理论，而是"设计共识"，关于"设计"的学科共识、社会共识、国家共识。

今天是大年初一，我身在大洋彼岸，听芝加哥闪电暴风暴雪；心向神州大地，兆辛卯年新春新禧新生。祝愿政府、企业、设计产业、学院和研究机构早日达成"设计共识"，祝愿"中国制造"向"中国创造"的转变早日实现。

胡飞

2011 年 2 月 2 日 20：20 于 LM

目 录

第1章 设计之问

1.1 设计的要素[①]

设计是研究人为事物的科学[②]，是针对特定目标即"事"之问题的求解活动，是运用分析、综合、归纳、推理等多种方法以及形象思维、抽象思维、逻辑思维等多种思维方式来创造"物"的科学行为，是一门寓现代方法论于其中，以理性的姿态和艺术的内涵来为"人"创造崭新的生存方式和文化观念的科学。

1.1.1 设计三要素：人、事、物

为"人"服务是设计的既定目标。设计是为人的，不同民族、不同地域、不同社会形态、不同文化传统的人，对改造自然和社会、适应生存发展所运用的原理、材料、生产也不同，其创造出来的事与物，也是不同的。新技术、新材料、新形式、新色彩、新结构、新功能、新思维、新产品层出不穷，都是为了满足人们的新需求。有的企业以市场替代了生活，竞争替代了需求，形式美替代了功能，信息替代了亲身调查，外国的模式替代了中国的传统特色，这些以追逐利润为目的的设计，实际上已不再是真正的设计。"标志着当代科学与艺术融合的设计，始终直接地从物质上、精神上关注着以人为根据、以人为归宿、以人为世界终极的价值判断。"[③]

运用科学技术创造的为人工作生活所需要的"物"是设计的研究对象。设计是一种系统整合行为，是观察、分析、综合、决策、限制及控制的整合，产品是一个整体，衡量一个产品是否合理，必须全面地去评价各子系统之间的关系，孤立地就事论事是没有意义的。过于突出其中一个或几个因素都会形成设计的偏颇或异化。如：注重外在物化表现的"装饰观"；突出形态构成要素的组织变化的"造型观"；强调"功能决定一切"的"功能观"；强调产品制造生产过程中的技术地位的"技术观"和追求利润的"商品观"……这些观念都是由于未能全面、系统、整合地把握设计，突出或夸大了个别元素，从而破坏了各子系统间的均衡与和谐，形成了错误的设计观。而随着发展，人们逐步认识到了

---

① 胡飞：《试论工业设计的三要素》，《华侨大学学报·哲学社会科学版》，2004 年第 4 期，第 123 – 127 页。该文被《人大复印资料·造型艺术》2005 年第 2 期全文复印，第 37 – 41 页。——笔者注。

② "人为事物"这一概念，通常认为最早是赫伯特·A·西蒙（Herbert A. Simon）在《关于人为事物的科学》一书（杨砾译，解放军出版社，1988 年版）提出的，其书原名为 "The Scienses of The Artificial"。"Artificial" 一词意为"人工的，人为的"，书中西蒙强调的也是与自然事物相对立的人为事物，也就是说，杨砾所译"人为事物"这一概念就西蒙本意而言只是"人为"、"人工"，这也是同一本书在国内会出现两个不同名字的中文译本的原因（另一译本为《人工科学》，武夷山译，北京：商务印书馆，1987 年版）。而真正明确"人为事物"这一概念内涵的是清华大学美术学院的柳冠中教授，他在西蒙"人为"这一概念的基础上进一步明确指出"事"与"物"的区别（参见柳冠中《设计"设计学"——"人为事物"的科学》一文，《东南大学学报（美术设计版）》2000 年第 1 期，52 – 57 页），进而提出研究"物中之事，事中之理"的"事理学"这一概念。本文所论及"人"、"事"、"物"的设计三要素正是基于柳冠中先生的"事理学"理论。——笔者注。

③ 柳冠中：《设计文化论》，哈尔滨：黑龙江科学技术出版社，1995 年版。

这一点，用系统的观点，对人与自然、环境、生态、经济、技术、艺术、产品、消费者、企业等诸多相对独立的因素全面、整体的把握，从而形成了注重设计的全过程，强调生存方式、环境、生态等因素的和谐关系的设计生态观。只有通过对产品的功能、材料、构造、工艺过程、技术原理以及形态、色彩等因素进行系统的整合处理，才能实现设计的全面价值。

其研究路径则是"事"，即对人类需求的发现、分析、归纳、限定以及选择一定的载体和方式予以开发、推广。自从人类第一次把泥土主动地变成了一个视觉化有用物的时候，设计便开始萌动了，或者说，当人类还不能用语言文字很好地表达所欲时，就出现了设计形态。这表明，设计存在本身，就是人类生存需要的一种事态。因此，"事"作为一种体现设计域的知识、思维、价值、意义、符号系统及行为模式，既不是极端形而下的技术性存在，又不是玄而又玄的形而上的东西，而是一种满足人类日常生活的物质性资源，是视觉化创生与异化的整合文化形态，它凝聚了人类的情感理智、精神风貌和价值观念，是各个时代信息反馈的总和。

1.1.2 设计之"事"：事物、事件、事理

从发生学来看，"事"这一人类行为活动是先于作为"物"的产品存在的。事是确定产品之为此物而非他物的限定范畴。一切人造物都是为了通过特定活动解决特定问题达到特定目标才成为现实确定的"物"的。因为要喝水，那就产生了杯子，要贮藏就产生了罐、瓮、缸，要炊、煮就有了锅、鼎、鬲。同时，事是物的存在方式，脱离了物去分析事也就毫无意义。人造物的本质特征就是人工性及其人所赋予的目的性和价值。事是人与物发生关系的存在状态。人不是直接与物发生关系，而是通过"事"与其使用的物发生关系。一个杯子之所以成为杯子就在于它被人用来饮水。离开了饮水这种活动，杯子就不成杯子了。也即，杯子等物之作为该"物"存在是以它们为人所使用这种"事"为前提的。人使用的这种活动（事）既揭示了人的存在，也揭示了物的存在。事也是此物与他物普遍联系乃至构成整个物质世界的关联要素。同时，事又是人与他人的发生关系的存在状态。① 如，饮水这种活动（事）不仅指向杯子（物）和制造杯子的原料，也指向制造、销售、使用杯子的人。事也是人与他人普遍联系乃至构成整个人类社会的关联要素。所以，设计既是研究人为事物的科学，更是研究人为事件的科学。产品所表现的是现有的静态的空间上的存在方式，事件表现的则是可能的动态的时间上的存在方式，而设计总是面向未来、对现实和现有产品的一种超越，是人对未来性思考的一种具体化，因此，设计之事的本质就是其时间性，是把设计作为一种可能性、将来而存在。

从哲学的角度看，"事""物"从来不是独立存在的。事物是实体在特定联系中的特定表现形态；物即"特定表现形态"，描述事物赖以表现出来的特定存在物，是"实体性要素"；事即"特定联系"，描述事物与他事物的联系，是"关系性要素"②。G·J·克勒将系统划分为两种，一为"事物定向的系统"，"集中研究某些类型的事物，而不管任何特殊类型的关系"，因而它与传统上将科学划分为学科和专业密切相关，以实验为基础；一为"关系定向的系统"，"集中注意的是同包容在系统中的事物的类型无关的那些系统现象"，以理论为基础，

---

① 笔者此处所论及"事"与"物"的辩证关系，是受到海德格尔关于"存在"与"存在者"之间关系的论述的启发，参见：［德］海德格尔：《存在与时间. 北京》，陈嘉映，王庆节译，生活·读书·新知三联出版社，1999 年版。——笔者注。

② 姜云：《事物论》，海口：南方出版社，2002 年版，第 254 页。

因而与新兴的系统科学密切相关①。由此可见，"物"实质上就是"事物定向的系统"，研究"关系表现出的属性"；"事"实质上就是"关系定向的系统"，研究"属性表现出的关系"。中国文明从来都是讲"事物"，而不是只讲"物"②。古人谈道器兼备、道技兼进，都没有脱离"道"去谈器物；"器"是人们做事的工具，是人化了的物，是具有理想、观念、方式、情感的物。只是近代西方文明的传入，我们才逐渐淡忘了"事"而专注于"物"，即，往往只注意到了事物的实体性要素，而忽略了事物的关系性要素。所以，事物不是单纯的实体性存在的"物"，而是实体性要素和关系性要素的统一。"物"既是行事的手段，又是事毕的结果；"事"既是隐藏物后的背景，又

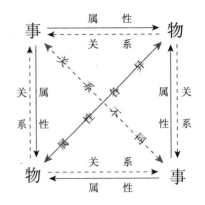

图 1-1 事与物的辩证关系

是呈现物态的前台。就物论物，过于狭隘；就事论事，流于空泛。只有以事论物、以物求事，人为"事""物"整体地、共同地、辩证地构成了设计。

在爱因斯坦广义相对论中提出关于时间——空间客体的观念之后，人们摒弃了牛顿的绝对时间和绝对空间的观念，接受了德国物理学家闵可斯基的"四维空间"的概念，即用空间中的三维坐标和时间中的一维坐标来确立和描述一个发生在特定时刻和空间中的事件。时间维度在设计上的具体表现是将"运动"的概念注入其中。因为，一切运动必须伴随时间的过程。当运动成为展示时间维度的象征物时，设计关照的就不再是一个静态的"事物"，而是一个运动中的"事件"。这种"事件性"不仅是指设计元素的力学运动特性，更为重要的是对设计对象自身生长性、变化性、秩序性的关注。因而设计必须适应变化中的环境。设计的事件性，一改过去设计作为"工具理性"占主导地位的局面，使其更加接近人文的要求。因为"时间要素"和"运动"给设计预留下足够的环境空间和描述时间使经验和过程日显突出。③ 设计造物在这一观念的影响之下变得比以往任何时候都复杂。为人造"物"的设计过程同时也成为创造"事件"的过程。它使设计出现了一种物和非物的边缘状态，并把物质消费背后隐藏的背景、意义和象征性一下子提到了前台，成为消费的直接对象和追逐的目标。因此，实现功能已经不再是现代设计的重要目标，人们开始追求由物所带来的事件及事件背后的符号意义，甚至追求"一种无目的性的、不可预料的和无法准确测定的抒情价值。"④ 而且还通过设计中的"事件"来建构特定的符号体系，以表达和确认自我的存在。像服装及个人物品所展现的符号构成了自我确认的范例，因为这个范例与内在的秩序同质，这就是通过符号对自己的解读。⑤ 这种解读在"个性化消费"的今天尤为重要。

强调设计的事件性是"知其然"，其目的是"知其所以然"，即"事理"。中国茶具的

① ［美］G·J·克勒：《信息社会中二维度的科学的出现》，闵家胤译，《哲学研究》，1991年第9期，第46页。
② 《大学》："致知在格物，物格而后知至。""格物致知"是儒家的认识论纲领。但儒家理学各派对"格物致知"的"物"的理解并不相同。程朱的理解是"物犹理也"（程颐），主张"即物穷理"（朱熹），此处之"物"具有"实体"的意味，是在实践之前、之外的预设。王阳明的理解则是"物犹事也"，讲"理在事中"，讲"知行合一"，此处之"物"殊非离人而在的实体，而是指人的实践活动。——笔者注。
③ 屠曙光：《时间、事件和故事——论现代艺术设计的观念》，装饰，2000年第1期，第8-9页。
④ ［美］马克·地亚尼编著：《非物质社会——后工业世界的设计、文化、技术》，滕守尧译，成都：四川人民出版社，1998版。
⑤ ［法］罗兰·巴特著：《符号帝国》，孙乃修译，北京：商务印书馆，1994年版。

形式演化，是人类设计文明进程的一个综合缩影，也是我们探究中华设计文明的极具典型意义的内容。从存在的形式与那些影响形式的系统内部因素的关系来看，早期人类以叶片饮水和竹筒盛水，直接成因是饮水解渴的需求，也是人类进化与选择简陋材料的必然结果。西汉时期，茶作为中草药进入市场；三国时期，东吴等地开始以茶代酒招待客人；隋唐之时，饮茶之风日盛。这一时期的茶具，或罐或瓶或盏或壶或碗，形态各异；或陶或瓷或金或银或铜，材质不同。可见，生活中的需求与现有材料的运用，操作的经验与工具的完善以及表达意愿的过程是形式创造和形式存在的本质前提，也是"物顺事理"的必然。晚唐的"点茶"、宋代的"斗茶"、明代的散茶、清代的功夫茶和盖碗茶等饮用方式的改变，烹、煮、冲、泡等加工方式的改变，产生了壶、盏、碗、杯、笕、匙、漏斗等功能不同形态各异的茶具，并衍生出茶几、茶凳、茶炉甚至茶水的变化，如同"清明上河图"浮现在我们面前。这让我们清晰地看到，饮茶所用的工具和载体的特性影响并形成了相关联的器具、家具乃至人们的特定的饮用方式，进而升华成为一种生活形态和文化。其中每一环节之间（即子系统）的互为因果的关系和构成特定文化艺术形式系统的结构原理，正是"事理"研究的内容。现在，花茶、果茶、冰茶、暖茶层出不穷，即饮、袋泡、速溶随心所欲，易拉罐、塑料瓶、纸包装日新月异，以满足一种更高层次上的生活与工作的饮茶需要。可见，当工具和载体因为生活中各种各样的需要而改变时，适合它们特点的新方式必定会被重新定义。也就是，说每一种茶具、载体的特定存在的背后，必然存在着一个更为全面而整体的、与之相对应的特有方式。"当人们的需求冲击传统载体、工具、工艺乃至风格、艺术形式时，更新的不仅是新生的工具载体、形式，而且是观念、评价、标准、方法、知识、技巧所构成的整个系统。系统地审视历史上的现象或物件、史实或形式、工艺或文化，将某一物或器表面上的纵向发展与当时相关或似乎不相关的'事'与'理'进行比较分析，即可将特定目标的系统结构揭示出来。"① 这正是作为人为事物科学的"设计学"的研究目的。

1.1.3 设计三要素的层次

设计的三种关联要素分为两个层次。物与事为第一层，在这一层中，我们研究的是由人的感官感知并按照知觉心理学总是从属于一定的知觉渠道的产品的材料、工艺、质地、色彩等物质条件和相关技术手段；是特定之事包含的与时间、空间位置相关的产品结构（层次性、有序性、稳定性等）和功能；是针对特定人群的心理、情感、喜好而确定的富于生命力的产品形态。因而设计成为一种技术服务手段，是解决实际问题（特定之事）的能力，是针对目标体系，运用与社会同步的审美和创美能力，提出解决方案，并通过完备的人机工程学和材料工艺学知识，运用艺术的形式，将想法物化于实际的产品之中，其实质是创造产品形态的感知方式，是一种"形式赋予"的活动。在这里，我们研究的是"物"，了解的是"事"。

事与人为第二层，在此，我们研究的是行为过程所指涉的各物及其相互关系即产品的使用环境、使用条件的限定；是通过对不同时代的人在不同时段的思维方式和特定行为以及行为过程本身的分析（惯用动作、偶然动作及其相互关系），确立一种开放、可补充、不饱和的行为概念，通过研究行为的文脉求得一种事的可能性；并致力于解决行为的可能性与现实性的关系，协调行为实现过程中人、自然、社会关系的诸多问题。因而设计成为

---

① 柳冠中、蒋红斌：《汉字字体演进规律及"事理学"初探》，装饰，2002年第2期，第5页。

一种人为事物的科学认知方法，一种研究人为事件的系统理论，其价值不仅在于解决具体产品的形态问题，更在于以系统观全局出发去综合考虑人、自然、社会的相互关系及其发展趋向，在兼顾生态环境、自然资源、科技发展的同时，解决人类深层次的需求，为人创造合理、健康的生存方式和生存环境，它跳出了技术和手段的限制，站在整个人类社会的进化和发展的宏观角度，成为对一切生产和创造活动都有指导意义的方法论。在这里，我们研究的是"事"，探求的是"事理"。通过研究当时的宗教、文化、艺术、道德等社会生产力、生产关系运动的表现形式，求得引导了这些形式的人类认知方式、思维方式和行为方式。

设计是一种有序排列的三位关系①，由物→事→人是对现有产品整理、归类、抽象、归纳的分析过程，是通过研究过去的物与事、事与人、人与物之间的关系并求得合理的方法指导现今设计的认知活动；而由人→事→物是对新产品的全新使用方式针对特定人群、特定时代、特定环境、特定条件下的限定和演绎过程，是对未来的人与事、事与物、物与人关系的全新创造活动。

1.1.4 从"物"到"事"的设计创造

设计的创造性在于有效协调诸多限制因素，合理重组既有资源，最终达到"事物"的适宜状态。就造物设计而言，设计者无法改变既有的"事"，只有最大限度的利用既有资源，进行合理创造。设计的能动力量来自设计者的协调能力和重组资源的创造性。就此而言，"事"与"物"构成一个广泛的资源域供设计者选择，设计行为意味着对可控资源的组织及创造性利用。对设计者而言，设计创造的过程中应该充分发挥自身的主观能动性。"方案的搜索本身是一个充满创造性的设计过程，是以一定的设计技术，根据一定的设计目的和内部结构、外部环境，结合一定的文化性、社会性进行特定系统和方式的创造。"② 不是在诸多制约因素面前去思考我们"不能"怎样，让"事—物"的诸多限制羁绊我们的手脚；而应该在诸多限制面前思考我们"可能"怎样，将"事—物"的矛盾转化为设计创造的机会。一味屈就和被动适应制约因素，设计只会作茧自缚；在诸多限制条件的可能性中迸发灵感，设计才会巧夺天工。从这个角度说，设计者设计创造的过程就是自我知识结构的重组过程，是从新的视角、新的实践领域、开拓新的创新的方向，乃至启示人再去创造新知识。

由此，也可粗略描绘出设计创造目标的轮廓。一方面，维持既定关系不变，更加充分地发挥各要素的优势，更加有效地利用各部分资源，创造出时间、环境、用户、人工物的更佳属性。"因材致用"是充分发挥"物"的材料属性的特质；"因材施艺"则是有效利用"物"的材料属性发挥设计者的技能特长。"因时制宜"、"因地制宜"、"因人制宜"则是充分利用时间资源、环境资源、市场资源甚至设计者自身的人力资源。设计的过程是设计者不断发现问题、分析问题、寻求手段从而解决问题的过程。通过对时间、环境的限定，设计活动就在"人"（用户）与"物"之间展开。整个设计过程，是通过不断组织技术、材料、设备、机构等"物"的要素去适应"人"的行为过程中的需求，是由事及物的造物过程。另一方面，维持"事—物"结构中各个要素的属性不变，打破既有"事—物"结构中各要素之间的相互关

---

① 笔者这一理念来自于皮尔士关于逻辑符号学的论述，参见：［德］马克思·本泽，伊丽莎白·瓦尔特：《广义符号学及其在设计中的应用》，北京：中国社会科学出版社，1992 年版。——笔者注。

② 柳冠中：《工业设计学概论》，哈尔滨：黑龙江科学技术出版社，1997 年版，第 87 页。

系，巧于因借，将既有的时间资源、空间资源、市场资源、物质资源以及人力资源进行重新组合，化不适宜的关系为适宜，变适宜的关系为更适宜，创造出时间、环境、用户、人工物的新关系，建构新的"事—物"系统，谋求整体优化。介于前两者之间，存在创造的广阔天地，即维持部分的既定关系或者部分的要素属性不变，同时对另一部分要素进行优化处理或对另一部分既有资源进行有效重组。此外，更为理想的、全面的创造则是既创造出全新关系，又创造出全新属性。此外，设计者自身的创造力来源于视角的转换。或在"事"与"物"之间，左右逢源、协调关系；或以用户的角色融入事中，参与行为、积极活动；或以旁观者的角色置身事外，整体把握、宏观决策。

在历史的缠绕中解读知识和思想，在实践的困顿中探寻未来与方向。消费社会以"物"的占有掩盖了满足欲求的真相，科学技术的突飞猛进滋长了人类的自我意识甚至唯我独尊，当代设计更是陷入针对假定的"群"而从设计到消费的单向性进程这种结构性缺陷。我们必须深入现时代的整个文化系统和社会体系之中，搜寻突破当代设计困境的出口。或者跳出物外，将设计的视角从材料、工艺、技术的等"物"的创造转移至社会文化、生态环境、人类行为等"事"的创新，还"物"以人的欲求的满足手段的本来面目，通过恰如其分地展示需求梦想，具体回应社会想象力；或者身在事中，设计作为知识创新和技术创新的着陆点，不仅仅关注个体或群体意义上的"以人为本"的存在和发展，而是提升到社会的共同和谐与人类的长远发展上，变消费为服务，化竞争为共生；或者置身事外，强调以自然为本，与自然共生共荣，设计成为根植于可持续发展的资源优化重组利用，并突破运用绿色材料、生态技术这一类"物"的可持续设计观，从主要依靠自然资源要素的利用转向主要依靠知识技术要素的分配和重组。

无论我们处于"事—物"系统的何种位置，都必须不断探索社会文化、生态环境、人类行为等因素的动因和相互关系，在当前人为事物的复杂关系下巧妙寻求一个平衡点。于社会生活的"事—物"关系中发掘新的资源，是设计科学研究更上一层楼的重要路向；并以之作为相互关系的判定依据和设计创新的评价标准，成为设计创造日新月异的源源动力。

1.2 设计的理性[①]

设计的理性问题，是一个重要的设计哲学问题。理性精神的实质是一个历史性命题；在不同的历史时期，不同学派对理性的理解都有所不同，如亚里士多德的《工具论》、培根的《新工具》、笛卡尔的《方法谈》、洛克的《人类理解论》、莱布尼兹的《人类理解力新论》、休谟的《人类理解力研究》、康德的《纯粹理性批判》、韦伯的《社会经济组织理论》等中对"理性"的界定各不相同。

回溯西方思想史，"理性"原本就是作为"人文精神"的要素而存在并贯穿始终。从古罗马时期维特鲁维在《建筑十书》中以理性判断作为检验一切技艺创造的标准，到启蒙运动以理性研究为人生的意义及其认知世界提供一种手段，"理性"始终与"求知"精神、"理论"性质、"对象化——主体性"的思想方式等现代谓之"科学"的东西密不可分。而这无疑是与当时代人文精神的内核所一致的。只是到了近代以后，理性本身才逐渐被片面化为自

---

① 胡飞：《解析工业设计的若干"理性"问题》，《2004 亚洲国际设计教育研讨会论文集》，台湾：东方科技大学，2004
年 11 月，第 405 – 413 页。

然科学,被消解了其中的形而上学维度(即对于人生意义与人自身完美的关怀),并置于"至高无上"的地位,形成"实证理性"及"工具理性"。以下从理性、非理性、工具理性、目的理性、科技理性、价值理性、实质理性、有限理性等众多"理性"概念之中,捉对解析,以期从中管窥设计"理性"之庐山真面目。

1.2.1 设计的意义:"工具理性"与"目的理性"

所谓工具理性,就是达到既定目标的最佳手段的计算。正如孔子所云"工欲善其事,必先利其器"。工具理性讲求功利和实用,它关怀的重点是"如何"而不是"为何"的问题。表现在理论上是形式化、数学化,表现在方法上是精确化、程序化,表现在实践上则是可操作性和普遍有效性。工具理性在人与自然之间架起了一座中介性的认识论桥梁,通过这座桥梁,不断向自然界索取,以达到人类物质欲望满足的彼岸。设计的工具理性使其成为一种技术服务手段,和解决实际问题的能力,是针对目标体系、运用与社会同步的审美和创美能力、提出解决方案,并通过完备的人机工程学和材料工艺学知识、运用艺术的形式、将想法物化于实际的产品之中,其实质是通过"形式赋予"创造产品的感知方式。映射到设计的意义层面即设计的需求观。作为工具的设计物是为了满足人自身的生理和心理需求;喝水与杯子,贮藏与缸罐,炊煮就有了锅鼎,就是需求与工具的关系。从心理学家马斯洛提出的人的"需要层次说"来看,首先人们要从产品物质功能上得到需求的满足,然后从产品的精神功能上能得到审美、心理上的关怀和爱的满足,同时,在人与人交往的过程中,使用的物品可以用来体现自尊和成就。

目的理性主要回答人类世界"应当是什么"、"怎样才更好"的问题,它主要给科技物质成就丰硕的世界一个善和美的价值引导,给认识、征服、开发、利用自然的活动一个长远的合理的计划。人类的目的理性是在认识改变客观现实活动中,在用"人的尺度"去引导、把握"物的尺度"的能动过程中逐渐发展起来。设计,超越了个体和物质形态的层面,将上升到与哲学、自然科学相并列的高度:如果说哲学是人对自身和外部世界关系的反省,是解决追问"我们是谁"的理论;自然科学是研究宇宙万物的运动及其规律,是解释"我们从哪儿来"的理论,那么设计学则是汇合人类一切智慧的精华,以"人"为根本对象,以创造性、可持续性的态度去研究人类社会的发展,进而为人类指引更美好的未来——就是解决"我们将去向何方"理论。

工具理性是一种以工具崇拜和技术主义为生存目标的价值观,而目的理性是以人的意义,人生的追求、目的、理想、信念、道德,以及人性的终极关怀为皈依的人文精神。工具理性着眼于"器"的因素和"物"的目的,目的理性则瞩目于"人"的因素和"道"的宗旨。设计则正是联结"人"与"物"的"事",其意义也正在于寻求成"器"之"道"、造"物"之"事理"。满足特定时期特定区域特定人群的特定需求的器物,经过人类社会的"自然选择"和时间的验证,积淀而成整合了人文风貌、社会文化、风俗习惯的物质文化。所以,设计的工具理性"需求说"和设计的目的理性"文化说"都是设计理性的反映,只不过前者是共时性要素,后者是历时性要素罢了。

1.2.2 设计的行为:"实质理性"和"有限理性"

西方经典经济学的基本假设是经济人(消费者)完全理性和自利的,他们会合理利用自己所收集到的信息来估计将来不同结果的各种可能性,然后最大化其期望效用。在消费商品时，消费者总试图在既定的收入约束条件下获得尽可能大的满足，这样，消费者的消费行为可以看成是效用最大化的行为，是一种实质理性。由此建构消费者的心理模型以指导设计实践，以寻求效用最大化和最优化为目的作为设计作品的评价体系，已成为一些设计理论家的制胜法宝。

但热力学第二定律告诉我们，我们所处的系统是有限的，自然结构衰减比守恒更为可能。设计的有限理性，就是能量可耗性观点在逻辑学上的延伸。赫伯特·西蒙（Herbert A. Simon）归纳了心理学、社会学、经济学、哲学、伦理学等学科关于理性一词的用法，提出了一个广泛的定义："理性（rationality）指行为的一种风范，这种风范，一方面适于达成指定目标；另一方面受制于一定条件和约束。"① 这就是其"有限理性说"，承认理性，但不是绝对完美的理性，而是有限的、受限制的理性。其理由有三。首先，不存在一个完全客观的最优标准。不同的人对同一事物的要求不同，同一个人对同一事物在不同时期的要求也不尽相同。一辆自行车，要满足男人、女人、大人、小孩、城市、乡村、赛跑、载重各种要求是做不到的，只能分型、分档去适应不同用户的主要要求。其次，即使在现实生活中存在最优，由于信息来自实践，在短时间内无法了解新事物的全部信息，因而在决策初始阶段无法做到最优化。第三是要考虑事物变化的动态性，在信息时代尤其体现出信息的迅速老化，在寻求最优的过程中，事物又变化前进了，原来这个最优可能已不是最优了。此外，人作为物种的有限性和文化的相对性，导致认识的相对性和有限性。

西蒙认为，一个设计问题可以表述为"通过内部环境的组织来适应外部环境的变化"。内部环境代表了可能性，是一些可变通的方法或方法组合；外部环境代表了限定性，是一组变化的参数。生产者、销售商、消费者是外部环境参数，设计师通过组织、选择内部环境——空间、材料、结构等来找到"最优化"的方案。柳冠中先生将设计问题化曰为外因（人、时、地、事）与内因（技术、材料、工艺）等共同作用下的一个"关联性"系统（目标系统）。马车、自行车、汽车、地铁、飞机、轮船等"人造物"，其终极目标统一为"移动"，但在不同内、外因作用下产生了不同的交通系统。因此，设计科学可转化为"对目标系统的确定"与"重组解决问题的办法"这样两个侧面，可进一步化约为"目的——手段"。② 设计所谋求的"最优"，从来都是在一定限制条件下的"不可能最优"，而那些限制条件中，就包含着设计者、生产者、销售者、消费者、使用者中一方或几方争取自身利益的社会限制。解决设计问题的"最优解"，其实不是使每个方面都达到"最大满意"的解，而是使各方"最小不满意"的解。正是在这个意义上，设计师的职能就是"中介人"，起到博弈双方"仲裁人"的作用，努力使冲突各方达到互利的妥协。设计的行为本身常有一些矛盾存在：问题的形成没有明确的定义；有明确的目标而限制条件却不知；缺乏逻辑性；决策不能客观；问题没有可定义的解决方案。这些问题也决定了设计行为是实质理性被逐步澄清的过程，因而是一种有限理性的过程。因此，"设计是一种以功能为目的的行为，一种赋予秩序的行为，是一种具有意识意向性的行为，是一种组织安排的行为，是一种富有意义的行为"③，更是一种有限理性的行为。

① 杨砾、徐立：《人类理性与设计科学——人类设计技能探索》，沈阳：辽宁人民出版社，1987年，第78页。
② 柳冠中、唐林涛：《设计的逻辑：资本——人、环境、还是资本》，装饰，2003年第5期，第4页。
③ ［美］Victor Pananek：Design for the real world—Human Ecology and Social Change，New York，1973，p5.

1.2.3　设计的手段："技术理性"与"价值理性"

从工业社会发展至今，设计从未剥离科技而独立存在，也从来没有完全屈服于技术而丧失自我价值的存在。恰恰相反，设计从一开始就成为技术理性与价值理性的中介人，协调着技术与社会的各种冲突。

工业革命催生了各种技术发明，并以一种"强入方式"（J·哈贝马斯语）畅通无阻地进入社会，社会处在现代工业文明与传统农业文明的交界处，设计因而起源于艺术力图抗衡机械生产对人的异化，试图找到一条文化与技术交融之路，直至包豪斯功能主义的出现。随着物质生产的增加，人们从大量的技术衍生物中获得了选择的权利。作为技术物的产品不得不改变其社会进入方式以适应市场竞争。而艺术与生俱来的"魅惑"无疑是为技术穿上文化外衣的直接方式。于是，艺术装饰风格、流线型风格、高技术风格等，"城头变换大王旗"，以适应社会转型。尤其是在供大于求的社会关系形成后，社会对产品的消化或淘汰具有了主动权，设计就作为技术的外壳用以缓解技术体系革新的较长周期和技术需求的较短周期之间的矛盾。同时，为了满足大量生产、大量消费，技术体系越来越需要一种"诱惑"的方式来吸引消费者，于是引发设计研究重心从产品功能与形式的关系转移到产品使用与消费者的心理需求层面。今天产品与产品消费已转变为社会关系在人心理上的某种"幻影"，它更多是作为人与周围产生联系的"交流工具"以及划分人的社会群类的符号，体现的是产品多层次的意义与文化。实现功能已经不再是现代设计的重要目标，人们开始追求由物所带来的群体归属性、风格化、多样性、独特性、象征性等符号意义和抒情价值，从而涌现出大量潮流化、时尚化、复杂化、丰富化、具象化、情绪化的产品。因此，凸现产品的独特价值就成为当代设计的重要手段，其中尤为突出的是为原有产品穿上"时尚"的外衣。正如法国著名符号学家皮埃尔·杰罗斯说："在很多情况下，人们并不是购买具体的物品，而是在寻找潮流、青春和成功的象征。"而进入知识经济社会或信息社会，网络的出现和普及使数字化的信息割断了建立在人与实实在在的"物"之间通过接触而形成并达到默契的人与"物"化信息之间的直接联系，而在其中插入了一个数字的替身。

从而在一定程度上，科技不仅征服了人类，科技所赖以运作的那一套"逻辑"与"规则"也同时征服了人类，并且逐渐内化成为人性的一部分。从机械化到标准化的工业生产，规定了人对技术衍生物的使用，从而规范了人的行为；风格化、模式化的设计反映了个人对社会一定程度上的适应，"个人选择"实质是处理个人与社会关系的规范形式的表征；基于网络媒介的设计中，数字化的工具打造的是普遍化、标准化、纯数量化的时空模式，"比特"作为软载体符号已经伪装成具有自然的直接性和呈现性，数字化技术的工具优势作为艺术的催化者，通过将非自然、非人性的成分引入时间、意识、理性、历史的世界之中，并运用超文本或超媒体符号思维的外在干预，使人类的行为和文化规范越来越单一，形成自然呈现的中断和价值理性的阻隔网络工具理性是一种见物不见人、重器不重道、重手段不辨目的、重技巧效应不重科学精神的实用主义技术观，并在逐步演化成为我们当下设计的重要特征和现代社会的主要景观。"技术沙文主义"又重新抬头，误将虚拟的视屏符号当做普遍的价值出发点，妄图以"技术巴洛克"和"技术洛可可"虚幻的外衣，以"科技崇拜"将人类导向意义和价值虚无的危途。从文化体系的角度看，技术本身也是社会关系变化的产物。当代文化体系的演变不是一种简单的技术附带现象，相反，文化赋予技术的物化形式之时也赋予技术存在的意义，每一种技术的进步都得益于社会的意识形态，它引导着技术的发展。

1.2.4 设计的形式：“理性”主义与“非理性”[①] 主义

理性设计和非理性设计是近现代设计史上的重要思潮。理性主义设计形成于 1920 年代，它强调审美规律，追寻逻辑思路，反对因袭传统，寻找设计与科学技术、材料结构发展相一致，力求用高技术表达高情调，其实质就是“功能主义”。设计师勒·柯布西埃曾把设计说成是超越一切其他艺术的艺术，要求能达到“精神的纯创造”[②]、理性的境界，满足数学的规律、比例的协调，这才是其最终目标。理性主义也被称为合理主义，格罗皮乌斯曾指出，它是“一种净化建筑（或设计）的媒介”，“把沉浸在装饰中的设计解救出来，强调其结构功能，并将注意力集中于简洁、经济的方案探讨”[③]，而满足人们精神上的审美需求与依靠纯物质的实用价值是同等重要的。风格派、包豪斯和芝加哥学派等现代建筑运动的一些著名设计师都为理性主义设计的发展作出了贡献。一方面，设计师把正方形、三角形、圆形这些形态看作形式美的象征，将这些黄金分割、规则波浪线等数与线看做是美的构成要素，广泛运用于建筑设计、产品设计、服装设计；另一方面，在设计中强调人的活动的分析和人的需求的满足，力求用先进技术来体现整个构思，从而设计出满足人的需求的最佳“容器”和“包裹”。

非理性主义（irrationalism）是 19 世纪以来欧洲的一种哲学思潮。主张超越理性，从更广泛范围来扩充对生命的理解。在达尔文和弗洛伊德的影响下，非理性主义也开始探索生物学的和潜意识的经验根源，从而产生了实用主义、存在主义和生命哲学派。如艺术上的达达主义、表现主义，设计上的解构主义等，它们都重视异质事物，反对整体性和系统性。一反传统观念，打破一切因袭认识和古典法则，在设计创作中推崇非理性、非逻辑性，用以代替旧有的逻辑价值，主张对传统形式的局部组合，以异乎传统的方法利用材料，将其变为奇异的结构或形式。解构派推行自己的反转和消解法则；达达派开放了艺术，把一切工业产品视为艺术的附庸，这与理性主义背道而驰。在这里，技术与美学为设计师提供了无限可能性，形式美成为主宰生产和消费的理念。消费社会非理性设计的主要形式为感性设计。它以象征寓意和符号为特点、以心理需求为满足标准；注重设计所表达的社会价值、注重名牌、注重时尚潮流；以个性表达为情感特征，强调潮流化、时尚化、复杂化、丰富化、具象化、情绪化[④]。而信息社会非理性设计则主要表现为交互设计、体验设计。它不仅要阐明人们如何进行人机互动和人际交流，更要致力于用“意义”来限定人为事、物的环境系统中参与者的行为。即，设计者通过对内容的理解来定义产品、服务、环境的行为，创造用于交流、理解和表达的新奇、便利、有效的交互产品、交互事件、交互方式。

理性主义将设计从 19 世纪以来无视功能的装饰化死胡同中解救出来，具有重要意义，但成为一种主义后，片面强调唯理论和理性万能，又把设计拖向另一个极端；非理性主义对工

---

① 美国学者丹尼尔·卡纳曼（Daniel Kahneman）开创了“非理性行为经济学”，并因此获得 2002 年诺贝尔经济学奖，他“把心理研究的悟性和洞察力与经济科学融合到了一起，特别是有关在不确定条件下人们如何作出判断和决策方面的研究”（瑞典皇家科学院的新闻公报）。这个“非理性”，是指非经济人理性，不是否定理性。而本文中所指的“非理性”则是哲学层面上的。——笔者注。

② ［法］勒·柯布西埃：《走向新建筑》，转引自：奚传绩编：《设计艺术经典论著选读》，南京：东南大学出版社，2002 年版，第 260 – 262 页。

③ ［德］格罗皮乌斯：《新建筑与包豪斯》，转引自：奚传绩编：《设计艺术经典论著选读》，南京：东南大学出版，2002 年版，第 187 页。

④ 蔡军：《关于理性消费与感性消费的设计定位研》，2001 清华国际工业设计论坛暨全国工业设计教学研讨会论文集，北京：清华大学出版社，2003 年版，第 148 页。

业时代问题的反思有不可否定的积极意义，但有些非理性主义者曲解对人的再发现，往往把非理性局限于审美范围，并将其绝对化，阻碍了设计创造的正常发展。由此可见，一部设计史所反映的正是理性与非理性的不断交锋，从自己的发展、衰落又走向自己的反面的历史，同时又在这一循环中不断改变自己的面貌。

1.2.5 合理性的设计

设计凝聚了人类的情感理智、精神风貌和价值观念等各个时代信息反馈的总和，必然折射出工具理性与目的理性、实质理性和有限理性、科技理性与价值理性、理性与非理性等一对对矛盾的关联。作为工具理性的设计，强化人的需求的满足，必然导致其强调技术手段；作为目的理性的设计，承载了人类历史文化传承的引导人类发展的重任，也必须彰显作为个人表征的心理情感和作为群体表征的社会风尚；在以实质理性为基础的传统经济学背景下，设计的行为必然以效用最大化和最优化为评价体系，设计因而都以满足数理美学的协调形式出现；技术融合带来的不确定性、高风险和个性化体验，正成为信息经济不同于工业经济的最主要现实，新经济也要求经济人理性与非经济人理性两分经济学天下，一方面有限理性将设计"解决问题"这一目标从"效用最大化和最优化"引向"满意解"，一方面"非理性行为经济学"将关注点从群体引向个人，因而出现了个性化设计、感性设计、交互设计、体验设计等众多非理性形式。

这是一个大汇流的时代，农业社会、工业社会还未完全退出历史舞台，消费社会仍然是社会形态主体，而信息社会、知识经济社会却又方兴未艾；一切人类历史的伟大成就，观念、价值、思维、行为等都得以前所未有的大融合、大汇流。设计的意义成为工具理性和目的理性的统一，设计的行为由实质理性转向有限理性，设计的手段也以科技理性和价值理性相并重，设计的形式也成为理性与非理性的整合，进而螺旋上升演化成为设计的"合理性"。必须强调指出的是，这个"合"包括两个层面的意思：一方面，"合"是适应、适合，表明了设计的意义、行为、手段、形式等是对外部环境包括时间、空间、人群、环境、行为、意义、价值等和内部环境包括技术、原理、材料、工艺、形态、色彩、结构、资源、成本等的适应性存在；另一方面，"合"是整合、融合，设计诸理性的汇流，并不是形成了一个全新的理性，恰恰相反，通过各个层面的交融整合，设计的"理性"恢复了它的历史本来面目："自由"——这一人文精

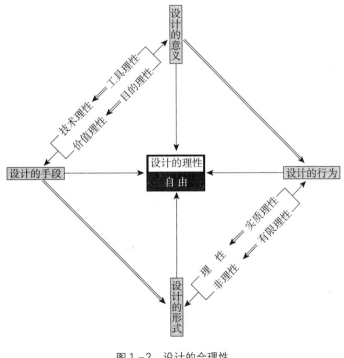

图 1-2 设计的合理性

神的内核。回溯思想史，当中国古代先哲在强调"天人合一"时，古希腊大思想家的柏拉图也在他的理念世界中，构筑了以善理念统领真、善、美学科的"金字塔"理念体系。天人不分也罢，以善理念统领真善美也罢，都暗含了人类工具理性与目的理性、科技理性与价值理性重合的悟性要求。而今天诸理性的融合与汇流更扩展和深化了整合的趋势，并通过设计这一人类文化的创造形式有力地回复了这一历史命题。同时设计的行为和形式也由实质理性走向有限理性甚至非理性，在全面深入认识的基础上再次凸现出人的主体地位，引领设计走向了新的更高层次的"自由"。

面对这个"设计史上新的黄金时代"（美国工业设计师协会会长马克·德杰尔斯克语），我们必须以"合理性"的设计，通过恰如其分地展示需求梦想，具体回应社会想象力。正如尼葛洛庞蒂所言："预测未来的最好方式就是把它创造出来。"

1.3　设计的客观性[①]

设计学是研究人为事物的科学，是针对特定目标即"事"之问题的求解活动，是运用分析、综合、归纳、推理等多种设计方法以及形象思维、抽象思维、逻辑思维等多种思维方式来创造"物"的科学行为，是一门寓现代方法论于其中，以理性的姿态和艺术的内涵来为"人"创造崭新的生存方式和文化观念的科学。设计学研究事与物、人与物、物与物的关系，但都离不开客观存在的"物"；设计必须以物质条件为基础，只有通过"物"这个载体才能将其意义传达给人，因而设计是客观的。设计的执行者是人，设计目的也是为了人，设计的评价还是人；因此，设计不可避免地具有强烈的主观性。那么，我们到底应该如何看待设计呢？设计的客观性和主观性何者处于主要的地位呢？

1.3.1　设计的艺术属性的客观性

我们之所以说设计具有艺术特征，因为设计在思维和表达上与艺术是不可分离的，它是设计借以实现目的的手段。在黑格尔看来，艺术是一种纯精神化的东西，在此基础上，美学家克罗齐认为"艺术是诸多印象的表现"[②]；苏珊·朗格从符号学的角度提出，"艺术是人类的情感的符号形式的创造"[③]，艺术在"形而下"地描述世界，它是凭感觉的，因此它源于真实，却高于真实。我们需要借鉴艺术的灵魂——用直觉的想象力来编织我们的设计。我们需要运用艺术的方法来启发创造力。然而，这并不意味着，设计也同艺术一样是一种主观的意识的结果。设计不过将是艺术作为其实现目的的一种方式，它是围绕着设计方的目的来进行的。如果艺术的方式不能满足设计的目的，那么艺术将被设计舍弃。最开始艺术和设计是混成一体的，从原始社会到蒸汽机的出现这个历史阶段，艺术和设计的因素是联系在一起的。例如，青铜器的设计和制作，以及它的造型和设计风格的变化。自从蒸汽机被发明了，人类开始进入工业时代。从这个时候开始一直到20世纪初期，设计和艺术开始呈现分离的趋势。因为人们物质的需求大大的增长，作坊式的手工劳动已经不能够适应人们的需求，这个时候批量生产的机械化大工业使生产效率大幅度的提高，标准化的批量生产才是设计的重点。当人们的物质生活一定程度上得到了满足，人们又开始对精神生活质量的提高有了需求。于是

① 胡飞、喻晓：《论设计的客观性》，陈汗青主编：《2007年中国科学技术年会创意产业与工业设计分会论文集》，北京：机械工业出版社，2007年版。
② ［意］克罗齐：《美学原理·美术纲要》，外国文学出版社，1982年版，第19页。
③ ［美］苏珊·朗格：《情感与形式》，北京：中国社会科学出版社，1986年版，第51页。

从 20 世纪初一直到现在，即所谓的后工业化时代，艺术才又与设计重新统一到了一起。后现代设计就是个典型的例子。设计要求美观，这是设计的较高层次的要求，它必须是在满足了功能上的需求之后来考虑的。设计最终要通过形式的表达将信息传达出来。设计最高的目的是形式与功能的统一。然而，形式与功能是否统一，在不同的客观条件下，同样的形式与功能的搭配，它产生的效果是不一样的。产品的结构、造型、色彩、材质需要符合美学的原则，视觉上给人以美感。但是，美感的产生也并不是以设计师或者使用者个人主观的感觉而产生的。它与一定的物质基础、社会环境和文化的发展相关的。设计的目的就是要让这些因素和谐的相处，使它们处于合理的平衡的状态，它必须要受到这些因素的限制，因此它是客观的。

1.3.2　设计的科技属性的客观性

同艺术一样，科学技术也是设计的一种手段之一。如果说，艺术是实现人们情感和视觉上需求的一种手段，那么技术则是从功能和行为上满足人们的愿望的手段。

"当天然木石工具不能适应需要，而产生一种改造和重新制造的欲望，并开始动手制造时，设计和文化便随着造物而产生了"[①]。设计很早就存在了，在工业革命以后才被人们重视，且与科技的关系越来越紧密。设计缩短人类认识世界和改造世界这两个过程之间的间隙，提高了人的主观能动性发挥的作用。在这个过程中，科学技术犹如催化剂一样，加速设计的发展。在科学技术的协助下，设计的对象的深度和广度被扩展了。原本设计所改变不了的，在新的科学技术的条件下可以实现。可以说现有的科学和技术决定了设计的形式和内容。在原始社会，科学技术水平十分的低下，人们对这个世界认知度很低，他们只能针对身边的可见可触的简单的材料进行设计，因此，在原始社会最盛行的是石器和陶器等简单的器物的设计。在奴隶社会和封建社会生产力水平发展了，人们对世界有了进一步的认识，社学技术水平也有了很大的进步，人们设计和改进各种各样的工具来提高生产，生活用品多种多样，物品外形和功能品质也在不断地提高。工业革命以后，科学技术进一步发展，将人类带入了机械时代，设计的重点开始从手工艺品转向到批量生产的产品上来。20 世纪 70 年代的电气革命又将人类推入了数字化的时代，设计的又有了新的变化，同时也注入了新的内容。数字技术的成熟使电脑、手机、相机等数码产品普及化，也为社会、文化和人们的生活带来了新的转变。设计也发生了很大的变化目的远远不只是停留在物本身，而是超出物本身。后现代主义注重设计的隐喻性、象征性，文化成为了设计的重要内容。科学技术在决定了设计的对象和方法，虽然设计反过来也能对科学技术的发展产生影响，但是这都是建立在原有的科学技术的基础之上的。在以高科技为主流的现代社会，设计就好比车上的人，而科学技术就是车，虽然人可以掌控车的速度和方向，但是前提是车本身的性能和质量没有问题，而车上的驾驶员懂得如何操作。设计不得不受到科学技术的限制。

1.3.3　设计的经济属性的客观性

在市场经济基础下的社会，设计已经成为了经济发展重要的战略手段，它是经济的载体，是社会意识形态的载体。从日本、韩国、新加坡等亚洲国家的几年来经济的提高，我们可以看到设计在经济生活中起到极大的作用。只有通过设计才能将生产、销售、消费统一起来，才能找到消费的结合点，这样才能不断地发展经济。设计不仅仅可以提高经济的回报效率，同时也能提高产品的附加价值创造新的价值，从而提高人们的生活质量。《管子·奢靡篇》

---

① 李砚祖：《产品设计艺术》，北京：中国人民大学出版社，2005 年版，第 2 页。

道："问曰：兴时化若何？善莫于奢靡。"早在春秋时期，人们就开始注重消费对社会的促进作用，同样，它也能够很好的促进设计的发展。设计不为生产和销售服务，设计的目的在经济学上来说就是为了消费，设计也能够创造消费。反过来，全球都在以经济发展作为本国发展的基本的途径的大环境下，经济的发展在很大的程度上依赖于经济的发展，只有经济发展了，设计的水平才能够相应的不断的提高。根据马克思主义的观点，经济状况是社会发展的基础，它的作用是决定性的，社会意识形态是由经济的必然性决定的。设计虽然也对社会的发展有影响，但是它与经济是不可以等同的。设计是我们发展经济的手段，并不是目的的原本，目的的原本是要发展经济，发展生产力。而经济的发展和生产力的进步也不是能够由人的意志决定的，他们是按照一定的历史发展的规律来进行的。人们是只能够运用这些规律来或延缓发展的进程，而能够控制其发展的方向。因此，设计的经济性质也是客观的，不是由思维意识来决定的。

1.3.4 客观的设计

不可否认，设计与艺术、科技和经济有着千丝万缕的联系，脱离了艺术、技术、还有经济因素的设计不是完整的设计，设计是诸多因素的综合体。设计的对象是"物"，设计的服务对象即目的是人。对象与目的必须要保持一致设计才能进行。这时，设计的特性就显现出来了。设计"物"对于"人"的可用性是设计所特有的。设计是要从各种可能的方式和联系中找到最适合于人的物，这种人和物之间存在的巧妙的联系是设计同其他的学科不同的地方。设计有明确的目的，且是唯一的目的——"人"，但是它的目标却是多元的，可以是"物"、"空间"、"过程""联系"等。设计就是寻找对应关系的求解活动，它要求设计师们理性的、客观的去看待设计，以设计的目的为根本来从事设计。用另外一种说法，设计就是在处理人与物之间的关系，研究如何人"适应"物，如何去控制物的"度"，从而让物来"适合"人。设计的目的是为了让物和环境更适合与人的生存和生活，为了要适合，就必须要抛弃许多主观的想法，而从要怎样才能适合的客观条件出发，从而决定如何去适合。设计是一种有序的关系，从物到事最后再到人，它是一种需要合理的方法来指导的认识活动。

设计是一个功利性非常强的活动，设计是为了创造一种新的生活方式，只有当这种生活方式对人们的发展有利的时候，它才能够存在下去，否则它要么被扼杀在摇篮中，要么就会被另外一种对人们有利的设计所代替。设计的意义、行为、手段都是理性的，它们具体为目的理性、有限理性、价值理性。目的理性能使人们用系统的观念从全局出发综合的考虑问题，有限理性将否定了设计"最大满意解"而转向"最小满意解"，价值的理性从人性和文化为出发点来引导科技的发展。特定的物是由一般的物演变而来的，物本身就是客观存在的，只是它的属性发生了变化，其中添加了主观的意志在其中。"事"是具有功利性和情感性，只不过他们在各种不同的属性中所占的比例不同。情感性也不容忽视，它能够限制"事"的发生。后现代设计中，人们开始将设计的重点放在了情感性的体现上面，设计越来越注重人性化。我们国家的设计与欧洲的发达国家相比还有很大的差距，很多学者都在研究东西方的设计理念和特点，试图找出一条适合我的发展状况设计的理念，很多的学者认为中西方的文化差异是中西方设计的差异的根源，设计文化成为了设计的焦点。文化本身的定义中，就偏重于精神方面的内容。在这种氛围中，设计师们常常过于强调设计的主观的精神内容，淡化甚至是忽略设计的客观性。很多从理论上分析很优秀的设计最终并没能被市场接受，被"人"接受，很大程度上是因为没有重视设计的感观的属性。"建筑所激发的情绪来源于已经被忘却了的不可抗拒的、不可避免的物质条件"。① 现代主义正是在这种不可避免的物质条件，在基于种种设计的客观属性的基础上成就了诸多的伟大的设计。设计必须要依靠人的直觉但是直觉不是设计的主要来源，设计是理性的、客观的。"人的感觉并不是孤立存在于真实之中。人的感观已经随着人类社会的演进从生理器官向文化器官演进了，所以人的感觉是完全可以抽象为感知，直至符号寓意的认识。忘记符号、结构、法则的起因，滥用媒介形式，就会陷入形式主义。"因此，设计要成功，我们首先必须客观的看待设计，分析它的限制的因素，在此基础上，发挥主观的能动性，去组织整理这些客观因素来使其服务于主观的意志。

"设计是文化的重要的组成部分，而且与物质文化的联系最紧密。设计的过程就是要把自然资源加以'人化'的熔铸，形成'人化'的自然——文化。"② 自然资源是设计的资本，文化是设计创造所的新的价值，脱离了自然和文化的设计是不存在的。设计所要解决的问题来自自然对人的限制，设计解决问题的方法也来自于人们对自然的认识，自然是设计之母。文化反应的主要也就是社会的科技和经济的状况，科技和经济是人类文明的主要的基干。设计的进步要依靠科学技术，设计的价值主要在于它的经济价值。设计是为"人"的设计，是一项"人为"的造物活动，这点没有错，人的主观作用也存在不可忽视的作用。但是，主观的意识是由何而来的呢？它不是凭空产生的，它正是由这些客观存在的限制的因素激发出来的。

《道德经》曰："故常无欲，以观其妙；常有欲，以观其徼。""欲"是设计的动因，设计不可能脱离人欲而存在，那么我们所观的是"徼"即结果。设计的结果是在客观的因素综合作用而成的客观存在的物，主观因素对结果的影响只能是辅助。因此，在设计的过程中，我们必须要理性地分析客观条件，在此基础之上，发挥主观的能动作用，进一步的更合理的安排这些客观的因素，使其成为和谐的、合理的整体。

1.4 设计的复杂性③

人居环境科学（The Sciences of Human Settlements）是一门以人类聚居（包括乡村、集镇、城市等）为研究对象，着重探讨人与环境之间的相互关系的科学。……目的是了解、掌握人类聚居发生、发展的客观规律，以更好地建设符合人类思想的聚居环境。④

工业设计是人为事物科学（The Science of The Artificial Affair and Object），是研究不同的人（或同一人）在不同环境、条件、时间等因素下的需求，从人的使用状态、使用过程中确立目标系统，然后选择造"物"的原理、材料、工艺、设备、形态、色彩等内因的研究，是运用已知的自然科学成果，不断地、限定性地解决人类生存的形态的同时发现新问题创造"新的方式"。

吴先生在建筑学和城市规划的基础上提出"广义建筑学"，借鉴希腊学者道萨迪亚斯的"人类聚居学"进而形成"人居环境科学"；柳先生在工业设计的基础上引入"设计学"概念，将赫伯特.A.西蒙的"人工科学"发展成为"人为事物科学"。虽然两门学科所涉猎的

① 奚传绩编：《设计艺术经典论著选读》，东南大学出版社，2005 年版，第 172 页。
② 诸葛凯：《设计艺术学十讲》，山东画报出版社，2006 年，第 219 页。
③ 胡飞：《论"人居环境科学"与"人为事物科学"的同一性——复杂性语境下关于设计的文本分析》，柳冠中编著：《事理学纲要》，长沙：中南大学出版社，2006 年，第 157 - 163 页。作为清华大学美术学院责任教授柳冠中先生的弟子，又有幸选修过两院院士吴良镛先生的《人居环境科学导论》课程，感受颇丰，受益匪浅。以下斗胆将两位先生的学术理论作些许比较，从中管窥设计的复杂性问题。——笔者注。
④ 吴良镛：《人居环境科学导论》，北京：中国建筑工业出版社，2001 年版，第 3 页。

领域不尽相同，但在认识论、方法论直至本体论上，二者有异曲同工之妙。

1.4.1 以人为中心的复杂对象

1. 研究目的的同一：以人为本

吴良镛先生认为："人居环境科学的核心是'人'，人居环境研究以满足'人类居住'需要为目的。"[①] 柳冠中先生也认为，人为事物的目的是为人，"标志着当代科学与艺术融合的设计，始终直接地从物质上、精神上关注着以人为根据、以人为归宿、以人为世界终极的价值判断。"[②] 人的需求是人居环境科学和人为事物科学共同的研究目标。马斯洛的需求层次说无疑是人的需求研究中广为引用的模型。以下，笔者以马斯洛的需求层次说作为一把尺子，逐一丈量"人居环境科学"和"人为事物科学"。

就内容而言，人居环境包括自然系统、人类系统、社会系统、居住系统、支撑系统等五大系统。[③] 将马斯洛的需求层次模型投射其中，如图所示，"生理需求"层次的目标是达到每个人都有居所；"安全需求"层次则要求每个人的空间有一定的独立性和私密性，以及涉及空间尺度、房屋结构等方面的心理上的安全感。前两个层次主要涵盖居住系统和支撑系统。"归属与爱的需求"层次涉及个人与群体、大众的关系，也涉及人类系统和自然系统的交叉与综合；"尊重需求"层次主要是社会系统方面的需求；"自我实现"的需要，所求的各个系统之间的和谐统一，或如古语所云"天人合一"。

布西雅（Jan Baudrillard）融合了马克思理论与符号学观点，总结了人为"物"的三个属性：使用价值—工具—功用逻辑—日常生活的领域；交换价值—商品—经济逻辑—市场的领域；符号价值—符号—符号逻辑—地位和声望的领域。同样将其投射到马斯洛的需求层次模型上，不难发现，设计造物行为的"工具"层主要满足人的"生理需求"和"安全需求"；商品层主要涉及"归属与爱的需求"的满足，而符号层则主要满足"尊重需求"和"自我实现"的需要。

人居环境科学立足于第三、四层次，指导第一、二层次的设计与建设，并探讨或希望达到第五层次，也就是说，以自然系统、人类系统和社会系统的统筹兼顾来指导居住系统及其支撑系统的建设，以寻求各子系统之间的最佳或最适宜的组合方式，即"人居环境"观念下的唯一方式。同样，人为事物科学则牢牢把握"商品"这个"工具"与"符号"的联结点，由中间向两端辐射。可见，两门学科都把人作为设计的终极目标，强调了复杂背景下人的主体性，凸显出人的需求这一设计的原动力。但各个层次的满足并不是简单线性的，并不是完全满足了第一层次才会去满足第二层次，而是呈现一定的非线性特征，即在满足低级层次需求的同时也应该在一定程度上满足较高层次的需求。因而，用简单线性思维和决定性、还原性理念来处理这些问题时力不能及。

2. 研究对象的同一：复杂系统

参照张本祥的定义，我们把复杂性表述为"存在多个有意义、不确定、非周期的可区分状态"，或说"多个有意义的可区分状态以不确定、非周期的方式存在"。我们所定义的复杂

---

① 吴良镛：《人居环境科学导论》，北京：中国建筑工业出版社，2001 年版，第 38 页。

② 潘昌侯先生为柳冠中先生专著《设计文化论》所写的序言。参见：柳冠中：《设计文化论》，哈尔滨：黑龙江科学技术出版社，1995 年版。

③ 吴良镛：《人居环境科学导论》，北京：中国建筑工业出版社，2001 年版，第 40 页。

性作为一种"性状"必然有其载体，这个载体就是"复杂系统"——"体现出某种复杂性的由相互作用的成分或要素形成的时空结构"。

据吴先生的提法，人居环境系统是一个开放的复杂巨系统[①]。首先，人居环境系统涉及与人类聚居密切相关的自然系统、人类系统、社会系统、居住系统和支撑系统等几个方面，而各子系统本身就有很多独立参数，其中一些参数又具有随机性。如自然系统中地理、地形本身就是就具有复杂特性；而人类系统中人的行为、心理等偶然性的几率极大。其次，人居环境系统的各个方面自身就是在运动变化的。在科学技术社会文化日新月异的今天，对各个方面的定性描述亦颇具困难，但仍需要对其中的一些变量做定量描述，可见其复杂度和难度。而且，随着人们认识客观世界的能力的不断提高，人们认识到的各子系统的交互作用愈加复杂，因而各子系统都处于混沌边缘状态，子系统与子系统之间的界限愈发模糊。

运用科学技术创造的为人工作生活所需要的"物"是工业设计的研究对象。设计面对的是一个由各种人与物组成的"复杂系统"，物系统是人精神世界的投射，而人也不断的被物所规定着，各元素间相互纠缠、扰动，关系千万重。[②] 就"物"而言，市场因素要求产品外观形式创新，增加了形式、视觉的复杂性；技术动因则要求功能与形式的整合，增加了技术、产品或系统层次的复杂性；而人的需求则要求不断重新组织、建构产品、服务与信息的综合系统。就"人"而言，社会学大众—群体—个体的视角、经济学完全理性—有限理性—非理性的视角、伦理学人欲—人性—人道的视角……多学科的分类丰富了我们对"人"不同侧面的理解，但也割裂了人的整体性。在设计的视界内，"融汇"各学科对人的解释性知识，在具体的问题情景内去发现"系统的、综合的、整体性"的人，去了解人们如何想象、理解与应用外部事物，才能真正创造人性化的事物。人工物系统是"目的"的产物，是达到目的的"手段"。个人（群体）的丰富性被转化为物的丰富性。人群的分类体系投射于物质的分类体系。人们在追求着新奇、不同、或自我的外化，物是这些需求最好的载体。

1.4.2 复杂问题的简单化求解

任何科学问题，在没有得到解决以前都是复杂的，而复杂性科学的主要任务，就是找到新的思维角度，使原本复杂的问题简单化。这就是人居环境科学和人为事物科学的思维定位。复杂性的理论不是把问题看复杂搞复杂的理论，而是依照实际存在的客观复杂性，研究如何认识复杂性、如何消减复杂性的理论。

1. 思维方法的同一：系统整体

关于人类聚居学的研究方法，道萨迪亚斯认为应当同时使用经验实证和抽象推理两种方法，其完整系统的研究方法应当包括以下步骤：根据经验研究人类聚居；用经验实证的方法进行人类聚居与其他事物的比较研究；抽象理论研究以得出理论假设；把理论假设进行实际验证；反馈并进行理论修正。吴先生认为，研究建筑、城市以至区域等的人居环境科学，也应当被视为一种关于整体和整体性的科学。他把复杂性科学方法概括为："融贯和协同集成"方法，所谓"融"，即注意到多方面，把多方面融合起来，所谓"贯"即注意到垂直的层次，

---

① 吴良镛：《人居环境科学导论》，北京：中国建筑工业出版社，2001 年版，第 104 页。
② 唐林涛：《设计事理学理论、方法与实践》，清华大学博士学位论文，2004 年，第 69 页。

即复杂性的特性是层次中贯穿的性质，考虑问题要把各个层次注意到。[1]

就工业设计而言，产品从开发制造，历经行销贩卖，直至使用抛弃，经历了"作品"、"产品"、"商品"、"用品"、"废品"等五个阶段，每个阶段的研究重点都不尽相同。如，在"产品"阶段需对产品的功能、原理、构造、材料、工艺、技术、形态、色彩，生产制造者的生理、心理，生产制造的环境、条件、时间等要素进行研究；在"商品"阶段则要研究销售原理、技术、方式、媒介、战略、形式以及销售环境、时间、条件、心理等。柳先生认为，工业设计的真正任务是对新生活方式的需求目标"定位"研究分析及由此确定的概念设计。也就是以"定位"作为评价体系去选择、组织技术、工艺制成"产品"；在"定位"中已同时形成的"商品"概念，使销售的策划、推行以"并行工程"得以推进；从而进入千家万户的"用品"才真正符合"服务"和"以人为本"的目标。由于经济持续发展及生态平衡的需要日趋成熟，检验设计"定位"的另一重要因素是生产、销售、使用乃至销毁在利用过程中对资源、生态等因素的考虑，从而形成作品、产品、商品、用品、废品相互转化的动态整体。

可见，不囿于具体的繁琐事物同时又注意到表面"风马牛不相及"的诸多要素之间的深层关系，这种系统性、整体性的思维在两门科学中具有指导作用。

2. 研究方法的同一：分层还原

问题求解需要在同一复杂现实的状态描述和过程描述之间，做连续的变换。我们是通过给出解的状态描述，来提出问题的，而任务则是发现那些将使初始状态过渡到目标状态的一系列过程。从过程描述的向状态描述转换，使我们能够认识到我们什么时候取得了成功。从方法论的角度看，等效原理是科学研究中最为行之有效的方法，而等效原理的精神，就是"物理上真实，数学上简洁"。

道萨迪亚斯指出，进行选择最好的可选因素的适当的方法必须基于对尺度的区分和对可选因素的减少，也即 IDEA（Isolation of Dimensions and Elimination of Alternatives）方法。针对大量的可选因素，必须进行连续不断的步骤才能成功完成目标。IDEA 方法可以应用到很多方面的问题，特别是对较大的和复杂的城市地区问题。通过这种方法，掌握整体，在较小的范围和少量维度下展示其边界特征，并逐渐的在较大范围和更大数量的参数和纬度上计算出细节可以为作出研究问题的一些尝试，和为主要的物理区域作出一些方案。这就是建筑师、工程师和自然计划者通常采用的程序，我们称之为 CID（Continuously Increasing Dimensionality）方法，即不断增加维度。CID 方法，除了它的实践优点外，极大方便了 IDEA 方法的运用，因为在每一步它都排除了与这一步骤的范围不能协调一致的维度。因此，两种方法都能同时运用，作为 IDEA—CID 方法[2]。应用于人居环境领域，首先要考虑好人居环境系统的层次结构，

---

[1]　吴良镛：《人居环境科学导论》，北京：中国建筑工业出版，2001 年版，第 106 页。

[2]　道萨迪亚斯指出，进行选择最好的可选因素的适当的方法必须基于对尺度的区分和对可选因素的减少，也即 IDEA（Isolation of Dimensions and Elimination of Alternatives）方法。针对大量的可选因素，必须进行连续不断的步骤才能成功完成目标。IDEA 方法可以应用到很多方面的问题，特别是对较大的和复杂的城市地区问题。通过这种方法，掌握整体，在较小的范围和少量维度下展示其边界特征，并逐渐的在较大范围和更大数量的参数和纬度上计算出细节可以为做出研究问题的一些尝试，和为主要的物理区域做出一些方案。这就是建筑师、工程师和自然计划者通常采用的程序，我们称之为 CID（Continuously Increasing Dimensionality）方法，即不断增加维度。CID 方法，除了它的实践优点外，极大方便了 IDEA 方法的运用，因为在每一步它都排除了与这一步骤的范围不能协调一致的维度。因此，两种方法都能同时运用，作为 IDEA—CID 方法。参见《The Emergence and Growth of an Urban Region – The Developing Detroit Urban Area》。——笔者注。

或层次组织性。吴先生基于道氏提出的人类聚居的分类框架，进一步将人居环境系统化分为五个层次：全球—国家与区域—城市—社区（邻里）—建筑。其中，区域—城市—社区这一部分又是人居科学的研究重点，进而又划分为区域—城乡关系村镇体系—城市—分区—社区五个层次。① 然后，在不同层次上选择不同的状态描述，从而确定相应的变量。基本上是从区域—城市—社区这一部分的矛盾与危机入手，将复杂的系统分解为社会经济发展、城乡空间环境、生态环境保护、地区建筑文化、管理体制改革等有限方面，再根据相应的经济观、社会观、生态观、文化馆、科技观，抓住主要矛盾，在有限目标上形成行动纲领，从而采取对应的具体措施。而长期困扰建筑设计人员的材料、工艺、结构等技术层面的问题通常在最后的环节才予以考虑，这样更有利于建筑设计的合理性。

而柳冠中先生在西蒙强调事物的人为性基础上，将事物分为物与事两个层面，并强调：设计是"人类生活方式"的创新，观念上必须实现从传统的设计"物"转化为设计"事"，将"物"的设计引导到人与物、物与外因环境和人的外因环境这个系统上来认识。"事"是人对"物"评价体系的新平台。② 即对制造者、营销者、管理者、使用者、维修者等人的限定性描述与分析——不同"人"的"为"之定位；对动作目的、动作姿势与状态、动作程序与过程、动作环境与条件、动作时间点与时间域等特定人的行为——"事"之限定性描述与分析定位；对行为对象——物与物组合结构与关系限定描述与分析、行为环境——物运动的自然与社会限定描述与分析、行为条件—物运动的理、化条件限定描述与分析、行为时间——物运动的时间点、域限定描述与分析、行为目的—人为事物的社会因素限定描述与分析等"事"质因素的分析——对物存在的原因、背景、条件、结构、造型等定位；对物的形成原理、物的结构、物的材质、物的制造工艺、物的形态、物的色彩——产品、商品、用品、废品的"物"的系统。

两者在将复杂问题简单化求解的方法上有些不同，吴先生是从物理空间尺度为划分的标准，由宏观到微观，这样比较直观，也易于为人理解；柳先生则将整个复杂系统抽象成为人、事、物几个较为抽象的概念，从一个新的视角来分析工业设计。正如赫伯特·A. 西蒙指出的，等级系统通常是只由少数几种子系统，以各式各样的结合和排布面构成的。因此，我们能够用产生复杂系统的基本子系统所对应的有限的基本成分表，来构造我们的描述。等级系统常常是殆可分解的。因此，在对系统各部门的相互作用进行描写时，可以只考虑各部分的积累性质。我们可以把殆可分解性观念推广为一种普遍的假定，称之为"虚空假设"。通过适当的"重述"，在复杂系统结构中存在而又不明显的冗余性，常常可以明朗化。动态系统描述性的最常见的重述，在于把时间路径的描述，变换成产生该路径的微分法则的描述。③ 简单性在于任意给定时刻的系统状态与稍后时刻系统状态之间的不变关系。两位先生因学科方向的不同，选择的尺度也不同，吴先生从定量的角度来区分"殆可分解系统"，柳先生则从定性的角度来划分"殆可分解系统"，但将复杂问题简单化求解这一目标是一致的，这也可能是由于两者均由系统论与可知论中汲取养分的缘故。科学的任务，就是要利用世界的冗余性，简洁地描述世界，这是一个熟知的命题。

1.4.3 系统途径下的设计科学

通过上述比较，人居环境科学也好，人为事物科学也好，都属于"设计科学"。"设计科

---

① 吴良镛：《人居环境科学导论》，北京：中国建筑工业出版社，2001 年版，第 50 页。

② 柳冠中：《设计理论》，http://www.design-community.com/carticle/carticleframeset.htm /2002.12.17.

③ ［美］赫伯特·A·西蒙著：《关于人为事物的科学》，杨砾译，北京：解放军出版社，1988 年版，第 11 页。

学"的概念源于美国学者赫伯特.A.西蒙。按照西蒙的观点，设计科学是独立于科学与技术以外的第三类知识体系。科学研究的逻辑是"是什么（be）"；技术手段是"可以怎样（might be）"，而设计研究的范畴为"应该怎样（should be）"。自然科学融入技术研究"物"与"物"之间的关系；人文社会科学研究人、人与自身、人与群体的关系；设计研究的是人与物的关系，在这种意义上，设计横跨了科学技术与人文社会两大领域。无论历史上，还是未来，设计都是、也应该是综合的学科。"设计科学与其说是设计方法，不如更恰当地说是给设计方法提供了科学依据。它告诉我们，如何应用各种经验方法和科学方法，以及在什么样的设计工作上，在哪些工作的什么阶段上，应用哪些方法为宜等。它还告诉我们，应该创造些什么样的方法，以及如何应用它们去进行更好地设计和规划。所有这些为我们渴望了解的知识，都来自人类设计技能的科学探索、一般设计过程的科学解释和设计任务的恰当描述。"① 设计科学的研究目的不仅在于描述对象，并解释它为什么以及如何能处于目前这种状态，更主要的是要评价它们现有状态是好或坏，以及确定我们应该在哪一方面改进研究对象（或其他类似对象）。

系统学说代表人物 C. W. 邱吉曼认为，"途径就是朝向某个东西"，不能将它理解为同方法（METHOD）等价。也即，从观念上规定了思考的指向。西蒙也说："系统途径是一种态度和想法，并不是一种明确清晰的理论。……系统途径是指关照整个问题，……先设计出一个系统的框架，然后，在做个别决策时须考虑到各个决策对系统整体而言有何影响。"② 系统学说也由上世纪的系统论、控制论、信息论经由耗散结构理论、协同学、复杂巨系统、突变论、混沌科学以及其他自组织理论，发展成为现今的"复杂性问题"。在系统途径下，城市规划和产品设计也发展成为"人居环境科学"和"人为事物科学"。系统途径，最重要和最有现实意义的是它的方法论，即克服了分析还原方法的局限性而又包含分析还原方法的系统方法论，将任何事物作为一个系统整体以及作为系统整体的一个组成部分进行分析。系统的扩展方法并不否认分析还原方法，而是指出它的局限性，构造一种新的方法论与之"互补"来克服它的局限性。吴先生和柳先生都寻求运用系统学说所揭示出自然界的最普遍特征和最普遍规律，去寻找一些比设计师所理解得更一般、更融贯、更基本的东西，从而探索整个设计界、整个存在领域的总体特征和终极存在。

复杂事物系统是目的定向的，必须研究系统的目的、系统的整体及其组成部分。因此，创立一种综合扩展方法和目的学方法以补充分析因果方法是科学方法论的新趋势。"人居环境科学"和"人为事物科学"不约而同的关注到这一问题，柳冠中先生将设计问题化约为外因（人、时、地、事）与内因（技术、材料、工艺）等共同作用下的一个"关联性"系统（目标系统）。③ 马车、自行车、汽车、地铁、飞机、轮船等人造物，其终极目标统一为移动，但在不同内外因作用下产生了不同的交通系统。因此，设计科学可转化为"对目标系统的确定"与"重组解决问题的办法"这样两个侧面，即目的——手段。并在求解时调了系统的整体突现性（Holistic emergence）和系统的等级层次性（Hierachization），体现出系统途径下设计科学不同门类研究的一种暗合趋势。

复杂性和非线性是物质、生命和人类社会进化中的显著特征。世界在演化，因此复杂性应该也必然是一种演化的性质，存在与演化在复杂性与简单性的相互关系中达到了新的统一。

① 杨砾、徐立：《人类理性与设计科学——人类设计技能探索》，沈阳：辽宁人民出版社，1987年版，第31 - 32 页。
② 杨砾、徐立：《人类理性与设计科学——人类设计技能探索》，沈阳：辽宁人民出版社，1987年版，第31 - 32 页。
③ 柳冠中、唐林涛：《设计的逻辑：资本——人、环境、还是资本》，装饰，2003 年第 5 期，第 4 页。

无论是在生物进化中，还是在社会文化的化中，都没有固定的复杂性限度，只存在不同复杂程度的吸引子，它们代表着一定相变阶段的亚稳平衡，如果达到了一定阈值参量，这些亚稳平衡就可以被打破。因而，人居环境科学也好，人为事物科学也好，这些对复杂问题的复杂非线性解释和研究方法，并非万能的答案，非线性不是一种万能的钥匙，可以打开阿里巴巴式的知识宝藏大门。但它往往是一种更好的思考问题的方式。

复杂性正在被解读；复杂性的研究还刚刚开始，复杂性的范式也还在形成中。跨入 21 世纪的人类将在 20 世纪人类思想巨人的肩头，在吴先生"人居环境科学"和柳先生"人为事物科学"的基础之上，努力研究客观世界、思维世界的各种复杂性，建构复杂性认识论和方法论。我想，这也是吴先生称人居环境系统为"开放的复杂巨系统"中"开放性"之所在。

1.5　设计的知识①

1.5.1　设计科学

美国学者赫伯特·A·西蒙最早提出"设计科学"的概念，并将设计科学界定为研究人工物的科学（The Science of Artificial）。西蒙认为，设计科学是独立于科学与技术以外的第三类知识体系。科学研究揭示、发现世界的规律"是什么（Be）"，关注事物究竟如何；技术手段告诉人们"可以怎样（Might Be）"；而设计则综合这些知识去改造世界，关注事物"应当如何（Should Be）"。② 杨砾和徐立在西蒙理论的基础上进一步指出，设计科学"是从人类设计技能这一根源出发，研究和描述真实设计过程的性质和特点，从而建立一套普遍适用的设计理论"③。

西蒙在《人工科学》一书中，划分了自然物和人工物。所谓"人工"或"人为"（the Artificial），即通过人的作用力综合而成，一般具有功能、目的和适应性，而且可以模拟自然事物的某些表象，而在某一方面或若干方面缺乏后者的真实性④。西蒙强调的是与"自然"物相对立的"人工"物，也即，强调"物"的人工性。人造之物之所以区别于自然之物，并不在于物理的结构和化学的成分，而在于投射出人的观念和目的性，凝聚了人的力量、劳动、制作与创造。李砚祖也从人造物的角度建构设计学，认为"人造物系统是人类在自然界创建的'第二自然界'，是人生活、劳作、发展的主要系统"，设计学是研究造物系统的科学。⑤

柳冠中在西蒙"人工"概念上进一步明确"事"与"物"的区别："'物'泛指材料、设备、工具，包括物理学、地理学、生物学等。'事'则是上述'物'与'人'的中介关系。"自然科学融入技术研究"物"与"物"之间的关系；人文社会科学研究人、人与自

① 胡飞、赵琼瑶：《从设计知识到设计能力——论工业设计中的知识迁移》，《美苑》，2009 年第 2 期。该文是我主持的湖北省高等学校教学研究课题"工业设计专业文理交叉性培养和适应性教学研究"（2007078）的阶段性成果。有删改。——笔者注。

② ［美］赫伯特·西蒙：《人工科学》，武夷山译，北京：商务印书馆，1987 年版，第 114 页。

③ 杨砾、徐立：《人类理性与设计科学——人类设计技能探索》，沈阳：辽宁人民出版社，1987 年版，第 31－32 页。

④ Herbert A. Simon：《The Sciences of the Artificial》，（Cambridge, MA：The MIT press, 2nd, 1981），第 6－7 页。本书有两个不同的中文译本，一为《人工科学》，武夷山译，北京：商务印书馆，1987 年版；一为《关于人为事物的科学》，杨砾译，北京：解放军出版社，1988 年版。参照原著，可知西蒙强调的是与"自然"相对的"人工"或"人为"，与后文论及的"人为事物"并不等同。——笔者注。

⑤ 李砚祖：《设计艺术学研究的对象及范围》，《清华大学学报·哲学社会科学版》，2003 年第 5 期，第 69 页。

身、人与群体的关系；设计研究的是人与物的关系，也即，研究"事"。在此意义上，设计横跨了科学技术与人文社会两大领域，是研究人工物和人为事的科学，即，研究人为事物的科学。

柳冠中指出，"工业设计是人为事物的科学"，并且认为工业设计学不仅是一门科学，更是"人类从传统工业社会向信息时代过渡的方法论"①；进而将设计视作一门科学的、系统的、完整的体系和方法论，将设计学定义为"人为事物科学的方法论"②。设计科学既不等同于经验性的设计方法，也不等于具体设计过程中的技术手段，而是给设计方法提供科学依据。设计科学的核心在于探索人类面临复杂任务时的设计技能，研究重心在于设计技能的科学探索、设计过程的科学解释和设计任务的恰当描述。它告诉我们在什么样的设计活动上（设计任务的恰当描述）、在设计的什么阶段（设计过程的科学解释），应用哪些经验方法和科学方法，以及如何应用这些方法（设计技能的科学探索）。更为重要的是，设计科学能够告诉我们面对复杂环境和复杂任务时，应该创造出什么样的方法，以及如何应用它们去进行更好的设计。③ 以设计的科学引导设计研究，以科学的设计促进设计实践，二者共同发展，相得益彰。

1.5.2　设计能力

随着经济一体化和市场全球化的发展，人们生活质量不断改善，生活方式也日趋多样，有形产品不再是生活唯一的存在形式，信息、媒介、服务都多元化地支撑着人类的生存方式。新的时代对"创造合理的生存方式"的设计师提出新的要求。中国区域经济发展不平衡，同时并存着农业社会、工业社会和信息社会等多种社会形态；金融海啸对实体经济的交汇挤压越来越强烈，中国加工制造业在全球经济危机的背景下谋求转型与升级。新的社会形势对设计教育提出新的挑战。如何培养出适应时代变革和适合企业需求的工业设计人才？如何由专业技能培训转向综合性素质型设计人才的培养？

ICSID 在 2001 年首尔工业设计师宣言中强调："工业设计应该寻求人和人造环境之间的正面积极交流，优先提出问题'为什么？'（Why）而不是对草率提出的问题'如何？'（How）作出回答；工业设计应该通过寻求主体和客体之间的和谐之处，以努力实现人与人、人与物、人与自然以及身体和心灵之间成熟、平等和全面关系；工业设计应该鼓励人们通过连接可视和不可视的事物以体验生活的深度和多样性；工业设计应该是一个开放的概念，弹性地满足当前和未来的社会需求。"进而指出当前工业设计师的新使命："作为有良知的工业设计师，我们应该通过提供个体能有创造力地实现与人工物关联的机会，来培养人类的自主性并赋予其尊严；作为全球化的工业设计师，我们应该通过协调不同方面因素在诸如政治、经济、文化、技术和环境等学识上的影响，以寻求可持续发展的道路；作为启蒙的工业设计师，我们应该通过对隐藏在日常生活中的深度价值和内涵进行再发掘来提升生活的品质，而不是去满足人类无尽的欲望；作为人道主义的工业设计师，我们应该在尊重文化多样性的同时提升文化之间的对话交流，以推动多文化的共存；总之，作为有责任感的工业设计师，我们应该清醒地认识到今天的设计决策将影响到未来的进程。"④

从教育机构、设计竞赛、企业市场三个方面分析设计人才应该具备的设计能力，其关注点主要体现在设计表达、设计鉴赏、设计流程、协作沟通、地域文化、用户需求、设计

---

① 柳冠中：《工业设计学概论》，哈尔滨：黑龙江科学技术出版社，1997 年版，第 2 页。
② 柳冠中：《设计"设计学"——"人为事物"的科学》，《美术观察》，2000 年第 2 期，第 53 页。
③ 杨砾、徐立：《人类理性与设计科学——人类设计技能探索》，沈阳：辽宁人民出版社，1987 年版，第 29－32 页。
④ ［德］Bernhard E. Bürdek. Design：History，theory and practice of product design. Birkhäuser Verlag AG. 2005：278.

创新、绿色生态可持续性、市场趋势、材料运用、功能实现、经济因素、生产可行等方面（如表1-1）。

不同机构对设计人才的评价点 表1-1

设计机构／设计要求	教育机构	设计竞赛			企业市场			统计
	工业设计专业教学指导分委员会	三星未来移动生活创意设计大赛（2008）	德国红点产品设计大奖赛（2009）	"三诺杯"第六届中国工业设计精英赛（2008）	深圳嘉兰图设计公司对高级工业设计师的要求（2007）	步步高招聘工业设计师要求（2007）	飞利浦亚洲研究院招工业设计实习生（2008）	
设计表达	○		○		○	○	○	5
设计鉴赏	○							1
设计流程	○					○	○	3
协作沟通	○		○		○		○	4
地域文化		○						2
用户需求		○	○	○	○		○	5
设计创新		○	○			○		4
绿色生态可持续性		○	○	○				3
市场趋势				○	○			2
材料运用						○		1
功能实现		○		○				2
经济因素				○				1
生产可行						○		2

由此可见，业界关注点依次在于用户需求与设计表达（5）、协作沟通与设计创新（4）、设计流程与绿色生态可持续性（3）等，这与广义设计学科的共性特征非常符合："设计是人们为满足一定需要，精心寻找和选择满意的备选方案的活动；这种活动在很大程度上是一种心智活动，问题求解活动，创造和发明活动"。[①] 用户需求是设计的出发点，创新是设计的方向标，表达是设计结果的有效呈现，协作沟通则反映出工业设计作为交叉性、边缘性学科的基本特征。这些关键评价点恰好构成一个关于问题求解的过程。对上述13个评价点进行梳理和分析，进一步发现，各评价点之间存在一定的聚合关系，聚合后的评价点集合又直接与问题发现的能力、问题分析的能力、问题解决的能力和结果呈现的能力直接对应。可见，设计评价点与设计能力之间存在映射关系，业界对设计人员的能力要求实际上就是对问题求解的真实渴望（表1-2）。

设计评价点与设计能力的映射关系 表1-2

评价点	事理学分析	设计能力
地域文化		
市场趋势	发现"人"的需求	问题发现的能力
用户需求		

① 杨砾、徐立：《人类理性与设计科学——人类设计技能探索》，沈阳：辽宁人民出版社，1987年版，第14页。

评价点	事理学分析	设计能力
设计鉴赏	分析"人"的行为特征和心理模型； 分析"事"的形成流程	问题分析的能力
设计流程		
绿色生态 可持续性		
经济因素		
设计创新	解决"事"的形成过程	问题解决的能力
材料运用	解决"物"的构成条件	
功能实现		
生产可行		
设计表达	表达"事"的合理流程； 表达"物"的合理构成	结果呈现的能力
协作沟通		

1.5.3 设计知识

工业设计是一项工业社会的创造性活动，具有明显的时代印记。随着体验经济、知识经济的来临，工业设计不可避免地与经济、技术、艺术发生广泛而深刻的关联。如果说科学技术研究的是"物"与"物"之间的关系，人文社会科学研究人与自身、人与群体的关系，那么，工业设计则是研究人与物的关系；因此，工业设计作为边缘性学科，设计知识既包括材料学、物理学、数理学、运筹学、统计学、工艺学等自然科学的物质层面，也涉及社会学、心理学、市场学、艺术学等社会学科的精神领域。因此，关于设计的知识是描述性的而非概念化的，是关联性的而非独立化的，是抽象性的而非具体化的，是潜意识的而非表象的。这就决定工业设计师必须具备综合性、多元化的设计知识和设计能力。就产品设计而言，设计知识是指"能用于产品设计与决策的各种信息与经验的总和"[1]。

图1-3 杨砾和徐立建构的"设计研究与设计科学"

---

[1] 谭建荣、冯毅雄：《设计知识：建模、演化与应用》，北京：国防出版社，2007年版，第5页。

　　杨砾和徐立将设计研究与设计科学模糊地划分为专业设计知识、一般设计方法、设计科学、设计哲理四个层次。[①] 并认为专业设计知识对其上面三个层次的研究具有非常强烈的直接影响；反之亦然。这是对设计边界模糊性和内容交叉性的最好诠释。面对茫茫的知识海洋，设计知识点点滴滴融在每个角落，以问题求解为根本，从明确设计目标、分析设计问题、创造性解决问题、艺术化表达和交流中体验设计知识。

　　柳冠中在其"事理学"中进一步指出"事"与"物"的区别与联系，并将设计系统划分为关于"物"的内部因素和关于"事"的外部因素，将复杂而又无法界定的设计创造活动归纳为"人"、"事"、"物"三者之间的关系[②]。由此，可将设计知识划分为关于内部因素的设计知识和关于外部因素的设计知识。前者体现在"物"的方面，是"人"通过"事"的发展形成的结果，即明确了用户需求，社会经济等因素后，体现于产品设计本身的一些知识，这些知识多用于设计的后期工作中，稳定而又不易被变迁，直接作用于产品带给用户的物理感官方面，涉及形态、色彩、材质和技术等方面。后者体现在"事"的方面，多作用于设计的前期阶段，随社会经济、地域文化的发展而发展，围绕需求的变迁而改变，伴随时间的迁移而推进。外因的知识研究"人"的行为特征以及掩藏于行为背后的潜在动机，进行需求分析，包括地域民族等的群体共性研究，也包含用户展示自我的个体个性研究。"人"的活动构成"事"的范畴，"事"的产生和发展受着时间、环境、社会发展情况的影响，同样的活动在不同的时间里完成所构成"事"的目的不同，这就决定外因的知识涉及社会学、经济学、人类学、环境工程以及技术等多领域，可概括为关于用户的知识、关于市场的知识和关于环境的知识，从本质而言外因的知识实际就是运用其他学科的知识服务于设计，又一次体现了工业设计边缘性、交叉性的特征。

　　无论杨砾的设计科学理论框架还是柳冠中事理学，都揭示出设计知识的交叉融合特征。将表1-2中归纳出的设计能力与图1-3中的设计知识谱系相互比较，可以设计知识与设计能力的映射关系，并梳理出相应的设计课程，如表1-3。一方面可见现有设计教学存在一定的知识漏洞，设计能力中某些评价点对应的设计课程缺乏，如目前设计教学中缺乏对地域文化和协作沟通能力进行系统学习的课程。另一方面可见现有课程体系的弊端，由于设计能力的评价点与设计课程存在明确的映射关系，虽然每一门课程的学习都可以获得相应的设计知识点和设计能力点，但课程与课程之间的关系不明确，导致设计知识点无法有效地汇聚成设计能力。这样的知识传输体系显然与前文分析的工业设计学科的边缘性和交叉性相违背。

设计能力与设计知识的映射关系　　　　　　　　　　　表1-3

设计能力	评价点	相关知识	设计课程
问题发现的能力	地域文化	社会学、经济学、市场学、人类学、心理学	
	市场趋势		市场调研
	用户需求		人机工程学、设计心理学、用户研究
问题分析的能力	设计鉴赏	美学	设计美学
	设计流程	管理学	设计程序与方法
	绿色生态可持续性	环境工程、伦理学	绿色设计
	经济因素	管理学	价值工程学

① 杨砾、徐立：《人类理性与设计科学——人类设计技能探索》，沈阳：辽宁人民出版社，1987年版，第30页。
② 柳冠中：《事理学论纲》，长沙：中南大学出版社，2006年版，第21-23页。

续表

设计能力	评价点	相关知识	设计课程
问题解决的能力	设计创新	思维科学、创造学	设计方法学
	材料运用	材料学	材料工艺学
	功能实现	电子技术、信息技术	机械原理、设计工程技术基础
	生产可行	机械制造、加工工艺	结构设计、模具设计
结果呈现的能力	设计表达	艺术学	快速表现、视觉传达、模型制作、计算机辅助设计、动态表现
	协作沟通	语言学、传播学、公共关系	

1.5.4 产品设计教学中的知识迁移

以上研究表明，设计能力多元地映射设计知识点，形成设计知识体系；设计知识体系明确地指向设计能力，直接阐述了设计能力形成过程中设计知识的具备形式。设计知识以点的形式散落在设计活动中，通过教学将其关联和传授。运用心理学家托尔曼（Tolman）的手段——目的链理论（Means-End Chain Theory）[1] 进行分析，学生要掌握的并不是教学内容本身，而是教学为他们带来的结果利益，学生对价值的追求迫使他们需要获得设计能力，这样的结果利益直接影响着教学内容的属性特征，内容如何编排课程如何设置成为了教学链条中的关键连接点。设计教学通常分为基础教学和专业教学，基础教学传授与设计相关的知识点，培养学生在问题求解过程中的设计思维，形成与知识点对应的设计意识；在以点知识支撑的设计意识下，专业教学利用设计意识指导学生将孤立单一的点知识关联为知识群（图1-4），使学生在掌握设计知识的同时获得更广泛的"可移植性技能"[2]，让知识得到迁移，输出为设计能力。

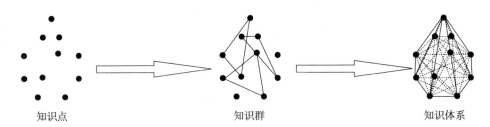

知识点　　　　　　　　　　知识群　　　　　　　　　　知识体系

图1-4　从知识点到知识群和知识体系

知识迁移是指一种学习影响另一种学习，也指将已学得的经验应用到新的境界中去，在实践课程教学中，按知识迁移规律组织教学是提高学生能力的重要途径。产品设计教学多以独立的课程形式来编排并日趋细化，甚至出现"玩具设计"、"茶具设计"这样的专门课程。学生虽然能够从中获得相应的专业知识点，但无法有效整合为设计能力。回溯工艺美术运动时期的设计教育，推崇师傅带徒弟，在工厂中学习，知识与实践交叉环扣、融会贯通。这无

---

① Gutman，Jonathan. A Means-end Chain Model Based on Consumer Categorization Processes Journal of Marketing，1982（46）：60-72.

② 可迁移技能是指主要在日常生活活动中获得和不断得到改善的技能。参见：斐格勒的可迁移技能理论与大学生课外实践创新，http://job.lzu.edu.cn/read.jsp?articleid=2985，2007-4-19。

疑为我们提供了设计知识迁移为设计能力的思路：以问题求解为目标，发现问题、分析问题、解决问题和呈现结果各阶段环环相扣、螺旋上升。设计能力贯穿于发现问题、分析问题、解决问题和呈现结果的全过程之中，而通过孤立的课程所传授的知识点割裂了设计知识之间的相互联系；只有将每个问题求解环节的知识点进行穿插形成知识群，才能实现综合性、应用性的设计能力。相应的设计教学则以"课程群"的形式出现，不仅强调相关知识点之间的有机联系，也着重设计过程的连续与完整；不是简单地面向设计对象的课题，而是面向设计程序及方法论的课题。在表1-3中可以发现，不同阶段的设计能力分别对应了不同的设计知识体系，相应的设计知识体系又可进一步分解为不同的设计知识点；采用课程群的思路，将每类设计能力或几类设计能力下的知识点进行提取编排，就构成不同的专业设计能力训练的课程群（如图1-5），让设计知识在专业训练中迁移为设计能力。不同课程群依据学生基础课程学习的情况安排在不同的学期，循序渐进，逐层深入，并且自始至终都贯穿和强化了共同的教学目标。

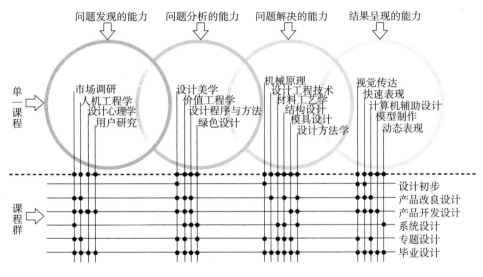

图1-5 产品设计课程群

以产品设计教学中最为常见的产品改良设计为例，分析课程群的设置。产品改良设计课程通常安排在本科教学的第四学期，教学目标为针对市场现有产品提出问题并进行改进；同一学期的并行课程通常包括快速表现、计算机辅助设计、设计工程技术基础、价值工程学、设计心理学等。产品改良设计课程群则将上述并行课程以同一主题贯穿其中。通过设定一个课题，首先让学生掌握如何发现产品中存在的问题，由人机工程学的主讲教师讲解关于产品人机物理交互层面的知识，设计心理学主讲教师讲解关于人在使用产品过程中的心理模式，学生利用掌握的知识去发现现存产品中存在的人机交互问题；然后随着价值工程学相关内容的展开，学生利用价值评价体系，对发现的问题进行分析，并建立一些利于产品改良的方案点；再者结合设计工程技术的基础知识，将初步建立的方案点进行工程方面的考虑，解决方案中的可行性问题；最后利用已经掌握的设计表达知识，对细节进行设计，将方案表达呈现。在整个课程群的教学过程中，知识点针对改良设计的需要而展开，环环相扣，融会其中，在专业训练中学生将知识消化并迁移为能力，产品改良设计课程主要是将相关的知识点迁移为学生从市场的角度体验产品、发现竞争产品中的问题，以及解决相应问题的能力。

　　高等设计教育的目的不是培养设计大师，也不是培养具有设计技能的技术工人，而是培养适应社会发展、符合社会需求的综合性、素质型的设计人才。因此，设计知识的传授只是手段，设计能力的提高才是目的。

　　工业设计是社会发展的产物，社会需求才是检验人才培养的唯一标准。缺乏对本国国情和发展路线的深刻理解，势必导致教学目标和教学手段的迷失。伴随社会的高速发展，设计能力也处于一种动态适应的状态。本节从当前的业界人才需求推导出的设计能力和设计知识，也只能作为当下的设计教学内容，而不能作为"放之四海皆准"的固化标准；"课程群"的教学设想，也只能作为提升综合设计能力的一种尝试，而不能作为一种固定模式。各院校应针对自身的社会环境、资源状况、相对优势制定具有自身特色的教学目标和教学方案，百花齐放，共同推进中国设计教育和设计人才培养。

第2章 造物之问

2.1 古锁与民生[①]

李约瑟指出："如果我们忽略关于锁与钥的制造者们的事迹不提,那将是不可饶恕的。可惜,至今亚洲锁匠艺术的历史连起码的一页都还没有。"[②] 李约瑟所说的"亚洲锁",显然是指中国锁具。中国历史虽然悠久,但有关锁具的文献记载与实物保存却相当匮乏。一方面,古锁是民众日用器具,鲜为收藏家所重视,清以前所有金石著作均无著录;另一方面,当人们开启古代箱箧、橱柜或建筑物时,常常破坏外面的锁具而获取内部的物品,未曾意识到其间蕴涵的造物之美与成器之道。现存中国古锁数量逐渐减少,且散失速度日益加快,我们只能从今天尚存的器物和文献资料中整理那些散乱的线头,从中找到把握已消失的锁具历史演进的若干线索。

关于锁的起源,有三种不同的说法。一种是古人为了保护自己收获的粮食以重石压物的"石块"说。二为用木石制成凶猛野兽的形状或者符咒图案置于门前或挂在门上的"门饰"说。三为"绳结"说。古人以兽皮包裹自己的财物,再用绳索反复牢牢打结。开启时用兽牙、兽骨或玉石制成的"觿"将绳结层层挑开。"觿"又称"肖"、"错"、"起子",是古人用以解开绳结的形似镰刀的钩状物。如果将"绳结"当做古代中国最早的锁具,那么"觿"就是古代中国最早的钥匙。这种"觿"从商代沿用到汉代,后多以玉制,并演变为贵族服饰上的佩饰。以上说法虽无从考证,但都强调锁是伴随人类的私有观念和私有制而产生的。随着生产力的提高,人类开始有了少量剩余财物并加以积累;正是为了保护个人财产,人类开始了对锁具的探索。

2.1.1 栓制木锁

中国早期具体的锁具应是木锁。"早在公元前3000年的仰韶文化遗址中,就留存有装在木结构框架建筑上的木锁。"[③] 但由于木材易腐烂,鲜有当时的真品存留,亦无正式文献加以记载。最早的锁不过是一个在木块里面滑动的门闩,为了方便就装在门上。

木锁的首次改进是增加一个止动节和两个卡鼻,防止门闩掉出来;其次是在墙上增加另一个卡鼻或加锁。为了能从外面开门,就开一个孔洞使手能伸进去。进一步改进是缩小孔洞,直到仅能放进去竹竿类的横管式工具,也即钥匙,用以拨动门内的木栓来关门或开

---

① 胡飞:《民生厚而物有迁——中国古代锁具设计思想探析》,原载于,李砚祖主编:《艺术与科学》第2卷,北京:清华大学出版社,2006年版,第103-114页。

② [英]李约瑟:《中国科学技术史》第四卷《物理学及相关技术·第二分册·机械工程》,鲍国宝等译,北京:科学出版社,上海:上海古籍出版社,1999年版,第254页。

③ 中国大百科全书总编辑委员会《轻工》编辑委员会、中国大百科全书出版社编辑部编:《中国大百科全书·轻工卷》,北京:中国大百科全书出版社,1991年版,第453页。

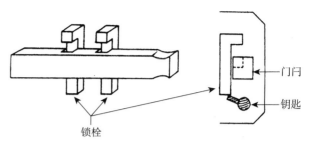

图 2-1　普通式样的门锁机构

门①。这大概就是"门闩之孔曰闭"的缘由。殷商虽然已进入青铜时代，但主要用铜来制作礼器与兵器，很少用来制作生活用具。因此，这一时期的锁具应该是以木锁为主。这类简单的锁具流传久远，迄今仍在偏远乡村的牲口棚、仓库、作坊等使用。图一是常见的木制门锁机构。钥匙上有两个小钉，与门闩平行地插入向上转动，把嵌进门闩的 L 形锁栓提起来，门闩就能自由推出②。值得注意的是，这种锁具的钥匙已运用了简单的旋转原理。

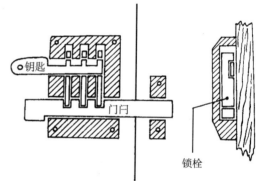

图 2-2　栓制木锁及其结构原理

　　木锁设计上的重大突破是制栓器的发明，即用木制移动件，靠自身的重量落入栓的卯眼内使锁紧闭；开启时用钥匙上适当的凸起部位将制栓器顶起而开启锁具。如图 2-2 所示，栓制木锁多在背后开凿纵横交错的"艹"形凹槽，纵为两条木销，横为与槽等宽等深的"匚"形木栓。钥匙多为竹、木质，钥匙头上镶有若干钉状的齿。木销可纵向移动，木栓可横向移动。锁门时横向移动木栓插入门框上的凹槽臼内，两根木销自然落入与木栓交叉的凹槽中，卡住木栓不能移动，门即关闭。开启时，插入钥匙并转动，当钥匙头上数齿朝上翻转时，正好将两条木销顶起，木栓移动门亦开启。③ 结构看似简单，却不失巧妙。

① ［英］李约瑟：《中国科学技术史》第四卷《物理学及相关技术·第二分册·机械工程》，鲍国宝等译，北京：科学出版社，上海：上海古籍出版社，1999 年版，第 255 页。

② ［英］李约瑟：《中国科学技术史》第四卷《物理学及相关技术·第二分册·机械工程》，鲍国宝等译，北京：科学出版社，上海：上海古籍出版社，1999 年版，第 258 页。

③ 陈邦仁：《中华古锁》，天津：百花文艺出版社，2002 年版，第 66 页。

栓制木锁的开启过程		表 2-1
 1. 栓制木锁与钥匙	 2. 插入钥匙	 3. 旋转钥匙拨动木栓
 4. 钥匙顶起木栓	 5. 木栓细节	 6. 锁具打开

东汉蔡邕《月令章句》曰："楗,关牡也。牡所以止扉也,或谓之剡移。""楗"是关门的大闩,"剡移"也是门闩。木锁的闭锁器不就是闩装的木条么?郑玄《礼记·月令注》云:"管籥,搏键器也。"孔颖达《礼记·月令疏》也说:"搏键器以铁为之,似乐器之有管钥搢于锁内,以搏取其键也。"《诗·小雅》中有"籥舞笙鼓,乐既和奏"之句。《说文解字》释"龠"为"乐之竹管,三孔,以和众声也。"段氏注曰:"经传皆以籥为之。"龠或籥,从品仑。"品"指乐器的管孔,"仑"表按顺序排列之义。《说文解字》释"管"曰:"如篪,六孔,十二月之音,物开地牙,故谓之管。"可见"籥"、"龠"、"管"都是有孔的木制乐器,与木锁的钥匙形制相似。由此不难想象古人称木锁为"楗"、称钥匙为"籥"或"管"的原因。

2.1.2 金属簧片锁

春秋时期由青铜时代进入铁器时代,金属锁具登上历史舞台。1988 年湖北当阳曹家岗 5 号墓曾出土了一件锁形器,凹字形长栓,侧面呈 8 字形,体镂空,饰绹纹和三角雷纹,栓可抽动,但不能脱出[1]。弹簧的应用是锁具设计的又一重大突破。早期的金属锁较为简单古拙,锁内装有片状弹簧,利用钥匙与弹簧片的几何关系与弹力来控制金属簧片的张合从而上锁与开锁。现存一把自铭"还安键"的战国锁具,锁管已失,长仅 6 厘米,顶部左右两侧各附有长方形小铜条片,上有一小圆孔,以便钉附在锁牡之上,向外斜出,上束窄便于进入锁管,下束驰则入锁管后不能拔出。锁须小而精巧,反映出战国古锁较高的工艺技术与制作水平。而河南洛阳发现的两件东周"蠡"形锁具,钥匙呈"Z"形,与锁组合以为开启之用,锁的机构、制作已较精细,说明它们在中国应用已有相当长的发展过程。[2]

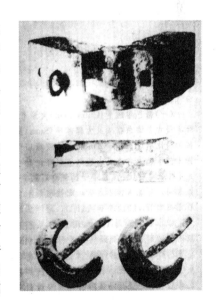

图 2-3 战国金属锁具

① 湖北省宜昌地区博物馆:《当阳曹家岗 5 号楚墓》,《考古学报》,1988 年第 4 期,第 464 页,486 页。
② 黄盛璋:《中西古锁丛谈》,《文物天地》,1994 年第 3 期,第 20-22 页。

公元 25 年左右，中国出现铁制三簧锁。它共有两排七个锁簧，上排三簧，下排四簧。上排簧片垂直方向有一个用来固定和限制钥匙插入深度的长方形铁片。每个锁簧均有两个簧片，因而具有弹性而呈张开状，上排簧片向两侧张开，下排簧片上下张开。钥匙上排有三个缺口，下排有四个方孔。开锁时将钥匙插入后旋转 90°再向前推移，锁即开启。[①] 公元 493 年萧昭业用一个钩形钥匙撬开城门上的锁；《异苑》中描述了 4 世纪时长达 60 厘米的金属钥匙；10 世纪时杜光庭的《录异记》中曾提及挂锁可称为"蒌蕠琐"。[②] 宋代《古今小说》中《宋四公大闹茶魂张》就有关于万能钥匙"百事合和"的描写，虽然是文学作品的想象与夸张，但从侧面反映出当时制锁的工艺水平。直到 1313 年《农书》里才出现最早描绘典型的簧片结构锁的图像。

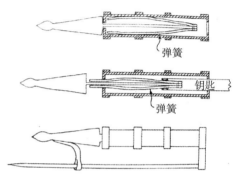

弹簧

钥匙

弹簧

图 2-4　汉代的虾尾锁及其簧片构造原理

金属簧片锁由锁体、具有锁梁与分离弹簧片组成。锁体提供了钥匙孔，让钥匙插入，并引导锁栓作动；锁栓的一部分为锁梁，用以挂锁，另一部分为栓梗，用以固结分离弹簧片的一端；钥匙则是根据钥匙孔的位置与形状、弹簧片的结构而设计。上锁时，锁栓上的弹簧片因弹力作用而张开，弓卡在锁体的壁内；开锁时，钥头恰可挤压钳制张开的弹簧片，使锁栓滑动与锁体分离。簧片锁利用簧片弓卡在锁体壁内而关闭，民间又称"撑簧锁"。[③]

虾尾锁及其开启			表 2-2

1. 虾尾锁及钥匙	2. 拨开锁箍露出孔道	3. 插入钥匙	4. 开锁局部

虾尾锁作为金属簧片锁的典型代表自两汉广为流传，出土报告中所描述的绝大多数都是此型，历魏晋南北朝、隋唐、五代、辽、宋、金直至明朝连绵不绝，材料从铁、铜、银乃至

①　中国大百科全书总编辑委员会《轻工》编辑委员会，中国大百科全书出版社编辑部编：《中国大百科全书·轻工卷》，北京：中国大百科全书出版社，1991 年版，第 453 页。
②　[英] 李约瑟：《中国科学技术史》第四卷《物理学及相关技术·第二分册·机械工程》，鲍国宝等译，北京：科学出版社，上海：上海古籍出版社，1999 年版，第 263 页。
③　颜鸿森：《古早中国锁具之美》，台南：中华古机械基金会，2003 年版，第 80 页。

鎏金不等。明清出现的锁具"四大金刚"广锁、花旗锁、首饰锁和刑具锁按其结构而言都属于簧片结构锁。

2.1.3　转轮组合锁

明清时期锁具进入繁荣和鼎盛期。从类型来说，有广锁、花旗锁、首饰锁和刑具锁这锁具"四大金刚"和文字组合锁，种类繁多；从用途上说，有门锁、箱锁、橱锁、盒锁、抽屉锁、仓库锁等，广为运用；从开启方式说，有横开锁、直开锁、倒拉锁、暗门锁等，机关巧妙；从材质上说，木锁、铜锁、铁锁、金锁、银锁、景泰蓝锁等，材质丰富；从形式上说，有圆形锁、方形锁、枕头锁、人物锁、动物锁、炮筒锁等，造型多样；从工艺上看，平雕、透雕、镂空雕、錾花、鎏金、错金、包金、镀金、镶嵌以及制模铸造，工艺精巧。

其中运用转轮而不需要钥匙的文字组合锁，与传统簧片结构锁迥然不同。文字组合锁由锁体、转轮以及具有锁梁的锁栓组成。锁体包括一个片状端板与转轴，让转轮转动，并引导锁栓移动；锁栓上也有一个片状端板，一部分与锁梁相连，用以挂锁，另一部分与具有凸片的栓梗相连；每个转轮大小一致，表面上大多刻着四个汉字，内径上有一凹形槽与栓梗上的凸片对应。开锁时，先将所有转轮上的文字在锁体的正面排成一线，且组成特定的字串，使所有转轮的凹形槽向上对齐，构成一个通道；此时便可顺畅滑动锁栓，与锁体分离，从而开启锁具。[①]

从汉代开始，金属簧片锁一直是中国人的主要用锁。两千多年来，中国锁具的外观虽然有所变化，但是内部构造始终没有太大的改进。1848 年美国耶鲁锁诞生；清光绪二十三年（1887 年），我国第一家银行——中国通商银行首次使用美国"耶鲁"牌弹子结构锁；1932 年2 月，山东黄县大锁行首次生产"三星"牌全铜弹子锁。[②] 到了 1940 年前后，由于西方弹子结构锁牙花变化更多、保密性能更强、生产成本更低、工艺性能好、坚固耐用，还能组合出更多品种，中国传统的金属簧片锁便逐步退出历史舞台。

转轮结构锁的开启

表 2 - 3

1. 转轮结构锁	2. 拨动转轮至预定处，锁栓顺畅滑动并与锁体分离	3. 拔出锁栓开锁

2.1.4　锁户计谋：广锁的设计

广锁是最为典型和使用最广泛的金属簧片锁。《农书》、《鲁班经》、《三才图绘》中所描绘的都是这种类型。古语"广"即宽度、横向尺寸，广锁就是横向开锁，故民间多称"横开锁"；广锁正面呈凹字状，端面是三角形、梯形、长方形或长圆筒形，形似枕头，故又叫"枕

---

① 颜鸿森：《古早中国锁具之美》，台南：中华古机械基金会，2003 年版，第 86 页。

② 中国大百科全书总编辑委员会《轻工》编辑委员会，中国大百科全书出版社编辑部编：《中国大百科全书·轻工卷》，北京：中国大百科全书出版社，1991 年版，第 453 页。

头锁"。清代光绪年间广锁多产于绍兴，因而又称"绍锁"。

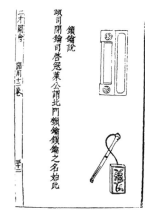

图2-5 《农书》、《鲁班经》、《三才图绘》中的广锁图样

锁具的基本功能是作为保护私有财物的封缄器；广锁之所以进入千家万户，就在于它强化了使用功能。表五中展现的是普通广锁的开启，显然如此锁具的保密和防盗性能都不甚强；但现存的各式广锁中，却不乏各式匠心独具之作。

广锁的构造与开启原理　　　　　　　　　　　　　　　　　　　　　　　表2-4

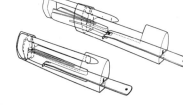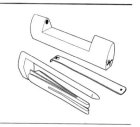

| 1. 簧片构造锁与钥匙 | 2. 插入钥匙，钥匙头可挤压钳制张开的弹簧片，使锁栓滑动与锁体分离 | 3. 拔出簧片与钥匙 |

1. 转移钥匙孔位置的广锁。广锁之所以称之为"广"，就是强调其横向开锁的功能，也即，其钥匙孔应该在锁的两端，多为右侧。为了让他人无法顺利开锁，可以通过转移或隐藏钥匙孔的位置来设计广锁。"背开锁"的钥匙孔就开在锁具的背部。"底开锁"的钥匙孔则开在锁具的底部。

2. 隐藏钥匙孔的"暗门锁"。"暗门锁"设有各种肉眼不易分辨的机关，从而隐匿钥匙孔的位置。"花边锁"是最简单的暗门锁。其钥匙孔开在

图2-6 花边锁和暗门锁

底面，钥匙孔上盖有可移动的镂花装饰板，移动装饰板即暴露锁孔[1]。有的则在锁梁一端内侧设有暗门，下方三角形镶板处，用三角形钥匙顶住锁端下方三角形镶板，暗门就凸现出来。再将用转轴连接的暗门旋转至左或右上方，钥匙孔才显现出来。"四开锁"则是一种比较复杂

① 贾杏年：《锁海漫游》，北京：中国轻工业出版社，1984年版，第24-25页。

的暗门锁。锁具周身平滑不见钥匙孔，只是锁具两端各有一颗梅花或蝙蝠镝子。这两颗镝子不是单纯的装饰件，一可活动，一为固定。开锁时首先上移或下按那颗活动的镝子，然后移动锁梁，接着打开端面处的封盖，显露出钥匙孔，方能将钥匙伸入钥匙孔内开启锁具。[1]

四开锁及其开启 表 2 - 5

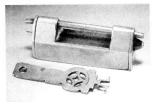

1. 四开锁及其钥匙

2. 按下镝子，移动锁梁

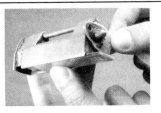

3. 打开端面封盖推动挡板

4. 移出底面挡板插入钥匙

5. 插入钥匙压住簧片

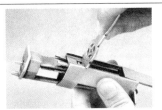

6. 推动簧片开启锁具

3. 难以插入钥匙的"定向锁"。"定向锁"也称"迷宫锁"，外形与普通广锁无异。但其钥匙孔开在锁的端面与底面的相接处，一般底面的钥匙孔呈"T"形或"7"形，横向孔槽从底面转折延伸至端面，因此"定向锁"的钥匙头呈立体结构。开启时，钥匙必须倾斜一定角度，并依序将钥匙头放入底面钥匙孔；然后推移钥匙滑入端面的钥匙孔，方能推动钥匙，打开锁具。如果对此程序不熟悉，很难在短时间内将钥匙插入钥匙孔，更不要说开启锁具了。

定向锁及其开启 表 2 - 6

1. 定向锁

2. 定向锁的钥匙

3. 倾斜一定角度

4. 插入钥匙头一端

5. 钥匙头另一端也放入底面钥匙孔

6. 钥匙头完全进入底面钥匙孔

7. 钥匙头沿轨道向端面钥匙孔滑动

8. 完全插入钥匙压住簧片开启锁具

---

[1] 陈邦仁：《中华古锁》，天津：百花文艺出版社，2002 年版，第 13 页。

4. 特殊开锁动作的"转冲锁"。"转冲锁"的钥匙孔呈棒槌状，开在端面或底面。其开启动作与一般广锁不同。通常广锁为横向插入钥匙、压住锁簧、推拉锁梁、开启锁具；"转冲锁"则须将钥匙齿朝上插进孔内，再将钥匙旋转半周或一周，钥匙齿压下簧片，锁即开启。有的"转冲锁"设计更具匠心，锁芯簧片分为两组，每组两片，上组簧片较长，下组簧片较短。上组簧片先被拨动，锁头出来一部分；下组簧片后被拨动，锁头才会全部出壳。开锁时，插入钥匙孔后先逆时针旋转90°，再顺时针旋转90°。需要特别注意的是，钥匙转到90°即止，不能过度。由于簧片上设有"靠山"，如果旋转过度冲过"靠山"，钥匙将卡在两组簧片之间拔不出来。[①]

图2-7　转冲锁　　　　　　　　　　　图2-8　双开锁

5. 增加开锁步骤的"多开锁"。"多开锁"即需多次开启的锁具。常见的"双开锁"须使用两把钥匙，同时开启或先后开启，上下开启或左右开启，次序不容颠倒，方向不能逆转。有的双开锁内装长短两种簧片，上锁时长簧片弓卡在锁体壁内；开启时先用一把钥匙挤压钳制长簧片，使锁栓移动通过封片的卡口，直到短簧片卡在锁体内，接着用另一把钥匙压迫短簧片，使锁栓整体通过封片的卡口而开锁[②]。

倒拉锁及其开启		表2-7
		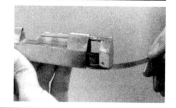
1. 倒拉锁及其钥匙	2. 从缝隙间插入钥匙	3. 倒拉即开

6. 特殊簧片结构的"倒拉锁"。"倒拉锁"外形与普通广锁无异，但周身似没有钥匙孔也无暗门机关。其实不然。仔细观察，在锁的端面和侧面的交界处有一丝缝隙。钥匙多用宽金属薄片制成，钥匙头部为方框状或有圆孔。将钥匙沿缝隙一插到底，锁头上的方框或圆孔将锁芯上的簧片套牢，倒拉即开。[③] 由于它与一般广锁的推进式开锁相反，故名"倒拉锁"。

① 陈邦仁：《中华古锁》，天津：百花文艺出版社，2002年版，第17页。
② 贾杏年：《锁海漫游》，北京：中国轻工业出版社，1984年版，第24-25页。
③ 陈邦仁：《中华古锁》，天津：百花文艺出版社，2002年版，第121页。

7. 无需钥匙的"无钥锁"。"无钥锁"即无需钥匙就能开启，自然没有钥匙孔。"无钥锁"完全依靠金属簧片自身产生的弹力及其与锁壳内部的摩擦力锁住簧片，利用锁壳金属材料局部受力产生的微弱形变开启锁具。开启时一只手用拇指、食指、中指捏牢锁壳，另一手捏住锁梁，三指巧妙配合，用力均匀得当，一捏一放之间，瞬时轻松开锁。其中微妙，只可意会，不可言传。[①]

图 2-9 无钥锁

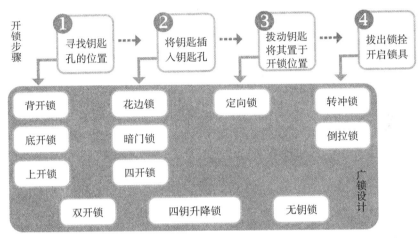

图 2-10 逆人而设计的广锁

广锁利用简单的簧片结构原理构思出巧妙的开启方式，正所谓"十化分梨匠手，百朝锁户机谋"。但其中确有迹可察、有规可循。通过观察他人和自身，我们可以将执钥开锁的行为初步划分为四个步骤：第一，寻找钥匙孔的位置；第二，将钥匙插入钥匙孔；第三，拨动钥匙，将钥匙置于开锁的位置；第四，拔出锁栓，开启锁具。与开锁的步骤相对应，前文各式机关巧布的广锁正是针对常人开锁的各个环节逆向设计的。广锁的首要要求就是安全性，不要说拿着错误的钥匙无法开锁，即使正确的钥匙落入他人之手，因为对锁具结构不了解，片刻之间也很难将锁具打开。对他人而言，如何找到钥匙孔的位置就是一种挑战。或将钥匙孔从通常的端面转移到其他位置，从而设计了"背开锁"、"底开锁"、"上开锁"；或通过设置巧妙机关和层层暗门，隐藏钥匙孔，从而设计了"花边锁"、"暗门锁"、"四开锁"。找到钥匙孔的位置之后，如何将钥匙插入钥匙孔又是一个难题。"定向锁"必须将钥匙头的特定部位、以特定的方位与钥匙孔的特定位置接触，才能将钥匙插入。再者，即使钥匙得以进入钥匙孔，如何转折移动才能将锁具打开，依然是个学问。或将开启方式由推拉变为旋转，设计出"转冲锁"；或设置两个不同的锁簧、运用两把不同的钥匙开启，设计出"双开锁"。此外，还有从钥匙孔的设置到开锁动作都一反常规的"倒拉锁"，甚至完全不需钥匙也无锁孔的"无钥锁"，无一不是设计者针对常人开锁的动作规律和思维定势进行逆向突破的智慧结晶。

---

① 陈邦仁：《中华古锁》，天津：百花文艺出版社，2002 年版，第 119 页。

2.1.5　因人而异：锁具的形式与功能

1. 花旗锁：为平民祈福辟邪

"花"指花样，"旗，表也"，标识之意。花旗锁以铜质为主，多用于柜门、箱箧、抽屉等。运用平雕、透雕、阴阳雕、透雕、镂空雕以及鎏金、错金、包金、镀金、镶嵌、掐丝、填彩、制范、铸造等诸多工艺，镌雕洗练，工写兼蓄，精致传神。从造型题材上看，有人物类，如八仙、秀才、乐舞俑等；动物类，如龙凤、麒麟、十二生肖鹤、鹊、蝴蝶、蝙蝠、狮、虎、鱼、鹿等；植物类，如百合、灵芝、萱草、荷花、芙蓉、佛手、梅；吉祥话语类，如福禄寿喜、福如东海、功名百代、状元及第、五子登科、五子三元、五世其昌、百子千孙、金玉满堂、梅开五福、红梅给子、万事如意、一本万利、百年好合……此外还有乐器类、器物类等，无不含有特定的吉祥之意。花旗锁的设计一般通过谐音、象征、寓意、附会等各种手法，表达人们的美好愿望和追求，兼具装饰功能。从艺术反映论的角度看，花旗锁的象征是表现与再现同体，抽象与具象融合，既有具体形象和感性经验，又有抽象提炼和理性分析。

花旗锁是民间吉祥文化的典型代表。"吉"指善、利，"祥"由吉见的征兆引申为幸福、有利。吉祥即"福善之事，嘉庆之征"。吉祥文化的表现主题是"趋吉避害"，由此一分为二，即"祈福"和"辟邪"。"祈福"内容主要包括"五福"和"三多"。"五福"即寿、富、康宁、崇好德行、善终①，"三多"则为多福、多寿、多男子，此外还有国运昌盛、平安顺利、婚姻美满等寓意。

图 2-11　造型各异的鱼形锁

花旗锁的"祈福辟邪"功能是锁的使用功能转化而来。锁的主要功能是防护而不仅仅是防盗。一方面，锁能保护自己的财产，当所锁之物由门户箱箧之内的有形财物转变为运气、幸福、财路等无形之物时，花旗锁就具备了"祈福"的象征功能；另一方面，锁可将他人阻挡在外，故可使妖魔鬼怪、魑魅魍魉不能进入，从而避灾消难、邪不可干，事事顺心顺利，此为"辟邪"。例如，鱼是花旗锁造型常用的题材，李商隐诗《和友人戏赠二首》中的"殷勤莫使清香透，牢合金鱼锁桂丛"、张泌诗《闭户》中的"碧户扃鱼锁，兰窗掩镜台"等描述的都是鱼形锁。民俗文化中鱼与余同音，取"年年有余"之意。鱼的吉祥意义根系于远古的鱼崇拜及由鱼的生殖能力引起的有关爱情婚姻、丰收富裕等联想。此外，《芝田录》说："门钥必以鱼，取其不瞑目，守夜之义。"可见，鱼形锁的象征意义既是"祈福"，又是"辟邪"。

---

① 《尚书·周书·洪范第六》："五福：一曰寿，二曰富，三曰康宁，四曰攸好德，五曰考终命。"

花旗锁与古代建筑的表现形式比较 表 2 - 8

题材	花旗锁的表现形式		古代建筑中的表现	分析
人物				神话传说中的人物祈求神佑
植物				桃表长寿植物象征美好生活
瑞兽				蝠福谐音瑞兽麒麟
动物				象征美好生活
器物				瓶平谐音平安之意
文字				直接用文字表达
综合				文字、图案、纹饰等综合运用

2. 首饰锁：为妇幼的祈福与美丽

首饰锁将首饰的装饰功能、身份象征与锁具的吉祥文化融为一体。首饰锁通常以金银为材料，用链条串联挂于颈项。古人认为金、银能够散发出某种"金气"或"银气"，可以抵御邪魔魂鬼。首饰锁的使用者主要是女性，其设计也充分考虑了女性的生理与心理特征。在体量上，充分发挥小巧玲珑的特点，创造闺阁气息。据载，目前发现的最小首饰锁为一块重 0.5255 克的银质珐琅小横锁，长 0.995 厘米、宽 0.5712 厘米[①]。在造型上，多用如意、鸡心、元宝、花和动物等造型，表面镌刻精致的花鸟图案、吉祥纹样以及福、禄、寿、喜、长命百岁、如意吉祥等字样。如图十三中上下叠缀的银质首饰锁，小银锁为如意云头纹，大银锁为双喜纹，构思奇巧新颖。主纹为传统人物装饰，另錾刻有盘长纹、莲花纹、宝伞纹、法螺纹、白盖纹、宝瓶纹、双鱼纹、法轮纹等八种吉祥纹样，喻为长寿、圣洁、自如、吉祥、解脱、圆满、活泼、生命不息之意。[②]

图 2-12　首饰锁

明清时期"长命锁"十分流行，尤以安徽为甚。孩童出生后为消灾避邪、永葆平安，父母或舅舅出资请银匠打制一副银锁或项圈给小孩佩戴，意在"锁"住生命。錾刻的吉语内容有"长命百岁"、"福寿双全"、"长命富贵"、"福寿万年"等，装饰的纹样大多是吉祥八宝、莲花蝙蝠、祥云瑞兽以及一些寓意吉祥的民间故事和神话传说，内容丰富多彩；甚至无法开合的锁片，也被赋予同等的象征意义。此外，还有一种"百家保锁"，由生儿育女者向左邻右舍募钱制成。募钱过程中特别注意向陈、孙、刘、胡四姓募集，取其谐音"存"、"生"、"留"、"护"之意。京剧《打渔杀家》中也有关于百家锁的唱段。[③]"长命锁"从造型到装饰都富于巧思，启人以一种超越"长命百岁"具体形式的人生理想的生命情怀。千百年来，中国人通过生命历程的经验，经过千锤百炼、精雕细琢，把最重要的、最美好的祝福凝固在"长命锁"上，并怀着无比虔敬的心情把"长命锁"佩戴到孩子身上。

图 2-13　为儿童祈福的"长命锁"

3. 刑具锁：禁锢囚犯的自由

刑具锁是与枷、链、镣、铐等合用的一种封缄器，起辅助的固定作用。如与铁链合用，用铁链套住囚犯的足或颈部，然后再用刑具锁将铁链锁住，令其行为不便。黑龙江肇东县八里城出土的金代刑具锁，在三环脚镣和手铐中间联以铁锁（图 2-14 中上)[④]；山东孔府附近

① 陈邦仁：《中华古锁》，天津：百花文艺出版社，2002 年版，第 47 页。
② 唐绪详：《中国民间美术全集·饰物卷》，南宁：广西美术出版社，2002 年版，第 3 页。
③ 陈邦仁：《中华古锁》，天津：百花文艺出版社，2002 年版，第 76 页。
④ 肇东县博物馆：《黑龙江肇东县八里城清理简报》，《考古》，1960 年第 2 期，第 40 页。

出土的刑具锁（图 2 - 14 左)① 则用以固定木枷。这种刑具锁采用普通广锁、虾尾锁的造型，只是更为简陋、结实，锁梁被划分为两部分，便于固定铁链的两端（图 2 - 14 中下）。图十五右的刑具锁为圆筒形，两端连两块圆形铜板，可将两块木枷合拢时锁住，使因犯挣脱不得。②

图 2 - 14　与枷、镣、链合用的刑具锁

广义上说，古代流行的木质械具都有"锁"的意义。戴在手上的"梏"、戴在手上的"桎"、套在脖子上的"枷"，都是限制因犯自由行动的"锁"。此外，因犯颈部所套铁圈名"钳"也是广义上的锁。如，山西侯马乔村的战国墓、燕下都战国遗址和陕西泾阳汉代阳陵附近的西汉墓中，都发现有刑徒颈上带着的铁钳。钳身由一粗铁条锻成马蹄形，两端各有一长方孔相对，两孔之间插一铁条横档，横档两端向上下相反方向卷曲，一端卷曲成团，另一端与钳身绕卷成团，以成死横档③。其他锁具通过锁住自己的东西来防止为他人获取，刑具锁则通过禁锢他人来保护自己；而且，前者锁住的是财或物，后者锁住的则是人的自由。

4. 文字组合锁与文人雅趣

前文已介绍了文字组合锁的工作原理，显然与中国古代广为运用的簧片结构锁大为不同。从现存藏品来看，最迟在明末清初（17 世纪上半叶）文字组合锁已经广泛使用。西方的组合锁虽起源不详，但最晚在 16 世纪已广泛使用④。明朝中西方交流频繁。万历年间，西方天主教的耶稣会在欧洲宗教改革中受挫，转而试图随着西方商业势力向东方寻找新的传教区，如意大利耶稣会士利玛窦、德国耶稣会士汤若望、葡萄牙耶稣会士安拉德等。他们往往以传播自然科学和技术为手段，求得在中国传教的权利。徐光启与利玛窦合译《几何原本》，王徵在传教士邓玉菡的帮助下著成《远西奇器图说》。据此推测，文字组合锁最迟在明末随着西方文化的传播进入中国。西方组合锁在锁栓上开槽，在圆盘外侧刻数字或字母，圆盘内设短柱，短柱和开槽适配。圆盘必须正确地对成一条直线，以便抽出锁栓。与之迥异的是，西方的组合锁与链合用，而中国文字组合锁外形上却沿袭了广锁的锁梁结构；西方组合锁上刻以字母或者数字，而中国文字组合锁上所刻的或是五言绝句，或是四字俗语。为何中国出现的文字

① 前卫：《历史的见证——从曲阜"三孔"看林彪和一切反动派鼓吹孔孟之道的罪行》，《文物》，1974 年第 4 期。
② 陈邦仁：《中华古锁》，天津：百花文艺出版社，2002 年版，第 205 页。
③ 《燕下都遗址出土奴隶铁颈锁和脚链》，《文物》，1975 年第 6 期，第 89 - 91 页。文中称之为铁颈锁，笔者认为称之为"钳"更为准确。——笔者注。
④ 李文石译：《锁具小史》，《发明与革新》，1994 年第 7 期，第 33 页。

组合锁没有对应采取"一"、"二"、"三"这些中文数字作为密码，而选择了文学作品和民间俗语呢？

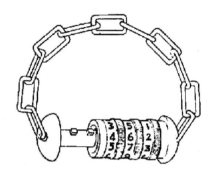

图2-15　中西转轮组合锁的比较

作为"士农工商"四个阶层中的领导阶层，文人士大夫是晚明引导社会生活潮流的先锋力量。他们在思想上大多自命清高，在学识上能文善诗。以书画自遣，好收藏，精鉴赏，筑园圃，爱品茗。这种苏州一带的文人生活被称为"吴趣"。士大夫中流行一种避俗之风，以耽情诗酒为高致，以书画棋弹为闲雅，以禽鱼竹石为清逸，以噱谈声伎为放达，以淡寂参究为静证，盛行"清客"、"韵士"，崇尚"简淡"、"冷言"，追求"文心"、"文趣"，为文字组合锁的产生提供了社会基础。这种"尚雅避俗"，重"文气"、"文心"的品位普遍存在于士大夫阶层，进而形成时尚成为民间大众追捧的对象，陈子衣、阳明巾、永乐之剔红、宣德之铜炉、唐伯虎之画、供春时大彬之紫砂壶、何得之的扇面、赵良璧的锡器……如此种种，无不日就巧妍，文气盎然。即使是生活日用的锁具，也沾染了些"文心""文气"。如一款五个转轮的文字密码锁，每轮刻有四字，组成一首五绝："春游芳草地，夏赏绿荷池，秋饮黄花酒，冬吟白雪诗"[①]，描述的正是晚朝文人的悠闲生活。奇妙之处在于，诗句通顺锁闭而不开，文字不通锁却轻松开启。文字组合锁，正是运用西方组合锁的结构原理，结合中国社会生活中常见的广锁形式，并融入了文人士大夫的清心雅趣，中西合璧，雅俗合流。

2.1.6　民生厚而物有迁

1. 古锁的功能：实用与象征兼备

锁从人类最初作为私有财产的初级保护装置（措施）开始，生活的丰富和社会的发展带来了锁具的复杂化。制栓器的发明，是锁具设计的第一次技术突破，即用木制移动件，靠自身的重量落入栓的卯眼内使锁紧闭。古文中"键闭"与"管籥"这些锁钥的古称形象地再现了栓制木锁的形态特征。春秋时期弹簧的应用是锁具设计的又一重大突破。锁内装有片状弹簧，利用钥匙与弹簧片的几何关系与弹力来控制金属簧片的张合从而上锁与开锁，加强了锁钥的保密性能；而金属材料的运用，也无疑加强了锁具的牢固性。自汉代起虾尾锁广为流传，历经魏晋南北朝、隋唐、五代、辽、宋、金直至明朝都广为使用。虾尾锁在功能上延续了金属簧片锁的特点，在形态上启发了后世花旗锁的多种花样。虾尾锁与铁链的组合，还构成了当时的刑具锁。到了明清，锁具发展达到顶峰，广锁以其巧妙的机关使锁具的保密性达到前

---

① 陈邦仁：《中华古锁》，天津：百花文艺出版社，2002年版，第134页。

所未有的高度，结合木枷、铁链使用的刑具锁也表现出独特的结构与形态。

锁与生俱来兼备对外防护和对内自守两重含义。从栓制木锁到金属簧片锁到机关巧妙的广锁，反映出人们从技术上对外防与内守的追求。随着社会的发展，锁不仅要满足人们日常生活中对具体私有物的保护而不断进行结构、装置、技术等实用功能的创新，而且越来越倾向于精神性的外防与内守，表达民众对美好生活的祈愿和对丑恶事物的避让等实用"意义"的创造。因而衍生出祈福辟邪的花旗锁、既装饰又祈福的首饰锁，表现出中国人圆满、祥和、吉庆、福祉的共同心理需求。不仅锁具，取义于祛灾避邪的门画、门饰、门符、门神以及有关"门"的种种繁复多样的禁忌形式和礼仪内容，都是外防这一基本原则的体现；各种吉禽瑞兽和祥物福器，彻底杜绝逸念与驰想，以全力追求安定宁静的境界，又是内守这一基本原则的体现。尔后结合西洋数字组合锁的结构特征和中国文人雅趣传统的文字组合锁，则在中与西、雅与俗、情趣与实用之间谋求到最佳的平衡。

2. 古锁的演进：从实用走向象征，从器物走向风俗

中华古锁兼备实用和象征的双重功能，与西方古锁相比较，却会发现中华古锁截然不同的演进逻辑。从古埃及针销锁到旋转结构挂锁，从古罗马榫槽锁到叶片结构锁，从双制转片锁到巴伦转片锁，从布拉默锁到耶鲁锁，[1] 西方古锁设计针对保护自我财产或隐私的实用功能不断探寻着更高级、更复杂、更合理的原理、结构、技术，是针对锁的实用功能围绕"物"展开的复杂化过程。与之不同的是，中国古锁设计的复杂化过程不仅仅是结构、装置、技术的复杂化，不仅仅是人工物本身的复杂化，而是隐藏在物背后的意义、价值、观念的复杂化，是人工物用途与功能的复杂化，是人为"事"的复杂化。一方面，从木锁、虾尾锁发展到机关巧布的广锁和禁锢自由的刑具锁，围绕锁的实用功能展开技术探讨和"物"的更新；另一方面，从锁保护私有财产的实用功能抽象出自我保护的象征功能，根据不同人群的不同需求，衍生出祈福辟邪的花旗锁、美丽富贵的首饰锁、文人雅趣的文字锁等，凸现锁的象征功能，使锁的形式日益丰富，在意义、价值、观念上不断进行"事"的创造。

图 2-16 华山金锁关

锁的设计不断从实用功能转向象征功能，形成与特定的风俗相对应的新器物，如新娘出嫁时嫁妆箱上须用"十二生肖"锁；民间做寿时须用"福禄寿喜"锁；贺小孩生日时须用长

① 李文石译：《锁具小史》，《发明与革新》，1994 年第 7 期，第 33-34 页。

命锁、保家百锁、花钱锁等。与此同时，锁的意义也不断延伸扩展。如"同心锁"将"同心结"的意义与锁相结合，被赋予坚贞爱情的象征意义，据传唐朝的《金锁记》就是咏叹"有情人终成眷属"的爱情故事。不仅如此，锁的象征意义不断衍生，又形成与锁相关的新风俗。如去华山"金锁关"或黄山"天都峰"挂锁，或为锁住爱情，誓志永结同心永不分离；或为锁住凭证，锁住信念，以锁纪事。虽然锁具都已换上"永固牌"弹子锁，但古锁的祈福意味却流传至今。从实用走向象征，从器物走向风俗，中国古锁与西方锁具走出截然不同的两条道路。

3. 古锁的设计：形式追随功能，功能追随需求

社会制度规定了一套与封建伦理道德相匹配的器物使用制度，因而不同阶层的人使用不同的锁具；更关键的是，锁具的多样性折射出人们需求的丰富性和层次性。一方面，为满足不同人群的不同需求，锁具设计千姿百态。禁锢囚犯则用铁质粗实的刑具锁，婚姻嫁娶须佩戴华丽富贵的首饰锁，保护财物须用机关巧妙的广锁，生儿育女则佩戴祈幸福保平安的花旗锁。一方面，由于经济水平、社会地位、教育状况、处世经验、性格特点的差异，为满足不同人群的同一需求，锁具设计也不尽相同。同样是保护私有财产，平民多用简陋的木锁或粗糙的铁锁，贵族使用镂刻精致的铜锁，文人士大夫则用充满文气雅趣的文字组合锁；同样是祈福辟邪，女性使用小巧玲珑的"鸡心锁"，儿童须用"长命锁"、"花钱锁"，老人则用"福禄寿喜"的"花旗锁"。

人群的差异化和需求的丰富性造就了锁的多样性，人自身行为的规律性和生理特征的稳定性又使锁具设计有规可循。"背开锁"、"底开锁"、"上开锁"设计了开锁过程中寻找钥匙孔的不同视觉路线；"花边锁"、"暗门锁"、"四开锁"增加了寻找钥匙孔的动作复杂性；"定向锁"向将钥匙插入钥匙孔这

图2-17 盲人锁

一动作提出挑战；"转冲锁"则将开启动作变推拉为旋转；"双开锁"和"四钥升降锁"层层机关环环相套，增加了开锁的步骤和难度；甚至从钥匙孔的设置到开锁动作都一反常规的"倒拉锁"，完全逆人所思的"无钥锁"……无一不是设计者在常人的行为规律和思维定势中寻求的突破。此外，锁具设计与人自身基本稳定的生理特征有着千丝万缕或明或暗的联系。人的尺寸，包括身长、肢长、活动幅度、生理节奏、运动速度、力量等大体相同。当锁具按照人的生理特征设计时，人们会产生本能的理解和适应。如女性使用的"首饰锁"小巧玲珑，北方流行的"炮仗锁"则粗大结实。人体是设计者最具有力和最频繁使用的语意源泉。古锁设计中甚至已经萌生了"无障碍"思想。图2-17中的"盲人锁"，外形与普通广锁相似，六道箍，钥匙孔的右侧正中横有一块凸片；钥匙上则有一条狭长的槽孔。此凸片对普通人来说毫无用处，反显累赘；但当盲人用手触摸到锁上的凸片时，可将钥匙柄上的槽孔套住凸片，使钥匙不能上下左右游离，自然很容易对准钥匙孔进入，从而打开锁具。[1] 广锁依据不同人的不同行为特点进行巧妙设计，由此可见一斑。

4. 古锁的启示：设计以生活为本

人们进行造物活动的根本目的就是为了满足生活、生产的需要；人类初期的一切活动都

---

① 陈邦仁：《中华古锁》，天津：百花文艺出版社，2002年版，第50页。

是以人的生活为出发点和终极目标。锁具作为私有财产的初级保护装置（措施）而产生，正与人的生命价值和生活原则相联系。锁具的发展则无疑是人们生活需求和生命价值变化的投影：从栓制木锁到金属簧片锁到机关巧妙的各式广锁，表明民众私有观念的日益加深和自我防护意识的不断加强；锁具从实用功能向象征功能的转化，表明民众生活方式和生活态度转向注重现实功利，祈祷福寿绵长，寄托美好愿望。

锁不仅是具有生活的实际功能的静态的"物"，同时又是渗透到人们生活的各个角落的一种存在形式，是生活情景本身。设计者从现实的需要出发，围绕自我保护的主题，针对丰富多样的现实生活内容，既寄托了不同人对未来生活驱邪、避凶、迎福、纳喜的美好愿望，又融入了自己保平安、助功利、降吉祥的情感因素。无论是简单实用的木锁，还是机关巧布的广锁；无论是攀临华山"金锁关"挂上一把明志与祝福的锁，还是给初生幼子"戴锁子"保命平安，都具有动态的生活过程的意义。我们只有在丰富活跃的生活情景中，探讨它与百姓日常生活的本质关系，只有赋予它以生活内容和过程的性质，才能对其有所全面整体的认识。锁具作为民间造物的典型代表，从人们的生活方式、使用行为和不同时期的社会思想、审美观念出发，紧紧围绕着人们的日常生活使用展开，关注人的行为、动作、情感、需求，尊重人性，体现出物以致用的价值取向，以及人对物的创造和物对人的价值关系。

锁与生俱来的生活气息，既反映出社会的结构，又折射出历史的结构。在晚明实学之风的影响下，如鱼得水，利用自然材料通过人工技巧设计出各种日用之锁，实践了宋应星的"天工开物"思想；如虎添翼，极大关注了民众的日常物质利益甚至精神需求，应验了王艮的"百姓日用即道"。日月斗转，物换星移，喧嚣一时的中华古锁如今已从寻常百姓家销声匿迹，但其体现出的独特的实用价值、审美价值和文化价值，其间散发出的浓浓古意和奇谋巧思却始终是一种财富。诚如《尚书·周书·君陈》所言："惟民生厚，因物有迁。"

2.2 墙与隔[①]

人们常用"隔墙有耳"来劝人说话小心，免得泄露。语出《管子·君臣下》："墙有耳，伏寇在侧。墙有耳者，微谋外泄之谓也。"这样看来，墙的功用似乎在于"隔"；至于为什么要"隔"，则必定存在一些"不足为外人道"的原因。下文将就这两方面的问题进行探讨。

2.2.1 墙之隔、断、围

史前建筑包括树上做屋和地下掘穴（横穴、竖穴），如图 2-18 所示。当原始人类从全陷之穴居发展到半陷在地面上时，就已有了"墙"的存在。宫、室是中国建筑最早对房屋的称呼，甲骨文"宫"字象征的就是一所有隔墙和洞窟的房屋。到商代时才有版筑堂基、上栋下宇的木构房屋，人类生活由地平面下完全升到地平面上，墙也高立于户与户之间。

就中国古代建筑发展来看，墙出现的功用在于"隔"而非承重（图 2-19）。中国古代建筑采用的是木

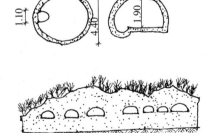

图 2-18 史前穴居

---

① 胡飞：《漫话"隔墙有耳"之"墙"与"隔"》，原载于，柳冠中编著：《事理学纲要》，长沙：中南大学出版社，2006年1月，第164-170页。

结构体系：从地面立起木柱，柱上架设横向的梁坊，在梁坊上铺设屋顶，所有顶部的重量都由梁坊传递到立柱再到地面，而柱子之间的墙壁，不论用土、砖、石或者其他材料，都只起到隔断的作用而不承重。1996 年 2 月云南丽江古城一场地震震倒了钢筋混凝土的新大楼，却没有震倒古城老屋。之所以产生这"墙倒屋不塌"的现象，原因就在于此。

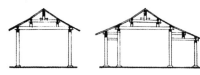

图 2 -19　中国古代木结构

从抽象形式来说，一道"墙"在空间中呈现为有一定量度的实体界面。它是由特定内容材料组成的面域，既可以沿线性方向延伸（图 2 -20），也可在自身范围内进行划分。"一丈为板，板广二尺，五板为堵。一堵之墙，长丈高丈。三堵为雉，一雉之墙，长三丈高一丈。"当墙的尺度大大超越了人的尺度时，墙就对人的行为形成障碍，称其为"断"。"释名曰：墙，障也。"就是此意。崂山道士的"穿墙术"之所以诱人，就在一定程度上反映了人们想逾越"墙"这一障碍的强烈愿望。

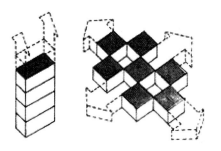

图 2 -20　墙的延伸

墙由"隔"而"断"，形成一定的边界；当边界的范围封闭时，就形成"围"合；它又可以形成一定的单元，这样的单元就是它在自身范围内进行有规律划分的结果；最后它还能形成一定的聚落，当边界范围与构成单元同时具备时，聚落也就形成了，这种表现可称为"墙"的汇集。两道"墙"构成街道，四道"墙"围合庭院，六道"墙"划分空间，八道"墙"形成空间聚落；古代都城大到整个城市，中到街坊、皇城，小到宅院，正是由"墙"围合而成。

形成围合的"墙"区分了空间的内、外属性，从而又强化了"隔"。对"内"部空间作进一步的划分，则可形成多个不同的空间范围，如在古代都城中，街坊墙、皇城墙等都是对都城内部空间的划分，宅院墙

图 2 -21　墙围合的城市

等又是对城市区域内部空间的划分等，形成一种有秩序的层级结构，建构了高层次上的"隔"。而正是这种高层次上的"隔"，又形成整体，建立秩序。这种空间与空间的关系，由"墙"来给予界定，通过划分与聚合而达到目的。

从墙开始，到建筑、区域，再到整个城市（图 2 -21），"墙"的各种形态出现了，"墙"的功能也由"隔"而"断"，由"隔"而"围"，由"围"又"隔"，城市中各种各样的墙也就成为协调、统一的物质与空间结构。与此同时，虽然几千年墙一直处在演变之中，但它一直担负着防止外界干扰的作用，由此可见，墙是由"隔"而始、以"隔"为终的动态延伸物，其核心功用还是在于"隔"。

2.2.2　不同"隔"之墙

那么，墙用来隔什么呢？《说文》："墙，垣蔽也。"清朝段玉裁所作注解说："左传曰：人

之有墙，以蔽恶也。故曰垣蔽。"可见，墙是用来阻隔所"恶"之事物。

原始人类所"恶"的是严寒天气和野兽攻击，所谓"壁，辟也，辟御风寒也"。以中国北方四合院为例，建院墙可以减小风力，也可为厢房进行遮挡。在正房与厢房的缺口处可建拐角墙，中间开门，由于拐角墙隔风效果很好，故谓之"风叉"（图 2-22）。这是"隔"风。在寒冷地区外墙"隔"寒采用外墙加厚的方法，一般房屋外墙厚度有37 厘米即可，也有厚达 75 厘米的。还有"隔"潮。在土层打夯打紧固之后，用石块两度打夯打实，使之坚牢，在石缝中灌入水泥白灰浆，以其固定。然后铺防潮油毡，再涂以白灰层。

图 2-22 风叉

后来人们所"恶"的是凶徒窃贼和偷窥隐私，《论语·子张篇》所云即是如此："叔孙武叔语大夫于朝，曰：子贡贤于仲尼。子服景伯以告子贡。子贡曰：譬之宫墙，赐之墙也及肩，窥见室家之好。夫子之墙数仞，不得其门而入，不见宗庙之美，百官之富。得其门者或寡矣。夫子之云，不亦宜乎！"古时，私人的起居生活是不让外面人看见的，同时为了安全，防盗和"别男女之礼"，所以住宅四周筑有高大的围墙。

为了维护自我，阻"隔"敌人时，则出现了城墙（图2-23）。《诗经·小雅·常棣》："兄弟阋于墙，外御其侮。"描述的就是墙的这一功用。当私有财产发达到需要加以保护时，城廓沟池便应运而生。城墙的主要作用是用于军事防御。墨子强调"城厚以高"。战国时城墙用土夯筑，要用相当厚度才能比较有效地防止敌人用轒辒车、空穴来破坏城墙。当敌人用水攻时，城墙要起到堤坝作用，墙厚才不致很快被浸溃。

图 2-23 以色列城墙

如果说城墙是为了"隔"各地诸侯，那么万里长城则是国家、民族之"隔"（图 2-24）。高大厚重的城墙，直壁蜿蜒，工程浩大气势磅礴，是世界上最大的防御性墙壁。秦长城与明长城不但材料不同，形制相异。明长城外用砖砌，秦长城则以当地土石为之，表面呈紫色，故晋时称它为"紫塞"。其杂以石块的城墙，无

图 2-24 长城

疑比民间建筑土墙之采用"版筑"的传统做法要高明。同时断面作人字形，恐怕也是为方便排泄雨水、保护墙身的缘故。

"隔"之极致，则为"藏"。"复壁"就是为了藏匿贵重对象或遇到紧急时期可以入内暂时躲避之用。在文献中不乏记载，如《后汉书·赵岐传》。复壁的出现和普及，说明与当时的建筑技术有直接关系，复壁出现的早期形式，是在夯土墙中留置或凿出空腔，《史记·儒林列传》所述的伏生壁藏图书之壁，就是这种样式。据传，古文经出自曲阜孔子旧宅复壁中。《尚书序》说："秦始皇灭先代典籍，焚书坑儒，天下学士，逃难解散。我先人用藏其家书于屋壁。……至鲁共王好治宫室，坏孔子旧宅，以广其居。于壁中得先人所藏古文虞、夏、商、周之书，及传论语、

孝经，皆科斗文字。"明代时为了纪念此事就在孔宅故井旁建造了一座"复壁"，世称"鲁壁"。

　　充分有效的利用"墙"之"隔"，又会产生很多妙用。如影壁。影壁是设立在一组建筑群大门里面或外面的一堵墙壁，在门外的叫"照壁"，在门内的叫"影壁"。当时叫"树"和"屏"。《曲礼正义》引李巡言："垣当门自蔽，名曰树。"《尔雅·释宫》注："屏谓之树，小墙当门中。"树与屏实为一物，只不过一个在大门外，一个在大门内而已。《论语·八佾》上也有"邦君树塞门"之句。如北方四合院中广泛采用的影壁，在大门里面，与大门有一定距离，正对着入口，完全起到屏障的作用，避免人们一进门就将院内一览无余。而北京紫禁城宁寿宫前九龙壁（图2-25），正对大门，和大门外左右的牌楼或建筑组成了门前的广场，增添了这一组建筑的气势。乾清门也是如此。由于这类墙为皇族及高官所用，因而在"隔"的同时更强调一种威严、权贵的气氛。又如中国传统园林中的漏墙（图2-26）、空墙。一座墙壁，在墙身部位设计有各式空洞，如瓶形、桃形、圆形、方形、菱形等，又挡又漏，可观可止，隔断自如，十分巧妙。从敞开的屏门可看至第一层次的院落，再透过漏空的雕花廊又可看至另一层次院落，而这个院落又以八角形的洞门连续更深一层的院落……如此步移景异，隔而不断，连为一体，引人入胜。

　　以上所述乃不同之"隔"、不同之需所产生的不同之"墙"。"墙"是对不同内容的生活进行划分与聚合的手段。"墙"界定出内部与外界的领域，在中国古代城市中，"墙"内可以是个人、家户、部族或是皇室的生活领域，各自包含着不容混淆的生活内容，"墙"外意味着城市中公共生活内容。"墙"本身也就成为城市生活领域的标志了。比如人们在城市中可以很容易地从高大的黄瓦红墙辨别出帝王生活的领域（图2-27），也能从青瓦白墙看出一般平民的住家，当然也能从城墙的形态、等级看出这座城市的一些特性。

图2-25　九龙壁

图2-26　漏墙

图2-27　帝王的朱墙

2.2.3　不同形式之"隔"

　　《说文》："隔，障也。"当"墙"从室外进入室内，又由室内走到室外，为了不同目的、意义、愿望的"障"，服务于身份、地位、经济不同的人，满足其在不同时间、地点、环境中的不同需求，衍生出了各种各样的"隔"。

　　以室内而言。设在隔墙、火炕、敬神部位等位置的叫"花地罩"，分间之部位常做二层格，半透明，用这个"罩"来区分空间，可大可小，可折可装，又能隔挡，又能沟通。又如在一个房间里再要分隔时，把布吊挂起来以遮挡对方景物，称之"帷幔"。当时流行席地而卧，所以室内挂有帷帐。《释名·释床帐》："帷，围也，所以自障围也。帐，张也，张施于床上也。"如古人读书、书法、绘画，不希望他人打扰。如果没有单间屋子，则用帷幔作临时性的隔挡，故有"读书须下帷"，"做工用帷幔"之说。而"屏风"更是"隔而不断"的室内典范。《尔雅·释宫》："屏，谓之树。"《礼记·杂记》曰："树，屏也，立屏当所行之路，以蔽内外也。"当门设屏，第一可以挡风避光，第二增加了室内的陈设，第三位来客划出一个特殊地段，给人们一个思考准备的场所。屏风（图2-28）形式多样，有独屏、曲屏、连屏、叠屏等。

图 2-28 屏风

窗子用来通风和换气，使屋内光度明亮，空气流通，是一种自由控制的"隔"。早期的窗子用"吊搭"，即用木板做成，正合窗户大小，夜里关上，使野兽等不敢进入，白天将"吊搭"吊起来，人们往来活动不影响，这是一种防护性设施。后来发明了纸，白纸甚薄，用白纸糊窗，把窗扇划分成花格，在格上满糊白纸，待干透之后特别平整，纸窗透光，使屋内达到一定的明亮程度。其特征是从外面看不到屋内，从屋内向外看不到外边景物，又亮又挡，犹如现代建筑中的磨砂玻璃的效果。现代家庭在玻璃窗上装窗帘也是同样的效果。尤其是读书撰文，过于明亮心境烦躁，光明适度则十分称心。南北朝鲍照《拟行路难》诗云："璇闺玉墀上椒阁，文窗绣户垂绮幕"，描述的就是这般景致。此外，还有一种既可以通风又内外看不见的百叶窗，中国古代从战国到汉代都有运用。直条的曰直棂窗，横条的曰卧棂窗。卧棂窗平列而空隙透明。还有窗棂作斜棂，水平方向内外都看不见，只有斜面看才看得到。

中国古建筑，各种房屋净空高，内部空间通敞、敞亮，梁柱高，屋架必然要高，因此，前檐梁枋就要高，只用门窗来做前檐之围护结构是远远不够高的，所以在窗子板门之上安横枋，其上再加窗子，这个窗子叫高照眼笼窗，北京清宫式叫横披。如果还不够高，就要再加板子，名曰"高照板"。宋代开始就有隔扇门（图2-29），南方又叫长窗，即是门又是窗，是门与窗的结合。在用隔扇时，于立柱之间，贴柱安装门框，上部安横穿，中间扇隔扇，每扇高宽之比约为45厘米，隔扇上部加上横披，隔扇窗格式样繁多，如冰纹、葵纹、八角纹、垂鱼、如意、海棠、菱角、菱花、回纹万字、十字川龟、软角万字、十字长方、宫式等（图2-30），书不尽书。

图 2-29 隔扇门

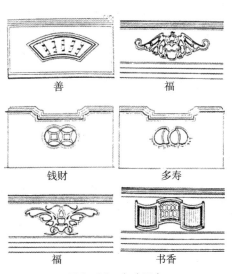

善　福

钱财　多寿

福　书香

图 2-30 各式隔窗

在户外有门栅、窗栅、廊栅，三者的作用是相同的。用栅栏进行分隔空间，又分又挡又隔，起到一定的作用。另外，木桩、木柱、上马石、辕门、界碑（图2-31）等小品，都在不同程度上表现了"隔"的意义。如宋代诗人陈与义在《游葆真池上》所云"墙厚不盈咫，人间隔蓬莱。"又如，"碑者，悲也。"唐朝李商隐的七律《泪》中的"湘江竹上痕无限，岘首碑前洒几多。"就寄托了这种生死之隔的哀思。

图2-31　界碑

2.2.4　墙与隔的思考

"隔"与"墙"，反映的是"因"与"果"的关系，"功能"与"形式"的关系，"目的"与"手段"的关系。早期人类荒野时代筑"墙"以"隔"的对象是天灾、疾病、猛兽。中期是封建帝王、诸侯略城夺地，以"墙"来隔敌人和恶人。五千年历史文化有迹可循，万里长城与故宫，只不过是沧海一粟。与此同时，"墙"也逐步成为贫富之"隔"、贵贱之"隔"、敌我之"隔"的象征，甚至成为民族、国家、意识形态的"隔"。如1961年8月西柏林一夜之间树立的"柏林墙"就成为令人无法逾越的障碍。自至今日，从高大的城墙退化为两国边境的"界石"、"界碑"，进而退化为高速公路上的斑马线，甚至数字化的"防火墙"……物质实体的墙已逐步瓦解，取而代之的是由生活竞争所带来的思想区分、经济既得利益、个人及政体的私心、不择手段追逐功利而造成的心灵之"隔"。

图2-32　柏林墙

另一方面，从古代的筑墙围城，演变成为软、硬墙壁，在保护个人所"私"、阻隔个人所"恶"，隔而不断，形成自我空间的同时，又给予人类自身以希望和渴望："墙"的另一侧是什么？"凿壁"绝对不仅是为了"偷光"，也许存在着更加美好的东西等待人们去发现。尽管社会和信息传播都会以人们意想不到的方式发生变化，可是我们有理由肯定，人类本能地会对"墙"内他们所生活的世界中发生的事件感兴趣，并对他们生活"墙"外的世界充满好奇。人们乐于交流信息交流情感并与其他人互相交往，而且一旦经历新东西、新体验、他们会感到激动与愉悦。因而，我们要针对不同需求的"隔"，营造不同形式的"墙"；与此同时，充分有效的利用"墙"的"隔"与"断"，促进人们的沟通与交流。

2.3　音乐播放器的梦魇与曙光[①]

2.3.1　MP3 的梦魇

似乎还未从 CD、MD 和 MP3 孰优孰劣的激烈争论中醒来，我们已经不得不面对这场突如其来的空前的数字音乐革命，在并起的群雄之中施展浑身解数谋求一席之地。

1999 年在韩国 MPMAN 公司推出了世界上第一台 MP3 音乐播放器——F-10 MP3 Player。

---

① 胡飞、胡俊：《MP3：梦魇之后仍是曙光》，《创新设计》第1期（广东省工业设计协会内刊），2006年11月，第81-89页。

这是一种通过网络下载或电脑软件转换音乐或语音源、可随身听的消费类科技电子产品。2002 年 MP3 技术被引进到中国，2004 年中国成为全球最大的 MP3 生产基地。今日 MP3 类产品则由存储介质分为硬盘（HDD）类和闪存（Flash Memory）类两种类型。

图2-33 MPMAN 10

作为典型的消费类数码产品，MP3 播放器的外延不断扩大。从当初的只能播放 MP3 格式的音乐，到今天可兼容 MP3、WMA、WAV、TVF、OGG 等各类音频格式，MP3 已成为数字音乐的代名词；从单纯听音乐到今天容 FM 收听、录音、电子阅读、拍照等诸多功能于一体，MP3 播放器已模糊了自己的身份，而成为数码娱乐的代名词。

MP3 的全称是 Moving Picture Experts Group Audio Layer III，简单地说，MP3 就是一种音频压缩技术，由于这种压缩方式的全称叫 MPEG Audio Layer3，所以简称为 MP3。利用 MPEG Audio Layer 3 的技术，可将音乐文件以 1：10 甚至 1：12 的压缩率压缩成较小的文件，同时较好地保持了原来的音质。每分钟音乐的 MP3 格式只有 1MB 左右，这样每首歌的大小只有 3～4 兆字节。正因为 MP3 文件小、音质高，使得 MP3 格式几乎成为网络音乐的代名词。使用 MP3 播放器对 MP3 文件进行实时解压缩，就可以播放出高品质的 MP3 音乐。

如果仅把 MP3 看做一种音频压缩技术，它已经被广泛而随意地融入手机、电脑等数码产品之中，而且 MP3 技术本身也具有很强的被替代性，甚至可以毫不夸张地说，MP3 必将灭亡。但是，正如电视、电影等视听媒介出现之后，广播虽急剧萎缩，最终却仍以其独特的方式存在，以其特有的带有无限视觉想象空间的听觉体验吸引着特定的受众群体；收音机也逐渐退出百姓的日常生活，而以新的方式植入汽车、火车等交通工具之中。如果 MP3 播放器也有幸如此，那么，MP3 播放器作为一种技术的物质载体的背后，蕴藏着什么能量呢？

iPOd、Sony、iRiver、三星、JNC 等国外军团已牢牢控制了高端品牌知名度、美誉度和品牌忠诚度；尽管国产品牌如爱国者、MSC、联想、信利等在近年的销售额上以绝对优势击败了日韩品牌，但以价格战和 Copy 风获得的短期丰厚利润，却扰乱甚至扼杀了市场的成长。鱼目混珠，必然珍珠卖鱼目价；涸泽而渔，必然无鱼可渔！

在这场突如其来的数字音乐革命的盛宴中，由于低门槛加上广阔的市场容量和丰厚利润，刮进了不少争食的企业和个体。据不完全统计，国内市场已经有数百个 MP3 品牌，大到面向全球的代工企业，小到只有几个人的家庭作坊。

从早期的"高利润"到如今的"高风险"，从早期的大而全的制造企业到现在地区集群的"蝗虫产业集群"，大量小生产厂商或合并重组成为大型制造企业，或分工合作抱成一团。怎样使企业在市场竞争中稳步前进，使短期效应转化为长期赢利？最终制胜的关键还在于产品。正如美国的工业设计大师高登·布鲁斯所言："现在，很多中国公司面临一个艰难的决定，你是仅仅想做便宜的产品，还是在设计上增加附加价值？设计确实需要钱，但设计也会赚钱。大多数总裁没有看到后者，而只看到前者。一个有智慧的总裁，将能很好地解决这个问题。"

如图 2-34，MP3 产品逐年增多，市场日益饱和，我们不禁扼腕叹息，短命的 MP3！

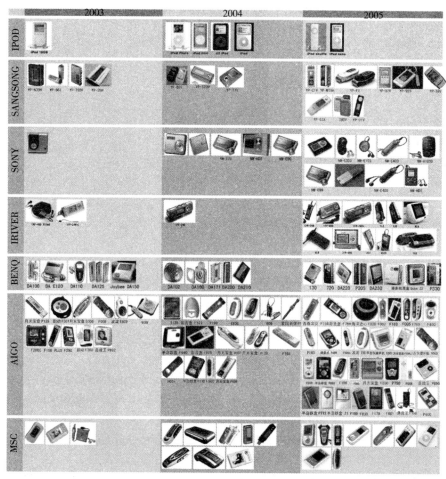

图 2 -34   MP3 产品生态图

2005 年是 MP3 的盛产年，各品牌都在大量更新产品，其设计的针对性和品牌的服务性都在广度上出现了明显提升。社会环境、生活方式、价值观念的改变，驱使产品群发生变化，从而引发产业链的变化。

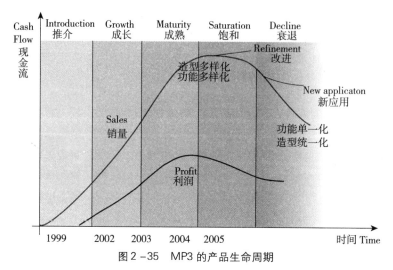

图 2 -35   MP3 的产品生命周期

用户视角与 MP3 生命周期 表 2-9

用户视角	MP3 生命周期				
	导入期	成长期	成熟期	饱和期	衰退期
产品功能	新颖	多功能	实用	商品	商品
产品价格	高	较高	适中	便宜	便宜
产品名称	引人注意	容易认知	人人知晓	人人知晓	逐渐淡忘
产品外观	引人注意	明显	明显	明显	普通
产品广告	印象深刻	集中广告	集中广告	集中广告	较少广告
产品促销	引人注意	集中促销	推广促销	推广促销	很少
产品口碑	很少使用	经人推荐	建立口碑	建立口碑	逐渐淡去
产品流行	酝酿流行	形成流行	追求流行	追求流行	流行褪去
产品消息	很少听到	曾经听到	经常听到	经常听到	大多听到
产品种类	很少种类	出现模仿	众多选择	众多选择	残存几种
消费人数	很少	快速成长	成长渐缓	达到顶峰	衰退
消费群体	创新使用者	大多数人	大多数人	大多数人	落后者
销售渠道	很少	增加中	达到最多	达到最多	减少中
渠道类型	直营店	专卖店	量贩店	量贩店	精品店

对照产品生命周期，可以发现：如今 MP3 正介于饱和阶段与衰退阶段之间，无论国内还是国外品牌，都无一例外地竭力推陈出新；充斥着整个消费环境中的大量新品，搔首弄姿，不断刺激着消费者的眼球。

企业视角与 MP3 生命周期 表 2-10

企业视角	MP3 生命周期				
	导入期	成长期	成熟期	饱和期	衰退期
产品类型	创新	标准化	大众化	大众化	商品化
产品功能	创新	创新	实用	普及	普及
产品诉求	产品特色	品牌成本	性价比高	价格可靠	一致性
产品调整	频繁	主要调整	差异小	差异小	差异小
产品种类	很少	渐多	最多	最多	渐少
产品模仿	几乎无	逐渐出现	百家争鸣	百家争鸣	逐渐减少
生产数量	很少	增加中	高峰	高峰	减少中
生产成本	很高	降低	最低	最低	渐升
生产产能	量产	量产	扩充量产	减少量产	减少量产
生产系统	零工	零工＋流线	流线＋零工	流线＋零工	流线
生产创新	低	中高	高	高	中
销售数量	低	快速成长	缓慢成长	达到顶峰	衰退
销售利润	负值	逐渐上升	远顶点下降	远顶点下降	下降
销售金额	负值	适度	高	高	低
广告策略	早期用户	高知名度	差异化	差异化	低价清仓
广告诉求	密集广告	缓和	缓和	较少	几乎无
广告费用	很高	缓和	很高	很高	很小
目标市场	创新者	早期使用者	大众市场	大众市场	落后者

续表

企业视角	MP3 生命周期				
	导入期	成长期	成熟期	饱和期	衰退期
策略重心	扩张市场	渗透市场	保持占有率	保持占有率	生产力
外部竞争	无影响	一些仿冒者	很多竞争者	很多竞争者	竞争者少
产业结构	竞争少	退出/并购	退出/并购	少量大公司	存活者
销售重心	产品知晓	品牌偏好	品牌忠诚	品牌忠诚	选择性
零售价格	高	较高	较低	最低	渐高
配销渠道	选择性	密集性	密集性	密集性	选择性

2.3.2 Sony 与 iPod 之战

iPod 与 Sony 之战，不仅是产品设计的较量，更是设计策略和创新观念的较量；很多青年设计师还沉醉于 iPod 产品设计的经典之中，而 iPod 与 Sony 带来的更是超越产品本身的设计启示。

苹果刚发布完 iPod nano，SONY 马上推出六款 A 系列的新品 MP3。全新的 iPod nano 可以被看做是前面四代 iPod 产品的完全混血产物，第一、第二代 iPod 产品的丙烯酸塑料前面板、抛光金属背壳，加上第三代 iPod 的圆滑边缘设计，结合第四代 iPod 的轻触式操控盘以及彩色屏幕，选取 U2 纪念版 iPod 经典的黑白双色，融合了 Shuffle 的闪存存储、超薄电池模块设计。

启示 1：附属产品成为又一利润增长点。赚钱的可能不仅仅是 MP3 播放器本身，而是 MP3 播放器的衍生产品，如 nano Tube 彩色有机硅橡胶材质外套、nano Armband 运动臂套、TUNEWEAR 公司的 iPod nano 彩壳，都是为了让同一产品适应广大用户的个性化需求而衍生出来的，而且每一个都价值不菲。当然，能够这样玩、用户也认为值得这样玩的唯一前提是：这个 MP3 播放器确实很独特很有价值。玩配件，中低端产品切忌！

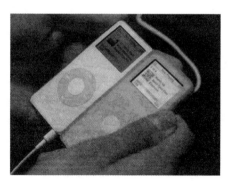　

图 2-36　nano Tube　　　　　　图 2-37　nano Armband

启示 2：建造配套服务的"新平台"才是谋利的巨大空间。针对产品的 MP3 音乐网络下载服务更能获取久远的丰厚利润。苹果 iMusic 推出每下载一首 MP3 只需 99 美分，但以其 30G 的容量和广泛的使用者，背后隐藏的多么广阔的利润空间？从国际市场传来消息，苹果 iPod 音乐播放器和 iTunes 等相关服务的销售额占到了公司总销售额的 27%。高盛分析师 David Bailey 预计，iPod 的销售额将占公司总额的 32%，毛利也将占到 26%。可见一台 iPod 的利润应该可达30%以上，不折不扣的暴利产品。过去一年间，苹果令同行震惊地售出了826万台iPod，将其在全球数码音乐播放器市场的份额由1/3提升到2/3，而其网络音乐销售平台iTunes则在自己的领域占有62%的市场。这两大成功让苹果跳出PC产业的拘束，成为数字娱乐业新宠。Sony在推出全新的A系列MP3的同时，也推出全新的CONNECT Player软件，隐藏其后的则是Sony的服务平台。这种战术已在Sony及其他品牌笔记本中屡见不鲜。仅仅在造型战、价格战上你来我往，无异于自掘坟墓！

图2-38 iTunes　　　　　　　　　　　　图2-39 CONNECT Player

启示3：消费习惯的培养，将稳固用户的品牌忠诚度，这才是最为可怕的阴谋。iTune软件和Connect Player软件并非如其所标榜的那样为用户提供更方便的使用方式，恰恰相反，它强暴地改变了我们下载音乐和播放音乐的"习惯"。通常我们使用Winnap这个小软件播放音乐；一旦选择了iPod或者Sony，我们就不得不放弃早已熟悉的Winnap；而一旦使用了iTune和Connect Player，将完全改变我们播放音乐的习惯，更有可能改变相关的搜索、下载习惯。从软件到使用，彻头彻尾的改变。而一旦习惯了iTune和Connect Player之后，你还会选择其他产品么？

即使盖茨也不得不承认："iPod是个了不起的成功。"iPod的成功，是设计创新的成功，是成功地从产品走向服务；iPod的成功，是用户培养的成功，是成功地从硬件转向软件。一个随身听的成功不可怕，但如果消费者都习惯使用并只用iPod来下载音乐和视频，那才是真正"不醒的梦魇"。平台和系统，这是比一两件产品更重要的东西，更需要设计，更值得设计。Google、维基百科、亚马逊书店的读者注释、照片网站Flickr，这都是新的平台。未来几年能改变大家生活的创新是集合智慧（Colletive intelligence），新技术将个人的才能呈现于公共空间。这才是MP3的真正发展方向，睁大眼睛看清楚！

而在中国，知识产权未能得到完全有效的保护，收费下载的用户习惯未能充分培养形成；大量MP3网上免费下载，Baidu更是强化了专门的MP3搜索功能，显然短时期内iPod的路数在中国行不通。既然我们无法直接依靠增值服务来谋求更大的利润空间，没有办法在短期内把蛋糕做得更大，那么就让我们退回到产品竞争的原生状态，以产品本身作为竞争手段，赤身肉搏！

2.3.3　超级模仿秀

Sharp：Apple的模仿秀

Sharp2003年年底推出MP4却表现出AppleG3（2002年）成熟期并趋向衰退期的风格，无

图 2 –40　Sharp

图 2 –41　AppleG3

疑降低了产品品位，缩短了市场寿命。如果"随心换"的塑料面板能够成为追求时尚者选购该产品的唯一理由，那么遗憾的是，脱去 Apple "马甲"之后的 Sharp 裸体，没有视觉闪光点，缺乏审美层次，恰如假面女郎脱下盛装后却展现出干瘪的躯体，只能加速购买把玩后的审美疲劳；如果逐渐接近产品时还有想经历一种视觉旅游的潜在期待，但打开"随心换"之后，期待落空带来的只会更大的惆怅。成功追随和模仿背后，产品设计本身的苍白暴露无遗。

Hyundai：混血儿找不到亲生爹娘

是手机？数码相机？还是 MP4？功能的集成不等于视觉形象的模糊；绚丽的设计不是形象的杂糅。这款注定无法承受反复阅读的产品，随着消费者审美意识的成熟，将对整个品牌的下一代产品产生恶劣的负面影响。

图 2 –42　Hyundai

Aigo：掩耳盗铃的借鉴

图 2 –43　AIGO

图 2 –44　InfoBar

AIGO 这款看似复古的时尚设计，借鉴日本 KDDI 的薄型直板式的 CDMA1X 终端手机 Info-Bar。该手机由 IDEO JAPAN 的深泽直人设计。Aigo 只被 InfoBar 类似花色砖块的按钮吸引，而无视其修长的身段和接近黄金分割的布局。黑白相间的按钮形成水平动势，并与该 MP3 机身的形态缺乏呼应与衔接，更缺乏 InfoBar 的灵巧之气。只看到表面文章，却看不到隐藏其后的现代主义复古风，不能不说是个遗憾。

图 2 - 45 AIGO

图 2 - 46 ipod

套用 ipod 的设计模式，并在面板上画蛇添足。AIGO 市场占有率很高，但源于上柜率和产品营销上的强大泡沫，在设计上等于零。重终端、重广告，而忽略产品设计本身，这是国内业界的普遍现象。但任何广告都是有限的，是企业单方面向消费者强制推出的产品信息，而产品本身并没有承载用户真正的心理需求；广告投入过大，营销成本过高，这样单向强制推出的品牌将随广告和上柜率的削减而迅速萎缩，完全依靠广告和营销来维持一个无生命力的产品的品牌运行，无异于加速自杀。

图 2 - 47 纽曼 M570

图 2 - 48 Nokia7260

纽曼 M570（2005 年）直接将 Nokia7260（2004 年）的回纹拿来，不解个中复古滋味，居然还在各大媒体强势推出，令人哑然。

2.3.4 MP3 设计趋势分析

过去的一年，我们经历了 IPOD 朝圣般的期待，看过了 MP3 令人叹观的底价，听到了 HIMD 震耳欲聋的呐喊。带着内心的疑问，仅此用试探性的语言，来探询日后 MP3 市场是否能够带来更多的未知。

1. 形态：突破方盒子

这款来自挪威品牌 Asono Mica 的 挂件式 MP3 播放器（图 2 - 49），容貌出色，以女性挎包为造型元素，按键与 LED 有效分离，正面一键操控简洁有致，轻巧唯美。

图 2 - 49　Asono Mica

艾利和（iRiver）T30（图 2 - 50）突出不规则三角外形，坚硬的形体与柔和的线条有机结合，黑色的屏幕与鲜艳的彩壳对比强烈，凸凹错落，镶嵌考究。

NEC 的 Votol（Visual On-demand Tool Of Life），独特的"香水瓶"式外观设计，横向使用模式，在乐趣之余，为它平添了几许高贵气质（图 2 - 51）。

图 2 - 50　iRiverT30　　　　　　　　　　　图 2 - 51　Votol

爱立恩威尔（Alienware）的 CE-IV，采用自由播放 PlaysForSure 标准（这是微软官方提供的兼容性功能，可以自动识别数字音乐播放器并将其服务整合在一起），一反消费类电子产品通常采用的轻巧柔美路线，体态夸张，质感坚硬，以"盾牌"的形象赋予人们奇特的感受。

图 2 - 52　CE-IV　　　　　　　　　图 2 - 53　F529

但是，突破方盒子并不意味着奇形怪状。2006 年 AIGO 推出彩音盒 F529，圆锥体果然突破长方体的常规形态，可惜的是这个孤立的圆锥体既难以让我们产生任何愉悦的联想，也未能让我们感受到产品形态产生的意义源。伸手可触且一触到底固然俗不可耐，丈二摸不到头脑却又难以服众；强调差异化、突出卖点，仅靠异形外观扩充广度是远远不够的，更需要深度的延展补充。

MP3 凭着它广阔且廉价的音乐来源、简便的操作性和时尚小巧的外观，成为各个层次消费者首选的随身音乐伙伴，其消费类电子产品的特征逐渐突显，形态成为产品生命力的重要内容。因此，"形之有据"，创意必有其文化传统和生活来源；"形之有效"，形态必会表达文化品质与生活趣味。而缺乏意义的一味形式求新求异，如无本之木，无源之水。

2. 操作：超越极少主义

"苹果式"点击触摸转盘全球风靡，引导操作方式的极少趋势。各种型号的 MP3 都通过设计试图将操作部分隐藏，或将按键的整体化处理，表现简约主义；或将 LED 置于正面，将操控部分隐藏在侧面，强化极简风格。这种"极少主义"的路数表现为极为简单的几何化形式，却蕴含着鲜艳的"工业色彩"和饱满的"技术特征"。

图 2 -54 做减法的设计

MSC 的新品 DinoC 系列更是将简约引向极端。用廉价的软质硅胶，将侧面的操控按键隐藏其中，利用成熟的低技术将按键少到不能再少。如果再往这个路子走下去，只能依赖昂贵的触摸屏，MP3 也就成了 PDA。极少，或许已是条不归路。

幸好 iPod 虽带给我们天使的洁白，却还没有达到无瑕的美丽。

无论是爱迪欧 iAudio 6 数字音频播放器（全世界第一款采用 0.85 英寸微硬盘的 MP3 播放器，也是世界上最小的 MP3 播放器），还是松下公司的 MP3 新品 D-snap Audio 系列，都表现出设计的全新着眼点，即与用户最为贴近、最具有丰富情感体验的操作按键。

图 2 -55 DinoC

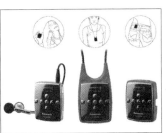

图 2 -56 iAudio 6　　　　　　　　　　图 2 -57 D-snap Audio

　　与 iPod 恰恰相反，形态的处理不是为了求"少"而消解或隐匿操控键，而是以按键作为设计的切入点，在手指的点按之间享受"多"的乐趣。Marc Newson 为日本 AVC 设计的 SiGneo 音乐播放器则似乎将设计引向另一个极端，前所未有的 18 个按键，前所未有的"多"！从中我们甚至可以看到 Marc Newson 为 Nike 创作的 Zvezdochka 的影子。

图 2-58　SiGneo　　　　　　　　　　　　　　　　图 2-59　Zvezdochka

　　但我们必须明确，操作的极多或极少都不依赖于设计师的主观感受，而是将用户"个性化"的自我理解表现出来。设计已不单单依赖于高新技术和设计师的创造能力，还取决于用户的情感与个性。我们天天叫喊"以人为本"，设计必须体现出对用户的尊重：它允许人人都有自己的神话，从而创造出一种十分"个性化"的产品。然而，"个性化"不是"个人化"。虽然每一件成功的设计产品从个体性逻辑的角度看都是合适的，都充分展示了产品的功能特性和形式语汇，体现出个体性的空间形象。但"个性化"设计绝不是单件的艺术品，更不会成为"个人"的设计。局限于几种狭隘的个人兴趣去追求个性的内容包装，必将会破坏社会体制和文化的精髓。如果我们设计新的产品只是为了促进我们自己的理解，那么我们就会仅仅对获得的知识感兴趣，进而钟情于凌驾于他人之上。这就会使一个人封闭在他的偏见的绝对性中，被固定和封闭在过去中。在这种状态下，有活力的新见解也会随时间而变成僵死的偏见而压制个性。ToGo 设计的 MP3 获得 iF 中国设计大奖，麻将和走马灯的创意不能不说是融合本土文化的一个成功案例，其以操控按键作为设计突破点则再次印证了这一设计趋向。

图 2-60　ToGo 设计的 MP3

　　"让创新民主化"，MP3 的设计挑战在于如何将大量不同的社会行为转化为经济生产的有效形式。如何让"极少"与"极多"各归其位，使之不突兀在桌面，不独立在案头，而恰如其分的点缀于情境之中，让用户于触手可知间体验与生活相伴的科技情趣？

3. 设计：回归音乐本质

2004 苹果电脑发表 iPodU2 特别版，这个由苹果电脑、U2 乐队与环球唱片集团（UMG）合作推出的崭新 U2iPod，可容纳 5000 首曲目，华丽的黑色外观配上红色的按键触控式转盘，并在背面刻有 U2 乐团成员亲笔签名，力求粉丝与乐队在网络上营造出更亲密的关系。连 U2 乐队的主唱 Bono 都说："有了 iPod 和 iTunes，苹果电脑创造出结合艺术、商业与科技的产物，对于音乐人与歌迷来说都是很棒的。"这恰是 MP3 与音乐、设计与营销的巧妙而有效的结合。

图 2 -61　Apple iPod photo 和 iPod U2（黑色机种为 iPod U2）

无独有偶。2005 年 BenQ 推出"潘多拉魔盒"Qube Joybee，集 MP3、手机、FM 收音机、数码相机于一体，并以亚洲超人气乐队"五月天"出任形象代言人，打出"缤纷五月"的宣传攻势，以此"音乐"打造彼"音乐"。这些设计元素的纳入，无疑使得产品本身更具有生命力的。

但这仅是从营销渠道利用流行音乐的典型案例，距离真正意义上的音乐 MP3 尚路途遥遥。

BenQ 推出以周杰伦命名的 MP3 随身听 Aria J III，并号称由周杰伦参与外形设计。Aria J III 除了拥有象征周杰伦的"J"字造型及单手滚轮设计

Qube五月天珍藏组：
A. Qube五月天电视广告最新单曲
B. Qube五月天专属彩壳
C. 五月天公仔造型手机吊饰组

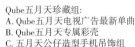

A　　　　B

C

图 2 -62　Qube Joybee

图 2 -63　Aria J III

外，机内还附带了周杰伦的"爸，我回来了"、"双截棍"、"开不了口"三首歌曲从未发表过的 Demo 版本，以及特为电影"头文字 D"创作的主题曲"飘移"与插曲"一路向北"。周杰伦名字，周杰伦的歌，首创未发行电影配乐专辑而抢先内建在 MP3 随身听的全新音乐模式，果然具有非凡的市场号召力。

而日本 AVC 公司与日本吉他歌手布袋寅泰合作推出的 SN-M500 布袋寅泰特别版 MP3 播放器则稍逊一筹。虽采用了简洁的形态和珍珠漆面处理，但这款限量版 MP3 播放器只是在 SN-M500 机壳上勾画了黑白相间的"迷宫图案"，而且这种传统风格图案的直线特征与面板的弧形处理相互冲突。视觉是冲击了，但也迷乱了，更谈不上独特的感官享受和音乐魅力。

图 2-64　SN-M500

以上几例虽各有成败，但都跳出了 MP3 播放器这个消费"物"本身，而贴近或回归了 MP3 播放器的音乐本质。MP3 播放器作为数字音乐的播放载体，产生初衷、诱人之处甚至长生之道都在于音乐而非造型。尤其是在产品饱和衰退期，把握 MP3 播放器的这一设计本质尤为关键。流行、爵士、摇滚、古典……音乐风格不同；杰伦、猫王、贝多芬……音乐人形象各异。将独特的音乐赋予独特的乐人形象，产生独特的产品形态与使用方式，引领独特的用户群体，让音乐更大众，让娱乐更艺术，这才是真正意义上的 MP3 播放器设计，这才是真正意义上销售音乐载体。

末了，希望产业在恶性竞争的梦魇之间，能够瞥见些许微微透出的曙光；或许在领悟音乐真谛之后，又能开创一片晴朗的天空，属于中国品牌的天空。

2.4　被手机挡住的呼唤[①]

2.4.1　理解手机：当手机如细胞般蔓延

手机的出现给我们一个重新考察人际传播的机会。希特勒喜欢口头传播，准确地讲，他喜欢演讲，他有个著名的论调：人类一切重大新闻，首先都是通过口头开始传播的。很好理解，比如："9·11"事件，手机在新闻传播活动开始扮演王者地位。在别斯兰人质事件中，中国观众通过凤凰卫视战地记者的手机听到了劫匪的枪声。在伊拉克战争中，嵌入式记者通过手机来报道新闻。

---

① 胡飞、胡俊：《手机：被挡住的呼唤》，《创新设计》（广东省工业设计协会内刊）第 2 期，2007 年 9 月，第 68-81 页。

手机的诞生　　　　　　　　　　　　　　　　　　　　　　表 2 - 11

时间	地点	事件
1831 年	英国的法拉第发现了电磁感应现象	麦克斯韦进一步用数学公式阐述了法拉第等人的研究成果，并把电磁感应理论推广了道路空间。
1875 年 6 月 2 日	贝尔的实验室	"快来帮我啊！"而这句话通过实验中的电话传到了在另一个房间接听电话的沃特耳里，成了人类通过电话传送的第一句话。
60 多年后	赫兹在实验中证实了电磁波的存在	电磁波的发现，成为"有线电通信"向"无线电通信"的转折点，也成为整个移动通信的发源点。正如一位科学家说的那样手机是踩着电报和电话等的肩膀降生的，没有前人的努力，无线通信无从谈起。
1973 年 4 月	手机的发明者马丁 - 纽约的街头	掏出一个约有两块砖头大的无线电话，并开始通话。这是当时世界上第一部移动电话。
1975 年	美国联邦通信委员会（FCC）	确定了陆地移动电话通信和大容量蜂窝移动电话的频谱，为移动电话投入商用做好了准备。
1979 年	日本	开放了世界上第一个蜂窝移动电话网。
1982 年	欧洲	成立了 GSM（移动通信特别组）。
1985 年	第一台现代意义上的可以商用的移动电话诞生。它是将电源和天线放置在一个盒子里，重量达 3 公斤。	
1987 年	与现代形状接近的手机，其重量仍有大约 750 克，与今天仅重 60 克的手机相比，像一块大砖头。	
1991 年以后	手机的"瘦身"越来越迅速。	

关于手机 34 年成长的故事　　　　　　　　　　　　　　　　表 2 - 12

产品	图例	说明
Motorola DynaTAC 8000X （1982） "强壮"		1973 年，Motorola 展示了世界上首款便携移动电话的原型机，那款原型机有人脚那样长，重量为 2 磅（0.904kg），价格为 3 995 美元，最终该机器成为商业化机型为 1983 年，这就是 Motorola DynaTAC 8000X，它的电池可以提供 1 小时的通话时间，它的内存可以存储 30 个电话号码，它看起来不很漂亮，但是它可以让人们实现了边走边打电话，当然您也可以将它拿在手上，装在口袋里。
Nokia Mobira Senator （1982） "更大的块"		它看起来不太像一个便携电话，而更像是一台收音机，但这个方正的大家伙的确是 Nokia 的第一部移动电话，它发布于 1982 年，Nokia Mobira Senator 被设计在轿车上使用，除此之外，相信您不会愿意边走边用它打电话，它的重量为 21 磅（9.5kg）。
BellSouth/IBM Simon Personal Communicator （1993） "iPhone 前身"		1993 年的时候，已经向手机上增加 PDA 功能了，Simon Personal Communicator，由 BellSouth 和 IBM 共同推出的第一个带 PDA 功能的移动电话，集电话，呼机，计算器，地址簿，传真机，电子邮件于一身，虽然重量现在只有 20 盎司了，售价为 900 美元。

产品	图例	说明
Motorola StarTAC（1996）"超前"	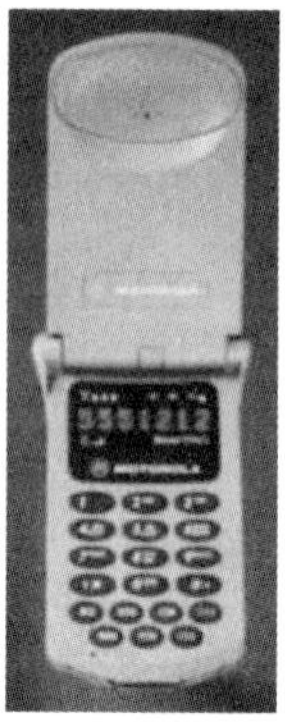	在 1996 年 Motorola StarTAC 推出之前，手机更多是关注于功能而不是时尚，但这个小且轻的家伙为手机带来新的概念－手机的样式一样很重要，最终走出了如现在 Motorola Razr 一样漂亮打头的路子，这个 3.1 盎司的 Motorola StarTAC 翻盖机，可以很方便地佩戴到皮带上，是当时最小最轻的，甚至比目前的一些手机也要小巧轻便。
Nokia6160（1998）or Nokia8260（2000）网络公司从此开始		90 年代晚期，Nokia 的所有手机都是直板机。单色显示，外置天线，砖块样子，5.2 英寸高的 Nokia 6160 是 Nokia 90 年代销售最好的手机，比 Nokia 6160 更漂亮的 Nokia 8260 在 2000 年推出，有了色彩的外壳，比 6160 块头更小，4 英寸，3.4 盎司，6160 有 6 盎司。
早期智能电话：Kyocera QCP6035（2000）		2001 年早期上市售价在 400 美元和 500 美元之间的 Kyocera QCP6035，是最早基于 Palm 并面向大众的手机，具有 8m 的存储容量。
从 PDA 到手机：Handspring Treo 180（2001）		当 Palm 和 Handspring 还是竞争对手的时候，Handspring 用 Treo 180 激起轩然大波，比起手机来更像 PDA，Treo 180 有两个版本，如图带 QWERTY 键盘的，以及另外一个 Treo 180g，如 Kyocera QCP6035 一样手写输入，单色屏幕，16m 存储容量。
"转它" Danger Hiptop（2002）		在 T-Mobile Sidekick 成为好莱坞手机之前，这个位置属于 Danger Hiptop。PC World 评它为 2003 年的年度产品，尽管它的语音能力并不强，但它是第一个提供全功能网页浏览，电子邮件，即时聊天等功能，并且开拓了一种新主流手机开合设计。

续表

产品	图例	说明
CrackBerry 手机：Black-Berry 5810（2002）		在 BlackBerry 5810 于 2002 年早期推出前，它们是以强悍的数字处理能力闻名的：Push e-mail 技术，管理功能，以及它的键盘。5810 是第一个提供语音通话功能的黑莓终端，增加了 GSM 手机功能，但是需要配备耳机，因为本身没有扬声器和麦克。
"摄像头" Sanyo SCP-5300（2002）		由 Sanyo 和 Sprint 在 2002 年推出的 Sanyo SCP-5300 PCS 手机，被认为是美国第一台内置相机的手机，虽然 sharp 在日本销售这种带相机的手机已经好久了，Sanyo SCP-5300 拍摄图片最高是：VGA（640×480）。
"嘘声" Nokia N-Gage（2003）		Nokia 的 N-Gage 在 2003 年上市的时候获得了不少的反应，不幸的是多数的反馈是差的，这部结合手机和游戏机的东西预计将吸引一大批围在便携游戏机的人，但是奇特的外形以及打电话时很傻的把持方式迎来却是嘘声，后来 Nokia 的更新版比如 N-Gage QD 纠正了这些问题，但是伤已经落下了。
Sleek-Motorola Razr v3（2004）		2004 年 Motorola 推出 Razr v3，超薄和光滑的金属感设计让其成为人们必备的装备之一，到现在（新版本）仍是最受欢迎的手机之一。
"跑调了" Motorola Rokr（2005）		但 2005 年 9 月份，Motorola 和 Apple 合作，将 iTunes 内置于 Rokr 上，让消费者从网上购买歌曲，企图又掀起一股新的狂潮，但是劣质的体验和 100 首歌的限制让它跑调了。
Good Looks-：BlackBerry Pearl（2006）		体型苗条，SureType 键盘，而是 Pearl 是第一块带有摄像头和视频音频播放器的黑莓手机，多媒体和黑莓优秀的电子邮件功能结合，将会令人难忘。
Coming Soon-Apple iPhone（2007）		分辨率是 320×480/160dpi，这个 3.5 英寸的显示屏具备 160dpi 分辨率密度，锐利程度为业内之最。用户可以使用能够辨别误操作的虚拟键盘导航，屏幕本身也是智能的，可以根据用户持握的方式，自动调节用户界面是肖像模式还是风景模式。整合 ipod 与 ipod video，可以全屏播放。苹果又一次的完美现身。

莱文森说："手机（cell phone）的名字十分美妙"。在英格兰和中国台湾等地区，它被叫移动电话（mobile phone）；不过叫 cell phone 更为传神。移动电话（mobile phone）的叫法体现了麦克卢汉的一个理论："后视镜"理论。而 cell phone 更有意思，因为它不仅像有机体的细胞（cell）一样可以移动，而且与细胞一样，无论走到哪里，它都能够生成新的社会，新的可能，新的关系。更有意味的是，每一部手机后面是一个鲜活的个体，就如社会的细胞一样。手机把使用它的人当成了自己的内容。手机不仅有移动通话的功能，而且有生成和创造的功能。在《黑客帝国》中"救世主"尼奥和他的黑客伙伴们就是可以手机接入被机器的 the matrix 而拯救全人类的。而"牢房"（cell）这个词，从另一个角度描绘了手机的功能，因为它不仅开拓了新的可能，而且还迫使我们保持联系。"由此可见，它这个功能能够把我们牢牢地锁定在一个让我们无处藏身，随时待命的囚笼里。"

图 2-65 《黑客帝国》海报

很明显，我们对这一点无动于衷，并且很享受这一点。但《全民公敌》的主人公深知这点，只要一开机，伟大的 GPS 系统，马上就可以将手机和人一起定位。在这个意义上，手机解放了我们，也囚困了我们。而更了不起的是，手机接通了互联网。互联网是一切媒介的媒介。而手机将马上接管这一伟大的媒介头衔：元媒介。这个词语最早被媒介理论家来形容电视。现在，我们已经可以通过手机来看电视，看报纸，听广播，看电影，看书，上网络，当然还有与别人通话。

图 2-66 《全民公敌》海报

手机本身什么都不是，它没有内容。手机把一切使用手机的人和一切媒介当成内容。这才是手机真正的意义所在。因特网加上手机之后，我们不但能够获取海量信息，不但能够随时随地与任何人交谈，而且有了回归文字满足。有了手机之后，我们就不再二者必选其一：说话和书写、虚拟世界和物质世界。

2.4.2 手机功能：孰是羊头？孰是狗肉？

回顾中国手机发展历史，从 1998 年手机渗透率剧增开始，到现在拥有 3.6 亿消费者，仅

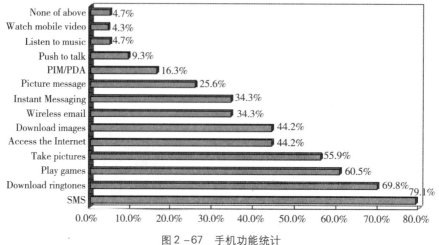

图 2-67 手机功能统计

仅花了七年时间，移动话音在消费者心中的魅力已经不再，而被多彩多姿的音乐、图片、影像所占据。就在最近五年里，手机除了打电话的功能外，忽然冒出很多新功能，短信、彩信、彩铃、WAP、音乐……从 In-Stat 公司对全球消费者研究结果来看，十二种手机功能中用户最感兴趣的功能（渗透率高于 50%）是短信、彩铃、游戏和照相，其次是上互联网、下载图片、收发邮件和即时信息。

1. 手机中的摄像机

2000 年 9 月底，世界上第一款照相手机——夏普内置 11 万像素 CCD 摄像头的 J-SH04 问世，手机与相机不期而遇。

图 2-68　从照相手机到摄像手机

2001 年 12 月，诺基亚公司推出的世界上第一款带数码内置摄像头的手机 7650。直到 2005 年 4 月，诺基亚全面拉开照相手机大幕，在荷兰阿姆斯特丹和中国香港同步举行了规模盛大的题为 "See New，Hear New，Feel Now" 的发布会，会上发布包括三款全新 N 系列摄像机型。诺基亚在照相手机的研发上可谓说是不遗余力，在照相手机的外形设计上，皆尽量以使用者操作便利为主，如何瞬间的从手机变身成相机是诺基亚在照相手机设计上所一直要带给消费者的使用感觉，如 Nokia N70 拉开滑盖就可直接进行拍摄、诺基亚 N90 "旋转并拍摄" 和诺基亚 N93i 可观性极高的翻开式结构机型。这种将 "随手就拍" 的便利无疑做到了极致。

2. 手机中的游戏机

电脑游戏，竞技性很强，很容易沉迷其中；PS 类或者 XBOX 类游戏，故事性很强，费时费脑；相较而言，掌上游戏中的小游戏，方便性和易玩性都很高，并且不会花去太多的时间，于是游戏手机诞生。将手机和游戏联系起来还要谢谢游戏手机鼻祖诺基亚 N-Gage QD 经典机型。诺基亚 QD 采用了手机中非常少见的横向设计，屏幕放置在手机的正中央，而键盘则布局在屏幕的两侧，活像一个 GBA 游戏机。采用了 4096 色的真彩液晶屏幕，别看色数低，但分辨率可有 176×208 像素这么高，可以显示比较细腻的画面。

来自 Noheat 网站的消息表示，有迹象表明苹果公司最近开始与著名的游戏开发商任天堂合作一起为他们的新手机 iPhone 添加一些新内容。在 iPhone 发售之后，任天堂将会为其提供一些专门游戏放在 iTunes 中以 29 美元的价格进行销售，完全通过触摸屏来进行操作的游戏在 NDS 出现之后变得并不是难以想象。

图2-69　Nokia游戏手机

3. 思考：挂羊头卖狗肉赚的是吆喝

无论是游戏手机还是照相手机，都呈现出手机功能日趋花哨的表象。目的无非是为了定期抛出一些新技术或者打造出几个新概念来"抓眼球"，这些宣称是未来手机的发展方向，也是以服务用户为标准设计研发的，着实给人一种"华而不实"的感觉。其实DV、拍照、音乐MP3等多功能叠加的手机，就单项功能来讲真的很实用吗？不过是抓住时尚消费群体喜欢在大众消费中显示自我特色和与众不同，为吸引炫耀心理的消费者心甘情愿地掏钱换手机罢了。但过于频繁地偷换概念必然与手机的品牌构建和培养消费者的忠实习惯背道而驰，最终导致消费者无目的地分裂。

随着3G的普及，PDA也许是一个必然的发展方向，但绝对不是唯一的发展方向。作为便于携带的工具，手机不可能全都变成小型电脑。就目前芯片集成发展而言，双核或多核芯片虽然也是个解决方案，但不大可能在高集成上产生实质性的突破。

手机不是摄像机。用户需要的究竟是可以摄像的手机，还是可以通话的摄像机？手机也不是游戏机。用户需要的究竟是可以游戏的手机，还是可以通话的游戏机？手机更不是计算机。用户需要的究竟是具备所有功能的手机，还是可以通话的计算机？设计师有责任引导理性消费，缓解泡沫需求。

4. 启示：手机套餐定制化服务

如今，"套餐"已经从餐饮行业的"小众舶来品"发展进入我们整个日常生活的"套餐时代"。从洋快餐的柜台到移动联通的营业大厅，从美容美发店到家居装修公司，我们的吃穿住行休闲娱乐等各个领域都可以看见"套餐"的踪影，那么我们是否可以考虑在一部手机中设置不同的功能套餐来满足消费者的多样需求呢？

中国手机的"内容"消费已经走过了两个时代：第一个是产品至上时代，手机被称为"大哥大"，板砖尺寸大，单一功能强，代表身份和风光。消费者没有选择的可能，更没有改变的机会。随着手机市场发展迅猛，国外品牌大举入境，国内企业不甘落后，市场竞争越发激烈，厂商不断推出新的机型、新的功能，同时消费者开始具备更多的自主意识，出现更多的个性化需求，这是手机"内容"消费的第二代：初级选择时代。此时消费者购买手机时，只能被动地选择手机的所有功能。厂家每推出一种新的功能，就会相应地推出一款手机；如果消费者想要获得新的功能，不得不购买新的产品。结果往往是很多功能不实用，而想要的功能又没有，也没有免费升级换代改变功能的可能。

改变这一现况有两条路径，一是所有功能集成一身，一是根据目标用户需求定制服务。从需求和芯片供应两方面分析，In-Stat公司认为以主流功能为设计核心的功能手机是未来的发展趋势；从消费者需求和芯片设计能力来分析，定制化主流功能手机更加具有商用价值。

海信 2003 年推出基于"我的手机主义理念"开发的"自由功能"手机，用户可以在一部手机中自由选择商务套餐（增加录音笔）或时尚套餐（增加 BREW）两种不同的功能套餐。海信研发还将提供更多的功能套餐，逐步实现用户完全自主选择各种功能，甚至可以自己动手安装手机，真正实现手机消费的"DIY"模式。在今天这个个性化的时代，消费者需要第三次手机革命。手机套餐定制化服务自由选择、自主改变充分体现出对用户的尊重，将用户拥有的权利通过技术还给用户，真正用科技服务生活。

图 2-70 海信"自由功能"手机

2.4.3 手机设计：视觉、听觉、触觉的全味大餐

今天的手机产业处于混沌状态，竞争日趋白热化，各大品牌无不晓之以理、动之以情，或情趣、或事理、或科技，或返璞归真，琳琅满目，层出不穷。既然如此，我们不妨来一一品尝这一份份关于话语的盛宴！

1. 视觉：iPhone 的视界与世界

经过无数次的反复，对 iPhone 无数次的想象，占据了全球所有 IT 媒体版面却始终看不到真机的 iPhone 终于由苹果和 Cingular 共同发布，我们惊叹，苹果又一次完美现身，又一次让我们诧然，11.6 毫米的厚度、极致 3.5 英寸宽屏、触摸控制技术、200 万像素摄像头、8GB 容量，同时支持 3G 技术的收音，运行所有其他手机都无法运行的 OSX 系统，当你把手机贴近脸部的时候通过探测器自动关闭触摸功能以防止误操作……所有的一切都反复书写着两个大字：技术！

图 2-71 手机的触屏时代

启示：手机的触屏时代

继苹果 iPhone 触屏手机跃然出镜，相继 LG 的 PRADA，微软的 Zune Phone 以及中国 OEM 厂商 MEIZU 的 MINIONE，将所谓的触摸屏一进到底，难道手机开始进入触屏时代？

我们不妨关注一下 iPhone 屏幕背后的脊梁。在电池寿命方面，进行通话、图像播放和 WWW 浏览器等操作时为 5 个小时，播放声音时为 16 个小时。iPhone 采用了 3 种传感器和触摸屏。苹果专为 iPhone 开发出了利用触摸屏进行操作的名为"Multi-touch"的用户界面，可代替笔等用手指进行操作。在音乐功能上，iPhone 在移植了 iPod 的音乐播放器的同时，也支持 iPhone 与 iTunes。iPhone 需要带有 USB 2.0 端口、Mac OS X v10.4.8 或更高版本

以及 iTunes 7 的 Mac 电脑；或带有 USB 2.0 端口和 Windows 2000（Service Pack 4）、Windows XP 家庭版或专业版（Service Pack 2）的 Windows PC。这些技术层面的数据支持，说明问题不在于屏幕的面积而在于服务升级；而 iPhone 升级的服务完全依赖于相关环节的技术支持。除了 iPhone 通过技术带给大家的功能、表现出一个明确且特定的目的之外，我们可以更为深刻地认识到，iPhone 是人类已知相关各种知识成果的综合应用，从而"代表着一切即将来临的可能性和未来的可能性之前景"。进而发现隐藏在 iPhone 无限可能背后的是人对自然的干预、改变、控制和索取。与 iPhone 相伴的，"不再是人的手势、能量、需要和身体形象，而是人意识上的主动性、人的操控力、人的个体性、人的人格意念"。

无论是 iPod 还是 iPhone，前者有一个类模拟的旋转盘，而后者是一个没有触觉反馈的触摸屏，虽然大触摸屏带来一定的交互界面创新，但是在新材料出现之前，触摸屏仍然是"最富高科技感"的操作方式。在这复杂的年代，追求朴素看上去是一个不错的选择，但"less is more"是不够的，新抽象主义需要精心的制作细节以及完美的蓄势待发。

正如路易德·孟弗尔德（Lewis Mumford）在《技术与文明（Technique et Civilization）》中指出："就技术的角度而言，风格和形式的变化是不成熟的征兆。它们标志着一段过渡期。"那些企图亦步亦趋的种种模仿，即使披上一层"时尚"的外衣，也难以建构产品代代相继的丰碑，因为技术绝对不需要虚荣！

2. 听觉：索爱之"乐" VS 步步高之"音"

索爱：2005 年 W800C 音乐手机诞生

W800C 手机是 Walkman 跟索爱的首次合作后诞生的第一部音乐手机。索尼爱立信 Walkman 是 sony 旗下的音乐随身听品牌，它倡导一种时尚精致的生活享受，因而 Walkman 能尽最大可能回放高品质音乐。它的时尚和音乐播放品质更验证了笔者上期在《MP3：梦魇之后仍是曙光》一文中指出："如果仅把 MP3 看做一种音频压缩技术，它已经被广泛而随意地融入手机、电脑等数码产品之中，而且 MP3 技术本身也具有很强

图 2 - 72　索爱的音乐手机

的被替代性，甚至可以毫不夸张地说，MP3 必将灭亡。"手机将 MP3 播放功能完全融合，紧随其后的机型不断，如 W550 融合了 W800 的音乐播放功能和 S700 的旋转外形。至此，音乐手机不再只是一个虚无的概念，而真实的进入到了我们的生活。

音乐进行时：2007 年 Walkman 系列 W908c ＆W960i

W908c 是唯一一款红色滑盖机，支持 HSDPA 传输和 200 万像素镜头、NetFront 浏览器，图像化音乐节奏和心情的功能"SensMe"，并让用户分组列表喜欢的歌曲。最酷的功能为"Shake control"，当用户滑动、摇动或变换手机方向时，手机就会随机变换歌曲列表，让手机变得更加有趣。W960i 大容量内置 8GB 内存、采用 HSDPA、WiFi 传输和 320 万像素镜头。更棒的是，W960i 使用触控式屏幕和 UIQ 3.1 接口，用户可以透过 ActiveSync 与电脑同步数据，算是全功能的娱乐加智能型手机。

无论是两年前的 W800C 还是两年后的 W908c，索爱都竭力在音乐与手机之间寻找着归属感。如此卖力地附会音乐，只为在众多的手机品牌中博得一彩，占取毫厘。

图 2-73 W908c &W960i

图 2-74 i268

步步高：紧跟的踢踏舞

i268 是步步高 2007 年给予"纯净"的独特诠释，外表纯粹唯美外观，纯净音乐表达，配合时尚滑盖轻巧元素，i268 的美好愿景是期望跻身于时尚一族，但它通体的表象特征却更像是一个可以通话的 iPod。不难发现步步高的定位与索爱的定位虽然都以音乐为契机，但似乎索爱拥有的 Walkman 给予了它更加纯粹和充实的背景支持，并且早在 W800C 出来之际索尼爱立信就对外公布过一套相当完备的 Walkman 音乐手机标准。而步步高的众多的电子产品中却难觅音乐最初之感动。

启示：音乐是绝对的卖点，但音乐只能是音乐

在 2006 年里音乐手机就已经占据整体手机市场的五分之一强，达 21.9%。虽然与非音乐手机在关注比例上悬殊 50 个百分点以上，但是目前在主流厂商的市场推动下，音乐手机市场关注仍有较大的提升空间。

在音乐手机方面，诺基亚荣登榜首且有六款系列机型入选，其强势地位显而易见。相比之下索爱有两款机型入选，这与它在 2005 年至 2006 年其间的力主音乐，尤其是与 Walkman 协力打造分不开。索爱能在手机市场上博得一席，亦谓是大获全胜。但我们也不得不承认诺基亚之所以在市场份额上博得头筹很大程度上是赢在它独具的品牌效应和市场选择（比如价格、性能参数等）的结果，这些综合指数才是产品最终被市场吸纳的最终保证。

然而，就音乐手机而言，魅力何在呢？声学上将声音分为三个阶段：声、音、乐。由于物体的振动，使周围的空气也产生振动，并向四周传播，形成了一系列的波，这些波就是"声"。自然界和人类社会中充斥着各种"声"，如不同频率和不同强度的声音，无规律的组合在一起即成"噪声"，听起来有嘈杂的感觉，从而对人们生活和工作造成物理、生理和心理的障碍；其对人和环境产生的不良影响称之为"噪声污染"。这些"声"为人类听觉感知并理解接受才称之为"音"。而将"音"按一定的节奏、韵律、规则组织起来，使人听之产生美感和情绪（或悲或喜，或放松或愉悦），才称之为"乐"。比较索爱和步步高的音乐手机及其广告，发现前者在"乐"而后者在"音"。

音乐的本质在于情感满足和自我愉悦。有时即使是噪声，只要它有律可寻、有情可抒、有韵可表，就是取悦人的好音乐。而步步高音乐手机一直以来对"完美音质"的自我标榜，苛刻的将音乐具体到音质本身。再完美的手机音质，怎能与 HiFi 相提并论？看似专业，实属表错了情。

图 2-75 K168

3. 触觉：穿过你的黑发的我的手

手机之不同于座机，就在于手机之"手"。由此滋生出无数手机，为不同的"手"营造不同的触感。

触感一：形态切削出的触感

图 2-76　W11K

2003 年设计的 W11K 手机，来自于 Naoto Fukasawa 的儿童记忆，削土豆时，本来是圆的，后来变成轻微有斜面的，当他把土豆放到水中去清洗时，斜面让土豆变得少滑溜一点，而且确信你也会喜欢这种感觉吧！

触感二：一抓一握之间的皮质性感

2005 年诺基亚经典倾慕 7360 CELUX 的奢侈登场，将材质、图案和色彩完美的组合令这款迷人的移动电话出类拔萃，成为一代佳话。凸凹有致的皮革，与光滑的塑料与铮亮的金属形成强烈对比，一抓一握之间，充分体验生活的质感。

图 2-77　倾慕 7360

三星也不落人后，应景推出旗舰机种 SamsungP858，不但配备高规格的 320 万像素相机，外形更仿效传统相机中的经典"LEICA"，以讨好注重品味的时尚人士胃口。其银色机身裹上黑色类皮革材质，更仿佛是男性的皮质配件之一。

图 2-78　SamsungP858

如果说 W11K 是就地取材，适时的为己所用；那么 7360 和 P858 将皮革引入手机外观设计中来的则是另一番芸芸众生为我所用的典范之举。

触感三：很怀旧很温情的木质

木质家具、木质音箱、木质笔记本……但凡木质的东西都能带来时间和家的会议。然而木质手机呢？2005 年 6 月，mobiado 这样一款现代的通讯工具竟能与木材打上交道。木，居五行也。它比金属温暖，比火焰清爽，比土地精细，比水挺拓，其情很怀旧，其美很东方。那么，实木配上金属螺钉和银光闪闪的链子呢？

图 2 -79 mobiado

触感四：金质真的很精致

2007 年 3 月，诺基亚 6300 以一句"褪尽浮华，钢显本色"的广告词驱使众多玩家争相追捧，而1600 万色的高清屏幕以及出色的商务应用以及娱乐表现，加上 2K 出头的价格，顿觉的确物有所值，科技以人为本确非浪得虚名。

图 2 -80 手机中的金属质感

SonyEricsson 的新款 CyberShot K810i 是在按键上做文章，用金属材质取代惯例的软体按键部分，手指的温婉与按键干净的金属力道似乎已经点出了触与不触之间的些许微妙。其透明外壳、粉红色字形亮光、金属钮扣式反光按键，处处彰显时尚气息。

LG KG70 作为继"巧克力"后的又一力作，全新"Shine"系列的闪耀登场带给了广大消费者更高的期望值。这款 LG KG70 凭借着出众的滑盖造型、炫目的不锈钢色泽、超豪华的镜头配置和完备的功能使其当之无愧地成为今夏尤为闪亮的一颗新星。

现代国家工业发展水平的重要标准的钢铁冶炼，"高技术风格"中的金属结构和大板面玻璃，金属无疑被赋予高价值感。功能实现完全依赖于小小芯片的现代电子产品，显然最容易借助金属材料提升品质彰显价值。

触感五：温馨柔软的梦还没有实现

2650 是诺基亚 2004 年 6 月份一举推出的 5 款全新手机中的一款。充满灵感的折叠翻盖设计采用连体式设计，按键的键粒面积基本等大，加上良好的服贴手感合理的键盘布局绝对拥有较好的操控性。

NEC 虽退出中国市场，但其 2006 年 11 月发布的一款概念集合成材料制成腕带手机——"tag"却给人们留下了深刻的印象。软性设计的该款手机很容易让人联想到那种可以卷起来带走的软式便携键盘，不过手机比键盘的技术要求高得多，是否能落实实用功能，尚待研发团队的进一步努力。

图 2 -81 2650

前者依赖于软质材料，后者则依赖于软质屏幕。这一切，都归因于技术——这个"时间问题"。

启示：接通心灵的感知

无论是材质的不同所产生的触感差异，还是苹果 iPhone 的触屏新品所产生的视觉震撼，抑或是音乐世界给手机磨砺出的一缕利光，都在与人的感知系统作沟通，这就是手机设计的必然。不同之处在于，按键、触屏甚至声控技术都在于物理信息的发送与反馈，都只是信息传递的手段；触摸信道提供特殊类型的信息，如私有、直接、动态和确认的信息。而材质差异与音乐效应则体

图 2-82　NEC 概念手机

现出一种情感反馈，使消费者产生诸如"互动"、"刚直"、"简单"、"满足"、"完美"、"熟悉"等体验，这使得我们越来越浓烈地感受到，人与手机之间的空间接触史无前例的亲密无间。

2.4.4　市场盲区：我们买不到我们的手机！

综观目前的手机市场，现有产品体系针对的人群大体分为：时尚主义者、性能主义者、实用主义者、价格主义者。这是一种依靠结构型价值判断进行的分类，并不是真正能够满足消费者需求最大化的表现。其中我们会发现尚有许多消费空白点被忽视，手机市场的进一步细分仍是大势所趋。

老龄化社会需要老年人手机

中国已进入老龄化社会已是妇孺皆知的秘密，而专门为老人设计、制造的手机却仍是稀罕物。对老人来说，操作简便至关重要。老人手机不需设有数码摄像头，也无须上网功能，只要按键大、字体大、铃声响就行，就几个快速拨号键，一按就可以通话。可支持手写输入，并将 110、120 等紧急呼叫专门设置成一个醒目的按键，这样在发生意外时可以便捷地求助。

2006 年 Emporia 公司推出的老年人手机 Emporia Life，操作极其方便，与时下流行的功能多、像素高、超轻薄等概念丝毫不沾边。虽然是单显屏幕，但是输入的字体非常大，很适合眼睛已经有些老花的年长人使用。待机状态下，屏幕上显示出联系人列表，无需进入子菜单便可在屏幕上查看到联系人，使用"上""下"按键可进行查询。最近奥地利一家公司也专门针对老年人群推出了一款"老人手机"，旨在帮助老年人享受高科技带来的便利。

图 2-83　老年人手机

王子公主们的手上焉能无手机？

从国外来看，儿童手机越来越普及。中国人有"再苦不能苦孩子、再穷不能穷孩子"的传统，为了孩子的安全、健康不惜花钱的家长比比皆是。儿童专用手机与成人手机最大的区别，一是没有数字键，所有的按键设置非常简单，对于没有太大的识字量的儿童来说更易于操作；二是特别研制了限制呼入、呼出和限制短信接收、发送等功能，避免儿童过多受外界干扰。当然其最大的魅力还在于定位功能，通过移动运营商的网络，在全国范围内，不管小孩跑到哪儿，家长对小孩的行踪都了如指掌，而且定位的误差范围控制在 5～50 米。有需求就会有市场。如果聪明的商家把儿童手机设计得更乖巧、更易于携带、更具有隐蔽性，价格更合理，市场空间一定不会小。

图 2 –84 　儿童手机

行进在手机媒介时代

行文至此，我们已经大体了解了关于手机这个物质载体到底具备着怎样的时代属性以及整个手机行业中比比皆是的品牌角逐。当重新回视手机本身时，会不会使得手机这个拥有着三十个年轮的人造物又滋生出一个又一个模糊而宽泛的新定义呢？这些似乎都是在企图满足人类的需求，可谁又来满足手机的需求呢？

手机作为人类肢体与感情的延伸工具，赋予了人类可移动通话的机遇。它是超越电脑和网络的革命，把我们送回大自然，使我们恢复同时说话和走路的天性；把我们从书桌、电脑和室内解放出来，进入气象万千的物质世界。但是无论是新兴技术的出现、新兴网络的覆盖还是带宽和移动性的保障如此的多样化和差异化，手机作为一种便携式的交流工具的本质属性永远都不会改变。

莱文森的人性化趋势说：手机把一切媒体和人作为内容。一切媒介的缺点都是可以补救的；媒介的演化服从人的理性，有无穷的发展潜力，越来越人性化，越来越合理，越来越完美。

人类无穷无尽的主观能动性：人既然发明了媒介，就有办法扬其长而避其短。事实也证明，人类正在利用一切可利用的资源来使之能够扬长避短。无论是在产品造型上的不断量化，还是围绕手机这个平台所进行的一切关乎人类需求的"内容"设计，都力主成就新一轮的手机媒介时代。

第3章 语言之问

3.1 产品设计之"意"、"象"、"言"①

人们通常认为，语言是思维的工具，言是用来达意的。这种常识的语言观从古至今在中西方都很流行。而在设计领域，产品表达了什么？它是如何表达的？……这些设计语言的问题是设计师、企业主和使用者都密切关注的主要问题，也是贯穿产品设计、生产、销售、使用整个动态系统的重要线索。

王弼的"言意之辨"在中国哲学史上是承上启下的，他一方面认识到了《周易》象征思维的特点，看到了"象"在"言"和"意"之间的突出地位，另一方面又以庄子的思想批评汉儒像数学派的解《易》方式，主张"得意在忘象"，把当时人的思想从汉儒教条式的象征思维方式中解放了出来，开启了魏晋玄学的思辨之风并对以后的隋唐佛学、宋明理学产生了深远的影响。汤用彤先生将其推为"新时代的文化"进行研究，李泽厚先生则将之推及美学领域。从这个视角看现代产品设计，或许会有一些新的发现。

3.1.1 产品设计之"意"

《说文解字》："意，志也，从心音，察言而知意。"《说文》里将"意"理解为"志"，带有意志、愿望的意思，强调其主体的意向性。张舜徽注："谓心之所思，蕴藏在内而未渲浊者为意也。""意"为"心中之思"，与"言"相比，是一种潜在于内的未说出来的"言"，"意"可以是思想的结果，也可以是思想的一个过程，即带有表达主体尚未对象化的意向和意图的指向性过程。

从思维结果看，设计之"意"在于满足人自身的生理和心理需求。需求成为人类设计的原动力。心理学家马斯洛提出人的"需要层次说"，对人的需求作出了很好的阐释。马斯洛认为，人有生理、安全、交往、尊重以及自我实现等需求，这种需求是有层次的。最下面的需求是最基本的，而最上面的需求是最有个性和最高级的。不同情况下，人的需求不同，这种需求是会发展和变化。当下一层次没有得到满足的时候，不得不放弃高一层次的需要。产品的消费者在不同的阶段对产品有着不同的接受状态和需要。对产品来说，首先起码的是人要从产品物质功能上，得到需求和满足。然后从产品的精神功能上能得到审美、心理上的关怀和爱，在人和人交往的过程中，引起了人际关系的问题，使用的物品可以用来体现自尊和成就。拥有具有创造性和与众不同的物品同时也增添了使用者的个性。正如法国著名符号学家皮埃尔·杰罗斯说："在很多情况下，人们并不是购买具体的物品，而是在寻找潮流、青春和成功的象征。"

从思维过程看，设计之"意"在于人的生存体验和文化体验。满足特定时期特定区域特定人群特定需求的器物，经过人类社会的"自然选择"和时间的验证，积淀而成整

---

① 胡飞：《从王弼言意之辨看现代产品设计语言》，《湖北大学学报·哲学社会科学版》，2004 年第 3 期。

合了人文风貌、社会文化、风俗习惯的物质文化。所以，"需求说"和"文化说"① 都是设计之"意"的反映，只不过前者是共时性要素，后者是历时性要素罢了。今天产品与产品消费已转变为社会关系在人心理上的某种"幻影"，它更多是作为人与周围产生联系的"交流工具"以及划分人的社会群类的符号，体现的是产品的文化。

3.1.2 产品设计之"言"

"言"即语言、文字。产品语言是一种特殊的形体语言，没有固定的字、词、构词法和语法，如果单个的图形或形态代表的符号作为产品语意的字和词的话，符号又因不同地域不同人群得出不同的意义。产品设计之"言"包括视觉语言如形体、构造、尺度、位置、色彩等；听觉语言如音量、音调、时间间隔等、触觉语言如温度、压力、材质、肌理、硬度/柔软度等、肢体感觉语言如知觉、动作、方向等以及嗅觉语言等各个方面，并通过造型或材料的强烈对比、方向定位（如线条）、功能性元素（如按钮）之间的特殊关联等传达层次与顺序、形状与质地、比例与关系、空间与速度、联合与枝节等关系。② 言是用来达意的。由于"意"已带有主体的意向，所以"言""意"不仅涉及语言与客观对象的关系，而且涉及语言与表达主体的关系、语言与思维的关系。产品设计是一种特殊语言的叙述，这种语言传达了操作、使用、功能等必要信息和情感、伦理、风俗等文化信息。产品语言就如同嵌入产品形态中的DNA，它创造了一种具备某一功能的同类或相关产品的程序性遗传。语意来自被综合处理到形体之中的特定的信息，以求具体形态与使用表达的统一。那么，"言"究竟能否完全准确地表达"意"呢？

"子曰：辞达而已矣。"《墨子·经上》也说："闻，耳之聪也。循所闻而得其意，心之察也。言，口之利也。执所言而意得见，心之辩也。"即用"心""循所闻"、"执所言"便可得其"意"。庄子也认为在知性明理范围内"言"是能够尽"意"的："随序之相理，桥运之相使，穷则反，终则始，此物之所有，言之所尽，知之所至，极物而已。"可见，先秦诸子对于语言的表情达意的作用给予了肯定。但庄子又直指语言的可疑。他认为语言具有主观性的特点，也即，语言是受每个使用者的观点支配的，人们在使用语言的时候因为角度不同而产生不同的观点。"道未始有封，言未始有常。""夫言非吹也，言者有言；其所言者，特未定也。""夫精粗者，期于有形者也。无形者，数之所不能分也；不可围者，数之所不能穷也。可以言论者，物之粗也；可以意致者，物之精也。言之所不能论，意之所不能察致者，不期精粗焉。"因此，言只能离道（意），不能近道（意），只能蔽道（意），不能明道（意）。孟子也是如此，当被公孙丑问及："何谓浩然之气"时，孟子只是说："难言也"。可见他们认为"言"是不能尽"意"的。而王弼的"言意之辨"则协调了两者的矛盾，他认为，对有形世界可以用"言"来尽"意"，而对无形的本体不可用"言"尽"意"。也即，"言尽意"是有条件的：所讲的"言"是日常的语言，这些"言"能尽的也是日常交际领域中的"意"，是"物之粗"。也即，语用学层面上是"言尽意"，而在语意学层面上则是"言不尽意"。

产品设计亦是如此。产品的功能、特性、操作方式和工作形式这些日常生活领域的、低层次的、"粗"的"意"是应该也必须"言尽"的。设计者应该具有清晰的创作意图，几何

---

① "设计文化论"是由清华大学美术学院柳冠中教授早年提出，参见：柳冠中：《设计文化论》，哈尔滨：黑龙江科学技术出版社，1995年版。

② 胡飞、杨瑞：《设计符号与产品语意：理论、方法和应用》，北京：中国建筑工业出版社，2003年版，第166页。

形态和有机形态的按键旨在吸引人们去使用它们。产品语言主要传达两个功能性语意目标："这是什么"以及"如何运用"。对于创新型产品，前者至关重要。以搅拌机为例，针对前者要传达的是：搅拌机就是将食物进行搅拌的机器，它通过切片和运转将不同的大块食物搅碎，并混合成均匀的浆体。而回答后一问题则需涉及：这些按钮是干什么用的？他们彼此有什么不同？哪个是加速，那个是减速？一次应该按下几个按钮？该产品应该如何放置？如何清洗？如何恢复原始状态？如何移动？这个圆环如何运转？……产品的使用过程，既是使用者与产品的交互过程，更是使用者与设计者的沟通过程。然而，设计者们通常难以做到通过产品本身的形式来与使用者交流。当一个简单的物体仍需要大量图片、标签或说明的时候，这个设计无疑是失败的。就像很多门把手，居然还要用箭头、标签或文字来区分"推"和"拉"；更有甚者，明明需要表达"拉"的语意，却被理解为"推"。正是这些产品的语意误差导致了我们对产品的误读和错解。如果在门上粘一条绳子，或者在门背后贴上一个如手形状大小的面板，这一推一拉就会明白无误。

然而，对于产品的人为形式的象征性，即其所包括心理的、社会的和文化的背景，无疑是最富表现力和最有感染力的。但这些通常是潜意识的或者说是难以表达的，因而难于分析。对于设计者的感情和示意我们只能猜测。而且并不是每个人都能领略到这种意象和情趣。以隐喻手法为例。与隐喻相呼应的是理解的多义性。每个人所能领略到的隐喻的境界都是个人的性格、情趣和经验的返照，而每个人的性格、情趣和经验都是彼此不同的。这些都可以导致个体心理结构的差异。一个解释者说它是"高雅的"，另外一个解释者也可能说它是"低俗的"。产品所要表达的意象或者模糊或者凌乱或者空洞，欣赏者的情趣或者浅薄或者粗疏，都不能在欣赏者心中出现深刻的境界。其结果就是隐喻的不确定性、不易感受和把握，任何一种理解都不具有唯一性。好的设计所提供的感受、情绪、情感和生命冲动的过程本身是不可能找到与之对应的词汇。何况有的产品可以表现错综复杂的情感，往往更具模糊性。这就是"言不尽意"的情况。

3.1.3 产品设计之"象"

如何言说不可言说者？如何以语言为跳板，跃入形而上的智慧彼岸？王弼找到了"象"。以下笔者从王弼的精彩论述，解读产品设计之"象"。

产品设计是探求适宜的形象和方式以满足使用者的身心需求，王弼所言"言生于象，故可寻言以观象。象生于意，故可寻象以观意"[①] 就是这个道理。从语言学角度看，产品内容通过产品形象表现出来，产品形象可以通过设计语言描述出来，所以形象化的设计语言与抽象化的设计语言在其指向对象的形式和内容上具有工具性的意义。从哲学认识论的意义来看，事物现象是本质的外在表现，设计语言可以通过对事物现象的各方面的描述形成表象，帮助人们认识事物的本质。"意以象尽，象以言著。故言者所以明象，得象而忘言；象者所以存意，得意而忘象。"产品设计中的"形象"是设计者所要从事创作和探求追寻的主要对象，也即设计一个什么样的造型和方式的问题。形象也是一种界面形式，虽然受到众多制约（功能、技术、文化等）但是却含有形象中最本质的东西，即本体中的内涵。而意义却是我们追求创作形象所要表达层面上求得的境界，是立意的探索和追求，是本体中的外延。"言者象之蹄也，象者意之筌也。"王弼引用庄子的"得兔忘蹄"、"得鱼忘筌"，说明语言和它所描绘的形象都是人们的认识工具，当人们认识了事物的内容就会淡化语言和形象的作用。庄子认为

---

① （魏）王弼：《王弼集校释》，楼宇烈校释，北京：中华书局，1980 年版，第 609 页。

"言"是手段、工具，而"意"即"道"是目的，"言"是从属于"意"的，目的完成后，不可执着于"言"，必须"忘言"。产品设计亦是如此，"忘言"就是要消除既存经验、观念、主观印象等对人的遮蔽作用。这类似于胡塞尔的置于括号的说法，就是要把一切是非判断，主观的先见悬置，直观言说的意向性。"是故存言者，非得象也；存象者，非得意者也。象生于意而象存焉，则所存者乃非其象也；言生于象而言存焉，则所存者乃非其言也。"王弼的意思包括两个方面：一是要区别事物的形式和内容，卦辞和卦象是卦意的外在形式，局限于形式就离开了内容，离开了内容也就不再是形式了。二是要区别认识工具和认识对象的关系，指出认识工具或认识的方法不能代替认识对象，脱离了认识对象，认识工具也就失去了它的作用。[①] 总体上看，意义和形象二者有着相互的辩证关系，如"象生于意"即立意为先，形象为后的表述；"立象尽意"，不管用什么象去表达，都是为"尽意"服务的；"得意忘象"强调了意与象的主从地位，目的在于明意。

然而，如何"立象"王弼则没有明确指出。《周易·系辞下》所云："古者包牺氏之王天下也，仰则观象于天，俯则观法于地，观鸟兽之文与地之宜，近取诸身，远取诸物，于是始作八卦，以通神明之德，以类万物之情。"后人概之为"观物取象"。在"取象"的思维过程中，既仰视，又俯察；既取于主观的自身，又取于客观的物象；既取于宏观的天象地形，又取于微观的鸟迹兽蹄。对产品设计而言，设计师一方面要把握使用者的行为习惯、操作特征，一方面要了解购买者的心理特性、价值观念，既要熟悉制造者的材料、工艺、结构、技术、成本等诸多要素限制，又要清楚销售者的目标人群、市场定位、差异识别等诸多市场因素。正如柳冠中先生所言，产品设计的过程，就是作品——制品——商品——用品——废品的动态转化过程。[②] 此乃"取象"。如何"立象"呢？笔者认为，"立象"的过程，就是"意象"——"现象"——"形象"的相继生成过程。具体分为三个阶段。第一阶段是诱导阶段，设计小组寻找影响真实环境的要素以准确理解设计内容。通过研究的不同层次的数据、信息、知识，转化为相应的不同的理解，如从抽象中生成意义，从内容中发现关系，从体验和交互行为寻求特征，从而将集体的综合知识转化为一个相对模糊的抽象理念，即"意象"。第二阶段是整合阶段。设计小组将知识转化为设计概念，通过时间关联、相互关系、相干程度等理解原则将在研究程序中运用的集体智慧转化为知识。通过同样的理解程序、应用原则，明确"意象"的边界条件、限制要素，即"现象"。第三阶段是演绎阶段。设计小组通过对现象分析的深入化和具体化，进一步明确"意象"，从而找到准确表达"意象"的"形象"。必须强调的是，"意象"——"现象"——"形象"是一个"立意"的循环认知过程和"尽意"的循环表达过程，它可能由一些最初的不能理解的感觉或概念开始，进一步想象假设的内容，围绕现象学和解释学动态循环展开；在此过程中，特征将被从内容和对模型赋予的意义之间区分出来，意义将被进一步构造，直到这个程序聚集到一个有效、紧凑、密切的理解结果，即完全"形象"的生成。

3.1.4 "意"、"象"、"言"的相互关系

新的产品形式的诞生，是通过"意"指向"象"指向"言"的语义生成道路，是设计师把无形的心灵之意外化为有形的语意符号指向的运动过程，是对人类欲求的发现、分析、归纳、限定以及选择一定的载体和方式予以开发、推广。这一过程的结束即是有形之象的达成，

---

① 韩强：《王弼与中国文化》，贵阳：贵州人民出版社，第 2001 年版，第 107 - 108 页。
② 柳冠中：《"工业设计"的再设计》，《装饰》，2000 年第 1 期，第 3 - 4 页。

也是产品形象（言）的完满实现。其中，"言"为形式层，"象"为表现层，"意"为意义层。三个层次既层层递进又彼此融贯。由"言"→"象"→"意"是对现有产品整理、归类、抽象、归纳的分析过程，是通过研究过去的产品语言与产品形象、产品形象与设计意念、设计意念与设计语言之间的关系并求得合理的逻辑与方法以指导现今设计的认知活动；而由"意"→"象"→"言"是对新产品的全新使用方式针对特定人群、特定时代、特定环境、特定条件下的全新欲求的限定和演绎过程，是对未来的设计意念与产品形象、产品形象与产品语言、设计语言与设计意念关系的全新创造活动。

立象以尽意，这也是中国古代思维的关键，也是中国语言的关键。言之不足，则辅之以象。思维离不开象，语言也离不开象，前者是意象性思维，后者是形象性语言。"意言之辨"作为一个哲学命题渗透到文艺理论领域，展现出东方思维的巧妙和深刻，特别是深化了人们对语言功能的认识，对探索语言与思维、思维与存在的辩证关系等问题有着重大的意义。运用这一理论于产品设计，我们能够超越西方产品语意学把设计的表达与认知割裂开来、只强调"意"与"言"的关系这一局限性，把研究的目光转向沟通"意""言"的最重要的"象"的研究，通过研究产品存在的环境、社会、条件这一"语境"和不同生活形态、生活经验、知识背景、个人喜好的个体对未知物品的认知差异，来完善设计历程和产品设计所能表达"共同体"的意识或特性的探讨。而这正是目前设计界在设计能力上所最值得提升的部分。我们只有从设计态度上的彻底改变，才可能找回设计表达的主导权与设计实践的主导权。

3.2　产品语言中的"视觉噪声"[①]

正如同语言是人们交流时信息传递的载体，产品语言也是展示产品属性和使用方式、引导和促进产品与使用者之间对话和情感交流的途径。然而，产品语言所具有的这种语言性质有其独特之处。一方面，产品语言具有特殊的内容，这种语言融合了操作、使用、功能等必要的机能信息和情感、伦理、风俗等隐含的文化信息；另一方面是产品语言具有特殊的性质，产品语言是一种视觉语言，是一种非线性、共时性的语言，而自然语言则是线性和历时性的。

据《辞海》解释，不同频率和不同强度的声音，无规律的组合在一起即成"噪声"，听起来有嘈杂的感觉，从而对人们生活和工作造成物理、生理和心理的障碍；其对人和环境产生的不良影响称之为"噪声污染"。物理学意义上的噪声是一种干扰，尤指一处任意的和持续的干扰，使信号变模糊或减少；计算机科学意义上的噪声则是指计算机产生的与所需数据不相干或无意义的数据。可见，"噪声"体现了一种"不合目的性"。

产品语言就如同嵌入产品形态中的 DNA，它创造了一种具备某种机能的同类或相关产品的遗传程序。语意来自被综合处理到形体之中的特定信息，以求具体形态与使用表达的统一。产品语言与人们所掌握的语意之间的关系决定了产品能否有效传达其目的、功用和与环境的适宜性。如果由于一些混乱无序、过于刺激的形象干扰甚至中断了使用者对产品的理解，在使用者的所感知和所理解之间因而出现了矛盾，我们则称这些影响产品与其所意指的用户与环境之间的关系的不当语言为"视觉噪声"。以下，笔者将由形态、信息、用户、设计、市场、企业等各个层面对产品语言中的"视觉噪声"进行解析。

---

① 胡飞：《透视产品语言中的"视觉噪声"》，本文发表于 2003 年清华大学三堡博士生论坛。——笔者注。

3.2.1　形态的视觉侵略与产品的信息超载

形态：视觉侵略

市场里满目皆是鲍德里亚所描述的惊人的"视觉丰盛"现象①：各种不同造型的同类产品在货架上进行"视觉的狂欢"②，方圆曲直、大小中西、或红或绿、或简或繁……各种造型语言吵吵嚷嚷，争抢"眼球"；图像的、指示的、象征的符号携各种"信息"扑面而来，功能指示、情感倾向、品牌形象、生活趣味……在这"能指"与"所指"的盛宴上，人们在获得了极大的感官刺激的同时，却往往不知所措。

这种试图通过一些琐碎肤浅的手段去唤醒消费者情感的设计，大量运用一些标新立异、发聋振聩的信号，极具视觉"侵略性"；虽然其主要也是直接目的仍是引起消费者的注意，但却极度渲染气氛，调动消费者的感官和情绪，妄图以消费者瞬时冲动诱发购买行为。企业希望通过这些手段从视觉上对消费者造成其产品在市场上占统治地位的幻象，但却无视其对产品所置身的环境产生的视觉冲击。市场上最醒目的产品无疑对文化最具推动力，但同时也最具破坏性和侵略性。夸张的形态，复杂的性能，刺激的色彩，从而凸现其个性；含糊不清的所指，与既存视觉元素纠缠在一起，污染了视觉环境。杂糅了复杂形象和产品形态的大量信息，淹没了使用者有限的感知能力。这些过剩的信息又通过多种渠道诉诸于使用者以求吸引、感染他们，从而导致了全球化的视觉脱敏；反过来又导致产品向更加刺激的形态演变，从而形成恶性循环。

产品：信息超载

当前社会中充斥着大量产品信息。空气里弥漫着各式商品广告，将消费者团团围住。同一广告做着单调的频次变化，从商场、街道、公共汽车到家庭，索然无趣地反复播映；同一产品的广告也彻头彻尾完全相同，从标志、识别系统、包装、产品图片到生活情景毫无变化。

按 Williams 的说法"需要用语言表达的就是难于理解的"，显然这些信息是消费者并不需要的；它们仅仅是为了吸引消费者注意而运用的华而不实的伎俩。这些由产品、符号、广告所杂糅的信息序列，在视觉上是侵略性的，它粗暴的直接刺入消费者的眼球；在内涵上是说服性的，它不厌其烦反复在你耳边唠叨着同样的索然无趣的话语，大有"三人成虎"之感；但对环境而言，它则是语无伦次和毫无意义的。

这一情况可归因于产品所携带信息的严重超载和错位。产品设计以其实用功能价值和与人类经济生活密不可分的联系，渗透到人类以经济活动为基础的各种文化活动当中，从而成为人们生活方式的一个重要构成因素。虽然产品是"知"（工具理性）、"情"（人类情感）、"意"（价值文化）③ 三者的统一，但无疑"知"是其中首要的也是最基础的部分。然而，市

---

① ［法］波德里亚著：《消费社会》，刘成富、全志钢译，南京：南京大学出版社，2000 年版，第 3 页。

② "狂欢"，这个词是巴赫金的创造，它涵盖了不确定性、支离破碎性、非原则化、无我性、反讽、种类混杂等，还传达了后现代主义喜剧式的甚至荒诞的精神气质。在更深的意义上，狂欢意味着"一符多音"——语言的离心力、事物欢悦的相互依存性、透视和行为、参与生活的狂乱、笑的内在性。参见：朱红文：《工业·技术与设计——设计文化与设计哲学》，郑州，河南美术出版社，2001 年版，第 203 页。——笔者注。

③ "知"、"情"、"意"是心理学术语。西方心理学认为，心理过程包括认识过程（简称"知"）、情绪和情感过程（简称"情"）、意志过程（简称"意"），三者合在一起简称为"知—情—意"，与"真—善—美"相对应。参见：http://xin-lionline. caac. net/fengxi/zs1. html/2003. 6. 20. 而李德顺等则将知（认识和知识）、情（情绪和情感）、意（意向和意志）视作精神文化的三种基本表现形式。参见：李德顺、孙伟平、孙美堂：《家园——文化建设论纲》，哈尔滨，黑龙江教育出版社，2000 年版，第 39 页。笔者则借用这一理论来区分产品设计语言表达的三个不同层面。——笔者注。

场上的众多产品，无视功能价值，一味鼓吹其情感价值和文化内涵，将消费者过多的导向"情"与"意"，妄图以"情"与"意"的迷彩掩饰其"知"的无能，造成信息错位；同时，高冗余度的各式信息蜂拥而至，产品的语言通道拥挤不堪，造成信息超载。产品语言中的视觉噪声也由此产生。

用户：知觉倾向

作为"商品"的产品处在用户和企业的交界点上，在交易的瞬间完成了"价值的交换"；也正是在这个转接的瞬间，产品努力通过形态吸引消费者来获得卖场上的有利地位。这些产品打破了形态的对称，使用了过度的色彩，增加了视觉的复杂度，试图通过这些产生趣味并刺激消费者，结果由形态侵略和信息超载而导致视觉噪声。

更关键的是，消费者很容易就被引导到那些刺激、醒目和易于引起人强烈欲望的物体。这是因为人与生俱来就有一种知觉倾向，偏向于认为某些差异性形态更具吸引力，而那些在视觉形态上过于简单的物体通常被认为是毫无趣味的。例如彩色胜于黑白，动态胜于静态。因为它们不能刺激使用者的视觉敏感度，或者说不能吸引他们的注意力。这些产品具有平静的声音，显得格外被动。差异性形态正是利用了人们这一视觉倾向，这也正是很多设计师在形态创造时的惯用伎俩。当分析这种形态时，我们发现，由于个体可能受到元素复杂性的影响或者认知的过度刺激，在寻找细节和建构逻辑结论时存在着一种机能障碍。当使用者更倾向于在复杂、侵略性的和充满视觉噪音的形态中发现乐趣时，他们的知觉程序非常艰难的工作着，以解释和说明这些形象。如，当使用者的注意力游离于产品的立体形象和屏幕中的动态形象之间时，他可能会陷入知觉的"拔河"，因而不知所措。

3.2.2 模仿成风的设计与技术趋同的风格

设计：模仿成风

市场现存产品形态一般分为两种风格：理性主义和非理性主义。前者支持产品的"物"性，强调产品的工具角色；后者凸现产品中的情感、趣味和价值取向等"人"性，强调产品的象征角色。在设计的资本逻辑下，产品形态已呈现出一种被迫的或虚假的退化。为了创造使用者对产品的强烈认同感，很多短暂的设计风格被减少到对创新的或成功的产品风格的模仿，甚至只是对其只言片语的"线索"的随意处理。这种实际操作会导致大量的视觉"噪音"，因为这些形态中随意的和被误置的"风格"，既不符合也不反映产品本身的特性，反而为其创造了一种看似时尚实则肤浅的价值面纱。

"iMac 风"就是最典型的例子。iMac 的原初目标是创造一种强烈的差异化识别，使苹果电脑能够在市场同类产品中脱颖而出。设计者乔纳森·艾伟称其为"针对个人而非大的不集中群体……是苹果发布的作品中最激动人心、最有意义的设计"。它那一体化的整机好似半透明的玻璃鱼，奇特的半透明圆形鼠标令人爱不释手，在结构功能上也颇有创新，成为 PC 产业的一个奇迹。于是乎，半透明材质和时尚的色彩如雨后春笋般一夜风靡全球，开始成为 IT 业表现高新技术的新视点。如国内厂家康佳"乘风"推出的小画仙彩电和联想"随波"推出的天禧系列电脑，也在市场上获得了成功。iMac 之所以成其为一种 IT 业的流行风格，是因为它很清楚地说明：当前电脑等设备的设计风格是陈旧过时的。透过半透明的壳，人们可以隐约看到内部强大的工作画面，甚至鼠标的结构，传统灰色机体后面金属线的缠结现象也被一扫而光。"风格的过时强化了技术的过时。按陈规陋俗去讨论那些新产品的开发，只会使新产品显得陈旧；而买一个最新产品的模型，将感觉到自己也是最新的。"① 然而，差异化识别使设计风格转向同时期社会上的其他产品甚至日用品。当这种设计风格被从内容中剥离出来，并被运用于强调物品的表面形态而非功能性时，视觉噪声就产生了。

风格：技术趋同

一件产品能够成为社会的日用品，一般满足以下几个条件：生产上相对易于完成；技术上相对易于实现；突出了大众中大多数人的需求，并符合其购买力。当前技术和制造能力的高度发达，能够允许形态的无限变化以至市场饱和。差异化的形态识别决定了产品的成功和价值，因为彼此在功能上都如此相同。风格是在不改变现有技术的前提下增加产品价值的重要手段，已成为企业和消费者共同认可的普遍真理。

对于模仿风格的形态的普遍接受，只能说明人们对产品的视觉无能；而这正是由提供大量消费品的技术和经济所滋养的。② 当产品被创造出来去迎合流行风格时，同质性就开始出现，设计者的不安也随之表现出来。消费者开始展望下一种风格、趋势，而这一需求无疑将加速现有风格的老化。当那些现有风格中不合乎产品特性的色彩、材料、形态等潜在要素开始相互混淆时，视觉噪声就初显端倪，就像包括厨房用品、办公用品、微波炉甚至雪鞋等大多数 iMac 风格的产品，对任何人的视知觉都完全格格不入。当这种模仿风格在某一领域持续盛行时，它就会严重影响使用者的感知力和判断力，因为他们再也欣赏不到一个超越现有肤浅水平的产品。新产品的价值也随之被局限于产品的表面处理。模仿风格的形态是极其短命的。当创造出一种全新趋势时，相近风格的产品、相同认知的表达就会随之而来，市场也逐渐趋于饱和，直到下一个趋势出现。那时，它的前任就会急速贬值。"因为限定过窄和短期利益驱动，我们生产、使用、废弃了太多的东西，迫使我们做出社会的和生态的妥协。除了对我们的社会和环境造成明显的损害之外，这样的妥协也腐蚀了我们的心智。与此同时，伴随着与这些物品实际运用相关的感官经验日益肤浅，物品与其服务的人类之间情感联络的可能性也日益减少。"③

3.2.3　消费时尚的市场与企业的资本逻辑

市场：消费时尚

在四处弥漫着视觉噪音的产品中游荡，蓦然回首，发现视觉噪音更多的浮现在带有"时尚"意味或者标榜"科技"的民用商品如手机、电脑等，而在医疗器械、机械设备等工业产品则相对出现较少。究其缘由，时尚引导消费。

正如德国社会学家齐奥尔格·西美尔所言，时尚是阶级分野的产物④，它起源于上层社会的精心构筑的征服游戏，在通过时尚显示上层的内在一致性的同时，通过全方位的文化、视觉符号拉开和其他人群的距离，以保持自己不受侵犯的快乐……人们既通过消费来表现于自己所认同的某个阶层的一致，又通过消费来显示个性和表现于其他阶层的差别。任何时尚实际上都是智力、财力等可以保持不败优势的实力显现。但时尚并非静态的，并不为上层所垄

---

① ［美］Caplan，Ralph. By Design. New York：St. Martin's Press，1982：54.

② ［美］Caplan，Ralph. By Design. New York：St. Martin's Press，1982：52.

③ Zaccai，Gianfranco. "Art and Technology：Aesthetics Redefined". Discovering Design—Exploration Design Studies. Ed. Richard Buchanan and Victor Margolin. Chicago：University of Chicago Press，1995：4.

④ ［德］齐奥尔格·西美尔著：《时尚的哲学》，费勇等译，北京：文化艺术出版社，2001 年版，第 72 页。

断。时尚实际上是涉及一场各阶层之间的象征竞赛，是社会模仿力量和社会分层力量的相互作用的社会形式。下层以上层为消费参照对象，模仿他们的消费行为方式，并通过这种模仿象征性的提高自己的社会地位。而上层则力求在消费形式上显示出与下层的区别。因此，时尚的产生和更新始终有一个时间差，谓之"流行"。市场亦是如此。当多年前到处金光闪耀的铜字已经主要被用在公共厕所时，当日本韩国继续用金属材料编织产品的技术符号时，金属材料的高科技属性已经不是最能打动精英阶层的事情。于是，出现了 iMac 多彩半透明的塑料外壳。行业的中间阶层则采取跟进策略。于是乎有了康佳"小画仙"、联想"天禧"，有了"iMac 风"。差异化识别无疑是行业领跑者的制胜法宝。因此，G3、G4 的多彩可人的塑料外壳之后，G5 又复现冰冷的金属质感。

时尚总是代表上层社会的认知和追求，而被其他阶层趋之若鹜的东西却非如此。Motorola 的 V70 只能取悦小康青年，A388 确实圆了不少人的汽车梦。被消费的物品超越了自身的功能桎梏，成功地进行了一场"假如我拥有"的梦幻演绎，刺激着人们去捕捉那暂时还不属于自己的社会阶层代码。而当"时尚"的符号被不加分析不加区别的盲目"移植"到其他产品中时，视觉噪声浮现眼前。如前所言的厨房用品、办公用品和微波炉。时尚的错位与滥用，无疑加剧了视觉噪声的严重危害。更关键的是，被时尚引导的市场又陷入了制造"时尚"的恶性循环。

企业：资本逻辑

风格也好，时尚也好，其本质在于设计的资本逻辑。从人的角度看，设计追求人的永恒的"目的性"——舒适、效率、审美、文化等；从环境的角度看，设计强调资源的"稀缺性"。而当"资本"出现于人类社会，在"看不见的手"的操纵下，以"利润最大化"为终极目标的"资本逻辑"开始支配一切时，设计已从包豪斯启蒙时的哲学理念蜕变为牟利技巧，异化为促销手段。资本的逻辑也控制了人造物的进化方向，物的生产与存在必须以"获利"为前提，设计也就开始服务于资本的增殖。[①]

人造物依然是手段，可服务的目的却被资本所殖民。为了无止境的资本攫取，于是乎推崇消费资料的个人占有，拒绝大部分消费资料的共享，使对物质商品的需求呈几何级数增加；为了增加商品的符号象征价值，过分注重商品的外观、包装和广告，导致成本飙升；制造"时尚"来引导人们在消费方式和生活方式上的盲目模仿和相互攀比，从而导致产品的社会寿命大大缩短，人为的提高产品更新换代的频率……为了满足这样的"大量消费"，只有"大量生产"，如此恶性循环，给环境、能源和生态带来巨大压力。设计已沦落为牟利的手段，设计语言更成为手段的手段；于是，设计语言丧失了理智，为了追逐利润见人就咬，颇有李白诗中"猛犬吠九关"的意境。

3.2.4 关于社会和设计师的思考

社会：存在的是必须改变的

我们从产生视觉噪声的产品形态入手，发现其侵略性的形态源于过量和过度的信息承载；消费者由于自身的知觉倾向而"被动的主动"选择，一些设计师也对设计语言胡乱移植；产品技术的趋同使得差异化识别的重任落到了设计风格之上，而设计语言的盲目跟风又导致了

---

① 柳冠中、唐林涛：《设计的逻辑：资本——人、环境、还是资本?》，《装饰》，2003 年第 5 期，第 4 – 5 页。

风格的趋同；层层剥茧，其根源在于市场的时尚导向和设计的资本逻辑。了解了视觉噪声的来龙去脉，我们却无法为这顽症提供了一剂解毒的猛药——面对资本，我们似乎无能为力。

而且，当前社会对那些创造视觉噪声的形态广为接受，表现出部分消费者在一定程度上期待和认可这种复杂、刺激的过时风格。这也说明中国现阶段产品设计出现的大量视觉噪声存在一定的合理性和历史必然性。就社会而言，中国处于一个复杂的阶段，由于地区经济发展不平衡，知识经济社会、消费社会、工业社会甚至农业社会各种社会形态纷繁芜杂，各地区消费者文化背景、价值取向、生活趣味、需求层次参差不齐，为了满足这种多样化的需求难免出现混珠的"鱼目"。在以消费社会为主体，多种社会形式并存的今天，尤其是在供大于求的社会关系形成后，社会对产品的消化或淘汰具有了主动权，设计就作为技术的外壳用以缓解技术体系革新的较长周期和技术需求的较短周期之间的矛盾。就企业而言，为了维持商场上的不败之地，领跑者求新求变以摆脱竞争对手的追逐，以形态取胜无可厚非；为了维持或扩大自身的生存空间，中小者随时保持跟进状态以减少投资风险，模仿成风不可避免。就产品自身而言，随着物在功能中被解放，人也从仅仅作为物的使用者的角色中解放出来，通过自由的购物、选择、消费等行为，将社会的进步"内化于快感本身之中"①。

但是，这存在的现象不只是"合理的"（黑格尔语），更是"必须改变的"（马克思语）。就消费社会而言，时尚的生产与消费不仅仅是当代社会体系赖以生存的基础，同时也是一种社会心理性冲突的解决方法，个人或集体对社会等级的心理需求均往往可以通过对时尚的消费得以解决。② 问题的关键不在于以产品的多样化和生产的极大化来满足个人需求，而在于要具体回应社会想象力，通过恰如其分地展示需求梦想，把握恰当时机进入市场。这正是欧美经济由消费型经济向服务型经济的转向的实质之所在。也即，消费者的真正目的并不是物品的占有，而是欲求的满足；是获得服务而不是进行消费。如何以消费者的真正需求为导向，是企业界人士需要深刻思考的一个问题。

设计师：为有所之为

正如 Victor Pananek 所言，设计是一种以功能为目的的行为，一种赋予秩序的行为，是一种具有意识意向性的行为，是一种组织安排的行为，是一种富有意义的行为。③ 设计是创造视觉平衡的并对社会广为有益的产品的关键。它与使用者、使用环境息息相关，在尊重使用者的视觉理解的同时，也支持设计者天生的表现性的需要。设计者的角色就是去了解目标受众知觉的认知和理解，并将其转化形态的机能特性，从而将产品作为一个"知"、"情"、"意"的整体呈现给使用者。消费者是被动的，是设计的远距离接受者，但仍对其所使用的每一个产品都产生影响。我们无法说服或强迫生产者放弃其资本逻辑，但却可以在使用者的愿望和制造能力之间进行协调。设计师的职能就是"中介人"，起到博弈双方"仲裁人"的作用，努力使冲突各方达到互利的妥协。我们有责任承担起这一重要角色，"有所为，有所不为"。

通常侵略性的形态被当做一种被动的感知，并加强了它们的信息冗余度。通过评价现有产品的形态，并指出其设计语言的失败之处，能够有效消除其视觉噪声，使交流回到形态上。那些依据使用者心理——生态——文化等多方面因素设计出的优良产品，其形态趋于增强其知觉机能，正说明了这一点。为了消除当前社会中存在着视觉噪声和混乱发展的不良趋势，

① ［法］尚·布希亚著：《物体系》，林志明译，上海：上海人民出版社，2001 年版，第 214 页。
② 包林：《时尚的生产与消费》，《装饰》，2002 年第 11 期，第 10 页。
③ ［美］Victor Pananek：Design for the real world—Human Ecology and Social Change. New York Press. 1973：5.

建立适宜有效的交流，一个物品必须具备某种逻辑和语言信息的连贯性。同时，使用者根据心理模型、先前经验和既成知识对产品形态做出的相应暗合的联结与想象，当使用者的想法与其信仰、价值、观念、思想、态度等相一致时，视觉噪声也就烟消云散。这与格式塔心理学所说的完形、简洁、对称原则是相一致的。

我们无法以"革命"的方式从根本上消除视觉噪声的产生根源，但我们也不能助纣为虐，更不能坐以待毙。为了消解视觉噪声，我们就必须深入现时代的整个文化系统和社会体系之中，搜寻突破当代设计困境的出口；通过适宜的设计，我们可以谋求产品视觉质量、物质属性、情感联系上的平衡，谱写出物品与其目标用户、使用环境的和谐美妙的乐章。

3.3　产品语言的策略还原与设计定位[①]

目前全球市场竞争激烈和技术环境的不断变革下，新产品间的技术差异日趋消失，成熟产品的设计策略的关注点代表产品象征领域的转向产品交流质量。产品设计的系列化与市场细分同时进行，使产品适合不同性别、年龄、和阶层的消费群体。每一件系列产品都是通过或形态或色彩或材料或技术的差异使自己和他者区别开来。这些差异一直被认为是足以表达物品特性、足以让拥有者实现个性化。事实上，这个差异是一个边缘性的差异，是差异生产的垄断性集中[②]。如何通过各种交流手段唤起品牌联系和差异识别，将设计策略的信息准确具体地表达于产品之中，是一件至关重要的事情。本节在适应性系统观的基础上，从产品语言的角度探讨设计策略并提供一个结构性框架，包括从产品语言还原设计策略以及通过外部环境因素分析进行设计语言定位，探讨设计策略与设计语言的相互转化。

3.3.1　产品：作为适应性系统的人工物

西蒙在《人工科学》一书中，划分了自然物和人工物，"人工"，即通过人的作用力综合而成，并指出凡是由人设计、制造出来的东西，即人工物或设计产物，都是适应性系统。适应性系统一般具有功能、目的和适应性，而且可以模拟自然事物的某些表象，而在某一方面或若干方面缺乏后者的真实性[③]。任何适应性系统，其适应过程，也即意图的实现过程，均包括以下三个要素之间的相互关系：适应性系统的意图或目的、适应性系统的外在环境、适应性系统的内在环境。适应性系统的目的或功能可否实现，取决于它的内、外环境之间的关系。后来西蒙在《reason in human affair》一书中，通过对生物系统、人工物系统、社会文化系统的演进的分析，进一步指出适应性总是对现存环境而言的局部适应性；同时，适应性变化总是指向某个其自身也在不断变化的目标[④]。

毫无疑问，作为人工物的产品也是一个适应性系统。就产品个体而言，"物"是"人"目的性的投射。其目标是满足自身和他人不断变化的需求；其内在环境是"可组织"的元素及关系，包括技术、原理、材料、工艺、形态、色彩、结构、资源、成本等；其外在环境是不同人的目的与环境，包括时间、空间、人群、环境、行为、意义、价值等。运动表还是老

① 该研究包括两部分：（1）胡飞：《战略性产品语言：从产品语言还原设计策略》，《装饰》，2005 年第 4 期 （2） Fei Hu. Design Strategy and the Orientation of Product Language, D2B: The 1st International Design Management Symposium., 2006，在此整理成完整的中文版本。——笔者注。

② ［法］尚·布希亚；《物体系》，林志明译，上海：上海人民出版社，2001 年版，第 163 页。

③ Herbert A. Simon, 1981, *The Sciences of the Artificial*, Cambridge, MA：The MIT press, 2nd, 6 - 7.

④ Herbert A. Simon, 1983, *Reason In Human Affair*, Stanford, California：Stanford University Press, 55 - 57.

怀表，石英钟还是老挂钟，都表明了物的"适应性存在"。就同一企业或同一品牌的产品群而言，其目标则是满足目标消费群的需求并建立品牌识别从而完成企业的利益最大化，其内在环境是通过组织形态、色彩、材料、技术等元素形成特定风格或独特意味的设计语言，其外部环境则是包括社会、经济、政治、文化、竞争对手、消费者等多种因素；设计策略则是沟通内外环境的"适应性存在"。下面就针对产品群这个适应性系统，分析其内外环境及关系。

3.3.2　设计策略：适应性存在

设计策略的定义众多。总的来说，设计策略是通过产品设计获取竞争性优势的计划。设计策略一般可以通过两种途径来实现，一是设计新产品，开拓新市场，如企业在技术上有所突破从而进行的产品设计；二是比竞争对手有更好的设计策略、更支持现有市场的需要，这也是大多数企业所关注的途径。而企业一旦决定了设计策略的方针，即意味该企业同时决定产品差异化特质、产品开发方向、设计经济成本、设计组织架构等。Harkins（1999）认为设计策略是类似企业视觉识别或品牌识别的通过设计建立的产品识别，即管理阶层所发展的策略以差别化企业的产品与设计，或运用设计发展全面性的产品家族形象[1]。基于此，本案的设计策略偏重于产品识别层面，即通过企业定位的视觉化解读和重组，为公司创造识别环境，进而指导新产品的设计，以获取竞争优势。主要包括功能模型、目标人群、产品形象和品牌战略等几个方面。

何明泉（1997）也指出设计策略是透过外部环境（市场及产业）与组织内部（气候、资源、架构及进程等）的分析，对即将开发的新产品，在其开发设计决策过程中，所提出一系列明确的设计工作指导方针[2]。张文智（1998）强调设计策略必须在设计行动展开之前，对特定产品之所处环境仔细的分析比较[3]。邓成连（2001）在分析了七个典型定义后将设计策略描述为通过分析市场、技术等外部环境因素，分析内部组织或特定产品的内部环境，将设计资源进行协调分配和综合运用[4]。他们对设计策略定义的共同特点也是强调了对内外环境的协调与适应。设计策略是在产品内部环境与外部环境之间的一种适应性存在。这一点与前文所述的适应性系统观无疑是一致的。以下，就从内部环境和外部环境两个方面分析设计策略的适应性。

3.3.3　产品语言：适应性系统的内部环境因素

产品语言一词首次出现是席乐（Selle，Gert）在《设计的意识与理想（Ideologie und Utopie des Design，Koln：DuMont Verlag，1973）》一书中分析了产品的信息功能[5]。葛罗司（Gros，Jochen）也曾明确指出，产品语言是设计理论及实务必须特别了解的对象，并提出由"用户"向"观者"的视角转变。[6] 相对于此，1983 年美国的克里彭多夫（K. Krippendorf）、德国的布特教授（R. Butter）明确提出产品语意学[7]（product semantics），并在 1984 年美国克

[1]　Harkins, J., 1999, "The Urge to Be Strategic", *Machine Design*, Vol. 71, Iss. 11, 232 – 233.
[2]　He Mingquan etc., 1997, "Analysis On The Elements Influencing Design Strategy", *Design Transaction*, Vol. 2, Iss. 1, Taibei. 何明泉、宋同正、陈国祥、黄东明：《设计策略之要素分析研究》，《设计学报》，1997 年第二卷第一期。
[3]　Zhang Wenzhi, 1998, "Design Policy and Design Strategy Applied to Product", *Industrial Design*, Vol. 27, Iss. 1, 2 – 7, Taibei. 张文智：《设计政策与设计策略在产品设计之应用》，《工业设计》，1998 年，第二十七卷第一期，第 2 – 7 页。
[4]　邓成连：《设计策略：产品设计之管理工具与竞争利器》，台北：亚太图书出版社，2001 年版，第 62 – 63 页。
[5]　Selle, Gert, 1973, *Ideologie und Utopie des Design*, Köln：DuMont Verlag.
[6]　Höhne, Günter, 1997, "Produktkultur ohne Dialog", *Formdiskurs* 2，Ⅰ，134 – 135.
[7]　Klaus Krippendorf, "Produktsemantik", *Form*, 108/109, 1984/85.

兰布鲁克艺术学院（Cranbrook Academy of Art）由美国工业设计师协会（IDSA）所举办的"产品语意学研讨会"中予以定义：产品语意学乃是研究人造物的形态在使用情境中的象征特性，以及如何应用在工业设计上的学问。1991 年毕德克在《设计——产品造型的历史、理论及实务》[1] 一书中详细介绍了产品语言和产品语意的众多论述，并指出"产品语言"是设计领域的深层知识（in-depth knowledge）和设计的核心竞争力（core competence）。1997 年，德国《form》杂志再度以产品语言为主题（On language，Objects and Design），重新对产品的表现形式与诠释意义加以探讨，并提出各方见解。[2]

对产品语言的分析，可以分为两个层次。一种是共时性分析，着重产品视觉上具有影响意义产生的结构单元，包括形态、色彩、材料和技术[3]。形态是受人的愿望和行为控制而形成的实际占有空间的实体以及通过感觉体验在头脑中形成的概念；色彩包含色相、纯度、明度、比例等科学色的含义和作为色彩主体的人的文化性和伦理性；材料将自身特有的物理性能和视觉效果投射到人的心理上从而对应一定的情感；技术不仅是由一个产品实现一定的使用功能所依靠的零件、结构、技术标准、工作原理、能量来源等要素，更反映了人类借以改造与控制自以满足其生存与发展需要的包括物质装置、技艺与知识在内的操作体系。

另一种是历时性分析。K. Krippendorf 将产品语言的意义分为四个层面[4]：把使用过程视为人与人工物的交互行为，即"操作内容"；将人与人之间的交流视为一种关于特殊的人工物、人工物的使用及其使用者之间的联系，即"社会语言内容"；将设计视为设计者、制造者、销售者、使用者和其他人都参与创造和消费人工物，并在不同程度上导致文化和物质的"熵"变，即"创生内容"；设计者只是人造物生态系统的一个环节，技术和文化的自动拷贝将影响"物体系"内的交互行为，即"生态内容"。从产品语言的操作内容可以了解产品为何能工作、如何工作、如何被人操纵、如何为人认知；从社会语言内容我们需要了解一般语言、了解语意属性如何转化为视觉成分、语意与语言的深层结构关系、语意与认知的关系；从起源内容我们可以了解全过程中设计者信息的传达和设计、生产、消费之间的网络；从生态内容中，我们可以找出设计物的不可替代的利基（niche），并关注人造物种间的平衡和互动，从而形成文化生态观。

从以上分析可以发现，对产品语言的共时性分析，关注产品与用户之间心理的、社会的及文化的连贯性，成为人与象征环境的连接者，确切地说，反映了产品与消费群体之间的关系；而对产品语言的历时性分析，则更关注在设计、生产、销售、使用全过程中物质、技术、文化之间的关系，反映了产品与企业、产品与竞争对手、产品与社会之间的关系。设计一种产品，就是设计一种语言，就是通过形态、色彩、材料、技术等结构单元的创造性整合传达产品语言的操作内容、社会语言内容、创生内容和生态内容，在表现消费者的品位、需求的同时，完成产品在经济、文化、社会各领域的生态循环。

---

[1] Bernhard E. Buedek, 1994, *Design：geschichte，theorie und praxis der produkgetaltung*，Köln：DuMont Buchverlag，265 – 274.

[2] "On language，Objects and Design"，*Formdiskurs 3*，Ⅱ/1997.

[3] 确定这些结构单元，笔者运用了罗兰·巴特（Roland Barthes）建议采用的一种语言学操作模型：对比替换测试（the commutation test），即更换毗邻轴（syntagm axis）里的一个元素，然后评估毗邻轴的意义是否改变。参见［法］罗兰·巴特：《符号学原理》，王东亮等译，北京：三联书店，1999 年版，第 58 页。——笔者注。

[4] K. Krippendorf, 1990, "Trigonal Relationship and Four Theories on Product Semantics"，Satamaa，Rector Yrjo，*Product Semantics' 89*，Helsinki：The Finnish Government Printing Center.

3.3.4　案例：从产品语言还原设计策略

将前文对设计策略和产品语言的分析相综合，我们可以建构从产品语言还原设计策略的模型，如图 3-1。可以看出，产品语言的内容与设计策略之间有非常明显的映射关系，也就是说，从产品语言内容入手，能准确地描述设计定位。

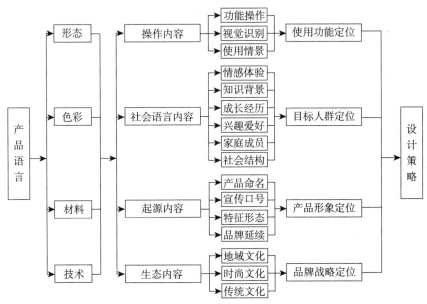

图 3-1　从产品语言还原设计策略

以下，我们运用以上模型对 Mac、Nokia、Moto 的产品语言进行分析以还原设计策略。

1. 同一品牌不同时期的设计语言与设计策略

通过对苹果电脑 20 年来的产品语言分析如图 3-2，传统的 Mac 设计更加古朴、厚重，从简单中现伟大。iMac 让电脑从单调的灰白世界走向了千姿百态的彩色世界。而当戴尔公司、盖特韦公司和康柏公司也相继推出了大量造型新颖、成本较低的个人计算机时，有了"iMac风"后，G5 又复现冰冷的金属质感。从中不难发现，其设计语言沿着理性——感性——理性的路线螺旋上升，形成一种理性与感性的结合，或曰是感性的内敛。其语言演变轨迹如图3-2。

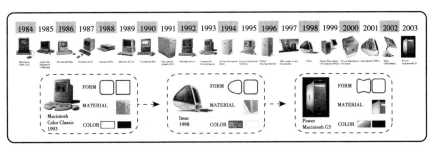

图 3-2　苹果电脑的产品语言

通过对 1997 年前后 MAC 产品语言的操作内容、社会语言内容、创生内容和生态内容的分析和对比，我们可以清晰地看到其功能模型由桌面排版与图形处理转向个人数字生活伙伴，目标人群从专业设计公司转向数字发烧友，产品形象从专业化办公电脑转向个性化个人电脑，整体设计策略的从"经典"向"创意"的转化，如表 3 - 1。必须强调的是，即使在设计策略发生巨变的时刻，其设计语言还是呈现出片段的连贯性，G3 的情趣化界仍然是 Mac 系列的延续，G5 冰冷硬朗的机箱仍然是 G3 机箱形态的延续。在风格巨变的同时，以历史产品上似曾相识的记忆片断，延续产品形象和品牌认同，我称之为片断型设计语言。

不同时期苹果电脑的产品语言比较   表 3 - 1

约 1997 年前的 MAC			约 1997 年后的 MAC		
产品语言		设计策略	产品语言		设计策略
操作内容	O 系列操作系统；强调易用性和宜用性	功能模型 / 桌面排版与图形处理	操作内容	X 系列操作系统；强调可视性和可感性	功能模型 / 个人数字生活伙伴
社会语言内容	高技术的专业工具	目标人群 / 专业设计公司	社会语言内容	超炫的个人数字生活伙伴	目标人群 / 数字发烧友
创生内容	专业，强大，昂贵，宜人，成熟，稳重	产品形象 / 专业化办公电脑	创生内容	精致，情趣，强大，时尚，高价值	产品形象 / 个性化个人电脑
生态内容	品牌理念专业化、产品功能宜用化、造型设计成稳化	品牌策略 / 专业化、人性化	生态内容	品牌理念人性化、产品功能情趣化、造型设计时尚化	品牌策略 / Think Different（不同凡响）
语言类型	古朴厚重	策略类型 / 经典	语言类型	片断更新	策略类型 / 创意

2. 同一时期不同品牌的设计语言与设计策略

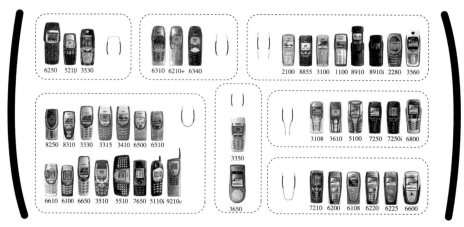

图 3 - 3 NOKIA 的产品语言

我们对 2001 年至 2003 年 Nokia 和 Moto 的产品进行分析，从中我们不难把握到 NOKIA 的局部性特征化的产品语言和 Moto 结构型的产品语言。如图 3 - 3，NOKIA 手机的显示屏框的线条在不同形体的各款诺基亚手机中如此明显的相同，在此基础上形成的形态变化也呈现系列化和规律性。这个一直被强化线条不可能不被认为天生地反映出诺基亚品牌。如果，某些要素可能通过变得如此强大从而成为"品牌图标"，以至于他们与可疑的品牌广泛联系在一起时，将逼近"完全特征化"。因此，标志性符号在产品（或者品牌）的目标群体中得到了最浓厚的含义。我称这一类型的产品语言为"特征型"。

在图 3－4 之中，尽管 MOTO 的产品形态、色彩、材料等呈现千变万化，但其在功能分布的比例上却始终保持一致。我们通过 MOTO 产品的分析得到的比例线条，将风格迥异的 V70 放置其中，你会发现，其比例关系仍然是惊人的一致；而将同时期 NOKIA 的经典机型作比较，反而显得格格不入。因此，我们称之为"结构型"产品语言。

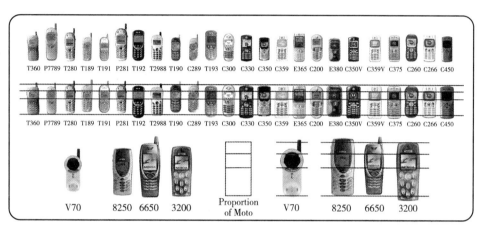

图 3－4　MOTO 的产品语言

在表 3－2 中我们对进一步对 NOKIA 和 MOTO 的产品语言内容和设计策略作了解析和比较。显而易见，NOKIA 以其在行业内的领先地位，运用特征型的视觉语言，在满足不同人群需求的同时强化品牌识别，传达其多样化策略。由于摩托罗拉在中国手机市场中是一个跟随者，而不是领导者；因此，必须做差异化细分市场，而不是大众化市场。这就要求 MOTO 以"多元化"策略跟进市场、研发各式机型以寻找商机，这仅仅是市场在一定条件下，在运动中出现的阶段性形态，而不可能是终极形态。必须强调指出的是，摩托罗拉多方跟进的同时，并没有忽略对整体形象的传承，只不过它是以比较隐晦的结构比例关系表现出一种"隐秩序"。

NOKIA 与 MOTO 的产品语言比较　　　　　　　　　　　　　　　　表 3－2

	NOKIA			MOTO		
	产品语言	设计策略		产品语言	设计策略	
操作内容	可换彩壳、形式多样的按键、网上最庞大的屏幕、图片、铃声、游戏资源	功能模型	娱乐	操作内容	界面宜人，操作舒适，和弦铃声	功能模型	交流
社会语言内容	1、2 系列针对初次购买的低端用户的单色屏幕；3 系列的时尚；8 系列的彰显尊贵	目标人群	用 1－9 个系列定位于不同的应用人群	社会语言内容	天拓（ACCOMPLI）系列，技术领先型；时梭（TIMEPORT）系列，商务高效型；V（V dot）系列，时尚型；心语（TALKABOUT）系列，入门情趣型	产品形象	用 ACETV 等系列定位于不同的应用人群

续表

NOKIA				MOTO			
	产品语言	设计策略			产品语言	设计策略	
起源内容	人性化、个性化、创新、娱乐和情趣等	产品形象	刺激	起源内容	科技、高效、时尚、情趣等	产品形象	称职
生态内容	品牌理念大众化、产品功能时尚化、造型设计个性化	品牌战略	科技以人为本	生态内容	品牌理念专业化、产品功能实用化、造型设计个性化	品牌战略	智慧演绎，无处不在
语言类型	特征型	策略类型	多样化	语言类型	结构型	策略类型	多元化

　　将前文对设计策略和产品语言的分析相综合，我们可以建构从产品语言还原设计策略的模型，如图3-5。可以看出，产品语言的内容与设计策略之间有非常明显的映射关系，也就是说，从产品语言内容入手，能准确地描述设计定位。以下，我们运用以上模型对 Mac、Nokia、Moto 的产品语言进行分析以还原设计策略。

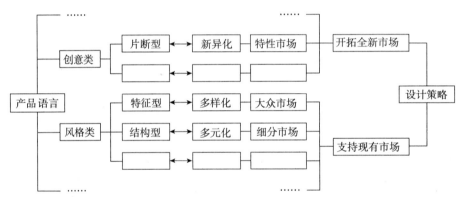

图3-5　从产品语言到设计策略

3.3.5　社会—经济—技术：适应性系统的外部环境因素

　　现代管理理论通常把外在环境分为社会环境、经济环境、技术环境和政治环境四个方面。① 社会环境主要包括人口数量、年龄结构、人口分布、家庭结构、教育水平、社会风俗习惯、文化价值观念等因素。经济环境通常包括国家的经济制度、经济结构、物质资源状况、经济发展水平、国民消费水平等方面。技术环境主要指宏观环境中的技术水平、技术政策、科研潜力和技术发展动向等因素。政治环境包括政治制度、政治形势、执政党的路线、方针、政策和国家法令等因素。Jonathan Cagan and Craig M. Vogel（2003）将政治环境纳入社会环境之中，通过 SET 三个因素的分析寻求设计机会②。社会因素集中于文化和社会生活中相互作用的各种因素，它包括：家庭结构和工作模式；健康因素；电脑和互联网的应用；政治环境；其他行业成功的产品；运动和娱乐；与体育活动相关的各种活动；电影、电视等娱乐产业；

---

① 阎海峰、端旭著：《现代组织理论与组织创新》，北京，人民邮电出版社，2003年版，第69-70页。

② Jonathan Cagan & Craig M. Vogel, 2004, *Crating Breakthrough Products：Innovation From Product to Program Approval*（trans. by Xing xiangyang），Beijing：Engine Industry Press，9-10.

旅游环境；图书；杂志；音乐等。经济因素所关注的主要是人们觉得自己拥有的或希望拥有的购买力水平。我们也称之为"心理经济学"，即人们所相信自己拥有的、可以用来购买改善其生活方式的产品与享受服务的能力。在诸多经济因素里影响产品开发的另外一些因素有包括了解谁在挣钱、谁在花钱、他们又为谁花钱。随着社会因素的改变，人们的消费趋向也在变化。技术因素主要指直接或间接地运用公司、军队和学校的新技术和科研成果，以及这些成果所包含的潜在能力和价值。

从系统的内在环境方面看，某个系统是否能达到某种特定目的，或发生适应性变化，在很多情况下不是取决于全部外在环境，而是仅仅依赖于外在环境的某几个特征。因此，从系统的内部适应性机制上去考察系统的外在环境，往往可以省去对大量外在因素的无一遗漏的了解①。因此从产品语言这个内部环境入手通过对 SET 诸多项目的分析比较，我们对发现与设计策略密切相关的四个主要的外部因素：（1）先期产品：通过对先期成功产品的详细研究，确定应该保留的旧有风格和视觉意象，以保证了既有客户群的继续购买；（2）品牌意象：品牌意象直接关联于消费者对企业产品的购买信心程度，而一些固定的色彩组合、共通的零件、相同的实体比例或独特的曲度和角度都能使产品系列与众不同；（3）竞争产品的风格：市场上的竞争产品风格，如新产品目标市场的产品语言标准、现有同类或不同类产品的强烈风格特点、目前流行风格的时尚主题、有关产品功能的语言特征、有关消费者的生活形态和价值感等，收集竞争产品的意象，注意它们的产品语言将有助于决定哪些特征对吸引力有帮助，而哪些则有负面影响；（4）目标消费群对形态的理解与认知：通过前面的分析和现阶段目标消费群的生活形态的定义，我们可以很清楚地发现他们对新产品的色彩、材料、技术、表面处理、形态特征、整体风格的预期，从而提供我们设计新产品的语言标准。

在设计语言定位时，公司应对客户、竞争对手及品牌本身进行战略性的品牌分析。当品牌在市场中占据长期而又稳固的地位时，根据现有的品牌形象、传统、实力、能力和组织价值进行品牌自身分析的意义就显示出了其重要性。

3.3.6 案例：从设计策略进行设计语言定位

以上分析了从 SET 和产品语言入手准确分析设计策略的可能性和可行性，以设计策略作为桥梁，我们可以建立从 SET 到设计语言的分析框架，如图 3 – 6。

如西蒙所言，适应性系统的行为主要取决于外在环境；系统行为的形态，主要是外在环境的反映。据此，我们无须对内在环境有过多了解，便可以从系统的意图和外在环境，推断出系统的行为。也即，在设计之初，我们不必过多拘泥于技术、原理、材料、工艺、形态、色彩、结构、资源、成本等，而应该通过分析社会、经济、技术等的外部环境，了解竞争对手的设计策略和发现设计机会。另一方面，系统的行为不只是部分地对应于外在环境，它还部分地对应于内在环境的某些限定性质。这些限定性质，规定了适应性的限度。因此，在分析了外部环境因素的基础上，对现有产品语言作分析，能更加准确地了解功能模型、目标人群、产品风格等方面的细微变化，从而更加明确产品的设计策略。而且，SET 是一个动态的相互作用的系统，它对设计策略起到宏观的、指引方向性的、综合的作用；而在设计语言的分析中，我们可以找到明确地对应关系，这样更利于分析。

---

① 杨砾、徐立著：《人类理性与设计科学——人类设计技能探索》，沈阳：辽宁人民出版社，1987 年版，第 123 – 124 页。

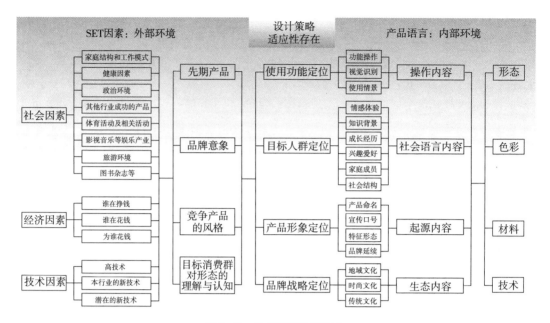

图 3-6 从 SET 到设计语言

以下，笔者以 MSC 设计 MP3① 的案例简要说明如何运用上述框架确定产品语言类型。首先，通过对二手资料的分析，从 SET 多元背景因素中确定产品的功能模型、目标人群、产品形象、品牌战略，如图 3-7。

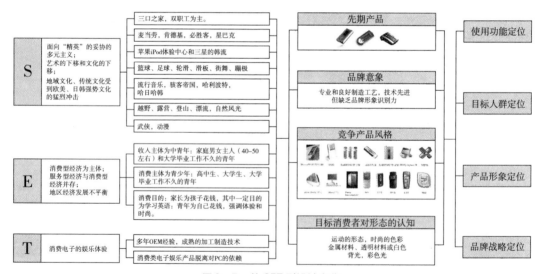

图 3-7 从 SET 到设计定位

然后，选择典型用户进行调研，了解目标消费群对形态的理解与认知；同时，针对现有同类和相关产品语言进行分析，从而明确产品语言的操作内容、社会语言内容、起源内容和生态内容，最终给出了产品的形态定位、色彩定位、材料定位、技术定位等。如图 3-8。

---

① 本案是中国工业设计网设计工作室为 MSC 设计 MP3，笔者负责了策略分析和语言定位的相关工作。囿于篇幅，以下仅作简要介绍。——笔者注。

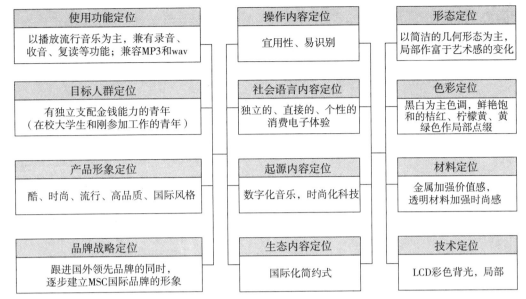

使用功能定位	操作内容定位	形态定位
以播放流行音乐为主，兼有录音、收音、复读等功能；兼容MP3和wav	宜用性、易识别	以简洁的几何形态为主，局部作富于艺术感的变化
目标人群定位	**社会语言内容定位**	**色彩定位**
有独立支配金钱能力的青年（在校大学生和刚参加工作的青年）	独立的、直接的、个性的消费电子体验	黑白为主色调，鲜艳饱和的桔红、柠檬黄、黄绿色作局部点缀
产品形象定位	**起源内容定位**	**材料定位**
酷、时尚、流行、高品质、国际风格	数字化音乐，时尚化科技	金属加强价值感，透明材料加强时尚感
品牌战略定位	**生态内容定位**	**技术定位**
跟进国外领先品牌的同时，逐步建立MSC国际品牌的形象	国际化简约式	LCD彩色背光，局部

图3-8 从设计定位到产品语言

最后，将产品语言内容定位和形式定位交给设计师与企业，既作为对设计师的指导方针，又作为企业选择设计方案的评价体系。最终完成如图3-9两款MP3的设计，获得企业好评和很好的市场反应。

图3-9 MP3音乐播放器设计

3.3.7 符号化竞争

本节运用西蒙德适应性系统观，将产品视作为适应性系统的人工物（适应性系统），分析了产品语言（内部环境因素）、SET背景因素（外部环境因素）与设计策略（界面）之间的关系。通过对产品语言的共时性要素如形态、色彩、材料和技术和其历时性要素如操作内容、社会语言内容、创生内容、生态内容等进行分析，我们可以发现产品语言与设计策略之间明晰的映射关系。如针对特性市场采取新异化策略运用片断型语言、针对大众市场采取多样化策略运用特征型语言、针对细分市场采取多元化策略运用结构型语言等。同时，对SET背景因素进行分析发现，先期产品、

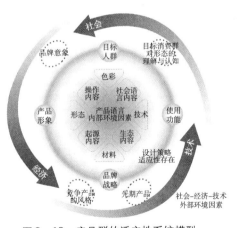

图3-10 产品群的适应性系统模型

品牌意象、竞争产品的风格和目标消费群对形态的理解与认知是与产品语言最为相关的四个外部因素。这样，我们就可以建构一个关于产品群的适应性系统模型，如图3-10。

可见，产品语言是对SET背景因素的适应性自组和自稳，其调整手段就是设计策略。内在环境代表可能性，外在环境代表限定性，设计则是一种适应性的选择。设计策略总是在某些特定的限制下进行的，在某一时代，某一地域文脉，特定技术条件，甚至人们思想观念的局限下，设计策略表现为一种为适应外部环境而采取的有限合理地选择。无论是Mac还是不

知名的小企业，他们的设计策略合理性其实就表现在对环境的适应性，是当时条件下的满意选择。设计策略的制定就包含两部分内容：明确外部的限定因素；组织内部的构成因素，进一步化约为"明确目标——构筑手段"。因此，图3-6的模型框架实际是图3-10的展开细节版。必须强调指出，两者的模型框架都是可逆的。

设计语言的根本任务就是要创造有价值的信息，并且通过不同的交流方式来把信息有意识地传递给目标客户。未来十年经济的走向，是从大规模生产走向个性化经济；未来十年相应的关键技术，将汇聚在个人知识挖掘这一方向上；未来的竞争，将是符号之间的竞争，而且将从技术、人际，向意义的总方向深化。因此，作为个人知识与市场经济沟通点的产品语言，必将成为设计策略的核心内容之一，并完全有理由作为设计策略的利器去开创更为广阔的天地。

3.4　包装设计中传统文化的时尚建构①

著名文化人类学家马林洛夫斯基说过："在人类社会生活中，一切生物的需要已转化为文化的需要。"包装早已作为物化载体，传达出以文化为本位、以生活为基础、以现代为导向的设计理念。是传统文化还是时尚文化？是本土文化还是全球文化？是文化精神理念还是文化物态表象？现代包装设计文化正是在这一组组二元对立中得以传承与建构，在社会阶级和文化群体的时空坐标中发展与演进。以下通过解析传统文化与时代风貌的精神理念和物态表象，探寻现代包装设计中对传统文化进行时尚建构的有效路径。

3.4.1　作为时空体系的包装设计文化

"文化"（Culture）是个相当广泛和多义的概念。广义的文化总括人类物质生产和精神生产的能力、物质的和精神的全部产品；狭义的文化指精神生产能力和精神产品，包括一切社会意识形态。② 我们可以粗略地将文化视作一个由物质文化层、制度文化层和观念文化层组成的结构化的体系。相应地，包装设计文化也可分为三层：外层为包装设计文化的物质层，主要包含了产品包装的设计、生产、流通、交换等的物质载体以及用户的消费行为和使用行为等，具有物质性、基础性、易变性的特征；中层为包装设计文化的组织制度层，主要包括协调包装设计系统各要素之间的关系、规范设计行为、检校设计结果的组织制度，具有较强的时代性和连续性特征；内层为包装设计文化的观念层，由政治、经济、历史、文学、艺术、道德、宗教、哲学、风俗、语言体系以及价值观念、情感系统、思维方式等要素构成包装设计文化心理、包装设计文化意识、包装设计文化形态、包装设计文化模式，是包装设计文化系统各要素一切活动方式的基础和依据。产品包装的物态形式，显然处于包装设计文化的物质层；其所涉及的精神观念，则处于包装设计文化的观念层。如何将观念层中的传统文化精神和时尚文化观念合情、合境、合理、合适地表现于物质层的包装设计本身，则是本文研究的重点。

包装设计铭刻着强烈的时代印记。不同时代的社会结构、生活内容、行为方式的变化必然在其所使用的器物种类、包装形式乃至图案纹饰上都有所反映。以青铜器为例，商代采用具有强烈巫术色彩的饕餮纹、夔龙纹等，西周盛行窃曲纹、重环纹等，春秋中期以后则大量涌现出妇女采桑、弋射飞雁等生活场景。又如台湾香烟包装在1940至1950年代呈现出文字性、写实性和装饰性的日式风格，1940至1950年代呈现出以动植物命名和仿动植物造型的风

① 胡飞、胡俊：《现代包装设计中传统文化的时尚建构》，《湖南工业大学学报》，2007年第1期。
② 《哲学百科全书》，《中国大百科全书哲学卷》，北京：中国大百科全书出版社，1995年版，第924页。

格，1980 年代则出现仿欧洲家族家徽、以繁复的蔓藤与盾牌图案为主的欧式风格，1990 年代则出现以地方特色为主的仿地理风貌设计风格。另一方面，包装设计所采用的材料、工艺、符号、样式又表现出结合特定的自然条件和人文环境的独特个性和风俗习惯，形成独特的地域性造物景观。宋代定窑、汝窑、耀州窑、钧窑、磁州窑、景德镇窑、龙泉窑、建窑、吉州窑都因地命名，清朝苏绣、粤绣、蜀绣、湘绣、京绣也是如此。又如"中华"牌香烟包装中的华表、"阿诗玛"牌香烟包装中的傣族少女、"澳门"牌香烟包装中的城市景观、德国"大卫杜夫"牌香烟包装中的浓重色彩、美国"雷诺兹香"牌香烟包装中的骆驼等，都是地域文化特色的具体表征。

时代与地域，形成包装设计文化的两轴；一定的社会历史变迁的相关必然铸就了包装设计的时代性，一定社会系统的相关必然形成了包装设计的民族性和地域性。包装设计文化在一定时空、一定社会群体中保持一定的"稳态"，并在时空历练、社会发展中不断被注入鲜活的新内容。需要强调指出的是，传统与现代、传统与时尚仅是包装设计文化在时间轴上的节点，都是设计文化在空间限定的前提下进行的时间比较；同一时代的传统、同一时期的时尚在不同民族、不同区域都有不同的表现形式。因而，割裂设计文化的地域性和民族性，片面地探讨传统与现代、传统与时尚，无异于盲人摸象。

全球化带来对信息的自由占有，人们更加轻而易举的随意摘取当今世界即时发生的和历史上所有的形式，但在空前的自由选择的同时失去了价值判断的依据。曾经植根于某个时代某个地域某个民族的形式和修辞方式可能发生在任意一个角落，并披上"传统"的外衣，在媒体的群体追捧下成为"时尚"。时尚其实是一种流行的传统，它是被制造出来的符合传统意象和大众审美趋同的具体表征，是当下人们脑中对传统意念的具体描述。准确地说，时尚不过是我们众多寻求将社会一致化倾向与个性差异化意欲相结合的生命形式中的一个显著的例子而已。[①] 传统文化在整个时空阶段性的演变成就了时尚，时尚既是传统的承传也是传统的进化，在此趋同的过程中又满足了差异性、变化性、个性化的需要。这种变动不居赋予了今天的时尚区别于昨天或明天的时尚个性化标记。

时尚已经成为商品消费和社会生活的指南针，成为促进经济的直接生产力和城市发展的根本动力。或渲染，或彰显，甚至浮夸，包装设计则为时尚推波助澜。企业希望通过包装设计从视觉上对消费者造成其产品在市场上占统治地位的幻象，但却无视其对产品所置身的环境产生的视觉冲击。

3.4.2 当代中国包装设计中的传统文化

国际化和全球化的浪潮势不可挡，西方包装设计成为现代包装设计的代名词，如同沙尘暴一般弥漫在我们的生活空间。我们乐陶陶于更加国际化和全球化，但实际上我们已经失去了自我包装设计的生存主题。以"他者"的价值观来发展本国的包装设计，割裂了"自我"设计的历史发展脉络，使当代中国包装设计发展缺乏强大力量的支撑，如浮萍摇摆不定。另一方面，随着国民经济的高速发展和综合国力的日益增强，全球化的趋同又要求我们注重"自我"包装设计文化的研究，在全球化的互动网络中谋求平等的话语权，"站在地球人的高度全方位地考察人类命运，提取各本土文明的良性基因，重构全球文明的新体系，开辟人类走向优化生存的新途径。"[②] 在这种背景下，我们不得不召回久违的"传统"，以具有民族特

---

① ［德］齐奥格尔·西美尔：《时尚的哲学》，北京：文化艺术出版社，2001 年版，第 72 页。

② 翟墨：《当代艺术设计艺术的全球文明背景》，《美术观察》，2002 年第 7 期，第 10 页。

色和地域特征的形式、色彩、材料、符号、图案等作"脸谱"般的拼贴，以示对传统文化的"回归"和"秉承"。

文化传统不是一种任意拿捏的符号表象，不是一种地域性的脸谱标签。仅肤浅地停留于传统文化的视觉表象，"拿来"传统文化的符号碎片恣意拼贴，只能让消费者停留在对设计文化的表面参与。未能建构出有意义的符号系统，没有相应的精神体验或情感经历作为价值支撑，文化传统之于社会生活仅只是昙花一现。正如皮亚杰所言："主体把客体同化于他的图式之内，同时又要使自己的图式顺应客体的特征。"中国当代包装设计中所要体现的缘象寄情、中和之美、圆满完好等文化传统，不仅是对"富贵牡丹"、"三阳开泰"、"鱼跃龙门"、"喜鹊登梅"等传统视觉符号、图案、纹饰的再利用，而应该以历久弥新的文化理念为切入点，综合运用传统文化形式、色彩、材质、纹饰等各种要素，通过象征、隐喻、叙事等手法，寄寓一种意味深长的情感。在"同化"和"顺应"的互动之中巧妙地谋求平衡，从而使消费者真正深入到现时代的整个文化系统和社会体系之中，在新的文化技术领域与意识形态充斥下更新拓展，取传统文化之"形"，延传统文化之"意"，传文化传统之"神"。

3.4.3 现代包装设计中传统文化的建构路径

路径一：以传统符号再现文化传统

针对中国传统生活中源远流长、持续不衰、历久弥新的生活方式、生活习惯和文化传统，如酒文化和茶文化，都适宜通过传统的符号形式"再现"传统的生活情景和传统的文化理念。当然"再现"并非简单的照抄照搬或随意的乱拼乱贴，这种"再现"是在充分理解传统文化精粹和现代民众消费心理的基础上，以现代的审美观念提取、精炼、改造、运用传统文化中的符号元素，在保持其"古香古色"的同时，凸现传统文化的民族个性和地域特征。以酒文化为例，酒文化是文化百花园中的一朵奇葩，芳香独特。中国历史中的与酒相关的历史人物如李白、杜甫又如，历史事件如汉高祖醉斩白蛇，民间传说如"杯酒释兵权"、"三碗不过冈"，相关器物如爵、角、斝、盉等温酒器，觥、卣、彝、壶、罍等贮酒器，瓠、尊、觯、杯、勺等盛酒器，铸就了中国酒文化的时空网络，其中的历史典故、人物形象、文化传说、仪式制度、器物样式、符号纹样等取之不尽、用之不竭。古越龙山十年陈花雕酒以青瓷为瓶，蓝印花布盖头，金线捆绑，勾勒出一幅风景优美的古越龙山画卷；而十八年陈花雕酒更将传统书法篆刻融入酒瓶底部，形成"古越龙山"大印章，饮酒者在一举一放之间，顿感古代帝王手持传国玉玺的愉悦，演绎了古越龙山国粹黄酒之无限尊荣。[1] 这种以传统形式再现传统文化的包装设计，赋予产品包装极具审美传统的传承性，蕴藏着丰富的民族文化意味；既体现古越龙山悠久的文化内涵，又恰到好处地赋予了商品可作为纪念品的社会属性和文化品位。也即，"取之传统，还之传统"。

古越龙山花雕酒包装的符号学分析 表3-3

案例	图示		符号能指	符号所指
十年		形式	瓷瓶、布盖头、细绳	优美的古越龙山"风景画"
		色彩	蓝、白、银	祥和、优雅、剔透
		材质	瓷瓶纸盒蓝印花布金线	如新娘子盖上"红盖头"，喜庆、脱俗

---

① http://www.chndesign.net/subject/manuscript_ view.asp?id=4544.

续表

案例	图示	符号能指		符号所指
十二年酿"樽"系列		形式	方底陶瓶 金布 丝带	传统、稳重
		色彩	红、棕、金	深邃、高贵、生命
		材质	陶瓶纸盒	复古、贵族
十五年酿的"天香"系列		形式	方底陶瓶 金布 丝带	政务、商务、文化人士
		色彩	金、褐、红	稳重、持久
		材质	陶瓶纸盒印金	灵性
十八年		形式	方底陶瓶 金布 丝带	政务、商务、文化人士
		色彩	褐、金	稳重、持久
		材质	陶瓶纸盒木座烫金	高贵、王者

路径二：以时尚形式承传文化传统

文化交融带来人们的欲求、口味、消费习惯和生活方式的巨大改变并日趋复杂，当今的消费者已不是单个经济实体，而已经演变成为有欲望和需求的社会存在[1]。以传统符号再现传统意象，仅仅是一种对传统文化的浅层次发展。创造新的民族形式，更需要我们摆脱美学传统的物化表相，探寻其深层的精神领域。不论古人还是现代人，都同样对美好事物心存向往。因而中国传统符号的缘象寄情、中和之美、圆满完好等意义才是人们迷恋其造型的关键；传统符号背后的吉祥意义同样适用于现代包装设计，适用于传达现代人的时尚观念。

月饼作为我国独特民俗的载体，不只是一种传统美味食品，更蕴涵着中秋团圆、阖家美满的深厚民族文化。月饼包装通常运用国画山水图案、竹制包装、盒内放置干花、包装外饰芦苇等手法，无不追求清新雅致自然之风，试图以传统的形式再现传统的观念，从而刺激消费、提升购买力。而元祖于2006年推出的"雪月饼"冰淇淋系列，以星形外观，镶以月亮，构成"星空雪月"的现代浪漫形式，将传统文化中"海上升明月，天涯共此时"的深厚民族情感用一种时尚流行的表现方式表现出来，打出"冰凉好个秋"的主题，获得了巨大的商业成功。可见于包装设计中传承传统文化须紧随时代，重在观念。月饼不再是"花好月圆"的单项符号依附，而是以时尚的形式在不丢失文化背景的同时延续了产品本身的情感体验。我们只有在深入领悟传统的文化精神、充分认识来自现代西方的各种文化思潮的基础上，兼收并蓄、融会贯通，才能寻找传统与现代、本土与世界的契合点，设计符合新时代的民族新形式、新风格。

月饼包装设计比较 表3-4

品牌	月饼形式	产品包装	宣传广告	设计理念
皇冠月饼				明月寄相思，千里送真情-以情动人

---

[1] ［法］尚·布希亚：《物体系》，林志明译，上海人民出版社，2001年版，第175页。

续表

品牌	月饼形式	产品包装	宣传广告	设计理念
元祖雪月饼				"冰凉好个秋"——主动体验，另辟新径

路径三：文化错位的符号消费是条不归路

如今，消费的主观属性、社会属性、文化属性日益凸现，越来越多的商品已超越了使用价值和交换价值而转向符号价值。物品的包装也在表达着社会化的"我"的身份、地位、个性、喜好，诉说着我们是谁。因而，包装设计多以符号的差异化赋予商品独特的符号意义和文化特征以吸引更多消费者的眼球。无视文化传统，滥用、误用传统文化符号，试图制造经典奢侈品的属性，给商品贴上"贵族血统"的标签，这类现象尤其在高端市场比比皆是。

以"黄鹤楼1916"的包装为例，美其名曰"东情西韵"的一面，典型的黄鹤楼、程式化的白云黄鹤和古篆字体，都反复强调一种中国传统文化的历史风韵；另一面，欧式古典人物头像、自然主义的卷草纹饰以及英文字母，却不断诉说着来自非东方的传统文化。虽然其包装设计以"兄弟头像"和"1916"来强化1916年南洋兄弟烟草在汉口创建分公司这一历史事件和标榜武汉烟草集团的民族工业渊源，但简单的符号叠加，让人不明：其究竟是用西方的传统符号来表达中国的文化传统，还是用中国的传统符号来表达西方的文化传统？"黄鹤楼"作为重要的地域文化品牌，千百年来历经岁月洗练，备受华夏人文传统的润泽，因而这一品牌文化的地域性为中国，时代性为传统为历史，民族性为汉为华夏民族，与欧洲的、古典的文化传统截然不同。无视文化的民族性和地域性，混淆东西方的文化与传统，片面追求哗然的身份体验，只会模糊和淡化品牌的文化定位，削弱品牌忠实拥护的认同感；"错把杭州作汴州"，必将迷失自我，痛失大好河山。

"黄鹤楼1916"包装设计解析 表3-5

产品包装	符号能指	符号所指
	中文篆书、黄鹤楼、白云、黄鹤	篆书自古就是一种规范化的官方文书，以篆书著称者无不拥有超越之力。明代承元之风，步趋持平。清朝篆书百花斗艳。再加之中国千年的"楼文化"左移烘托，足以体现华夏人文。
	英文、欧式古典人物画像、卷草纹	典型的欧洲18世纪宫廷格调，凸显王室的贵族气氛。

作为一个时空体系，文化在时代、地域、民族三个不同维度发生、发展、鼎盛、交融乃至消亡。探讨传统文化的必要前提是确定了文化的地域性和民族性；传统文化是特定地域特定民族的文化在时间轴上的延伸。传统与时尚，构成了文化时间轴的两极，而包装设计则徜徉其间。时尚作为社会一致化倾向与个性差异化意欲相结合的典型例证，具体描述了符合传

统意象和大众审美趋同的契合程度。以传统符号再现文化传统，可承传传统文化；以时尚形式表现文化传统，可创造新的传统文化；而无视文化地域性的符号拼贴、文化民族性错位的符号消费则是条不归路。

作为新时代的包装设计师，要赋予包装新的设计理念，要了解社会、了解企业、了解商品、了解消费者，紧跟文化需求、迎合消费习惯、研究消费心理、引导消费主张。深挖真正需求的关键在于"文化"和被激发的"文化自觉"，在于"生活在不同文化中的人，在对自身文化有'自知之明'的基础上，了解其他文化及其与自身文化的关系。"① 只有这样，才能在现代包装设计中将传统文化进行有效的时尚建构；也只有这样，才能实现费孝通先生所言的"各美其美，美人之美，美美与共，天下大同"。

3.5　面向自主品牌创新的设计识别②

品牌已成为国际制造产业的核心竞争力，我国制造业企业则缺乏品牌赖以形成的宏观环境、缺乏明确的品牌定位、缺乏核心技术和研发能力、缺乏应有的品牌价值认知。在由中国制造迈向中国创造的大道上。

3.5.1　从企业识别（CI）转向品牌识别（BI）

企业识别系统（Corporate Identity System，简称 CIS），是企业通过传达系统如标志、标识、标准字体、标准色彩等，运用视觉设计和行为展现，将企业的理念及特性视觉化、规范化和系统化，来塑造具体的为公众认可、接受的评价形象，从而创造最佳的生产、经营、销售环境，促进企业的生存发展③。CI 作为企业形象的实施者，是经营理念、行为规范、视觉感受的和谐统一。它通过一系列系统的设计，建立本企业的意义规范与载体，并借助外围媒体策划，促成与之匹配的易于识别的符号传播。CI 并非一个外在的形式语言，更重要的是扮演一个"沟通者"的角色，在人工物与用户需求、理想、观念等意义体系之间构建广泛的联系。这种联系突显出来的承接模式则衍生出相应的品牌形象。

菲利普·科特勒（Philip Kotler）（1999）认为："品牌是一种名称、术语、标记、符号或设计，或是它们的组合运用，其目的是借以辨认某个销售者或某群销售者的产品或服务，并使之同竞争对手的产品和服务区别开来。"并在 Larry Light 和 Jean-Noel Kapferer（1992）的研究基础上，总结出品牌的六层意义：④（1）产品属性（attributes）：如梅塞德斯汽车表现出的昂贵、工艺精良、耐用等；（2）用户利益（benefits）：如梅塞德斯的工艺精良和性能卓越可转化为功能利益，其昂贵和豪华则可转化为情感利益；（3）品牌价值（values）：如梅塞德斯的高性能、安全等特点就表达出相应消费群体的价值取向；（4）品牌文化（culture）：如梅塞德斯意味着德国文化：严谨、高效、高品质；（5）品牌个性（personality）：如梅塞德斯可以使人想起老板的权力等个性特征。（6）用户特征（user）：品牌直接反映出该品牌的用户特征，或用户的预期特征。

---

① 费孝通：《论人类学与文化自觉》，北京：华夏出版社，2004 年版，第 222 – 223 页。
② Fei Hu, Jun Hu. On Design Identity of Product Brand Management. PDMS 2007. "2007 产品设计及制造系统"国际会议由重庆大学和新加坡国立大学联合举办。——笔者注。
③ 林盘耸：《企业识别系统》，台湾艺风堂，1988 年版。
④ Philip Kotler（1999），Marketing Management：An Asian Perspective，2nd. ed. ，published by Prentice Hall（singapore）Pre. Ltd. ，A Person Education Company，pp422 – 423.

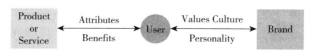

图 3 –11　品牌六要素及其关系

国际化竞争的日益激烈，使得产品难以固定在同一模式中缔造特色；相同的技术、相同的工艺、交叉的研发机构，导致产品制造上的同质化，必然诞生出了大量相似形式的产品；随着经济的全球化和大众市场的解体，跨国公司广为推行多品牌战略，以差异化的品牌服务小众市场和大众市场，产品的系列化变为品牌的系列化。因而在用户消费与使用过程中形成"轻企业识别、重品牌识别"的趋势。需要强调的是，一个品牌最持久的含义就是其价值、文化和个性，如宝马宣扬"驾驶的乐趣"，富豪强调"耐久安全"，奔驰则是"高贵、王者、显赫、至尊"的象征等。

3.5.2　从视觉识别（VI）转向产品识别（PI）

1980 年代，由美国发展起来的 CI 观念在日本得到了全面发展扩充，并进一步深化出 CI 的三个组成部分：MI（理念识别）、BI（行为形象）、VI（视觉识别）。但在而后的实践推广中却出现了异化——过分强调 VI，以致在普通人观念里，CI 就是企业标志的应用，使 CI 变得表面化。由于同样的原因，当 1980 年代末 CI 观念由日本传入我国时，大量出版的专业杂志、书籍以及报章对 CI 的介绍，几乎均集中在 VI 的推广上，使得中国企业的 CI 发展从一开始就存在极大的缺陷。[①]

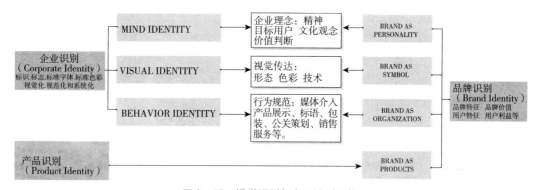

图 3 –12　视觉识别与产品识别比较

鉴于 CI 的持续苍白难以建立丰富而延续的企业形象和品牌形象，面对多样化的需求和多元化的市场，企业必须以差异化的产品形象作为建立自身品牌形象的通关卡，即企业以某种方式策略改变那些基本相同的产品，以使消费者相信这些产品存在差异而产生不同偏好。这种差异是建立在目标客户群体需求差异的基础之上，而不仅仅是与相关竞争产品的形象差异。[②] 产品识别通常以某一造型构成要素（如线型、材质、结构、位置等），在企业系列产品上重复出现与强化，使系列产品具有相同或类似的识别要素，对消费者产生明显的视觉刺激作用，形成统一而又连续的视觉印象。产品识别包括产品实体的硬性识别和其软件界面在风格、人机交互上的软性识别两种类型。其目的在于：（1）让用户容易地识别出产品的企业归

---

① 童慧明：《DI——新世纪工业设计观》，《装饰》，2002 年第 4 期，第 6 - 7 页。

② 沈法等：《基于企业品牌形象的产品形象构建方法研究》，《包装工程》，2007 年 5 月，第 89 页。

属；（2）帮助用户顺利地将已有的使用经验迁移到后续产品中；（3）使用户领悟到产品所蕴涵的企业文化。企业的所有营运和服务过程都是围绕产品（包括软件产品）来展开的，产品形象识别的强弱直接关系到产品的生命周期与市场竞争力。因此以规模性产品识别为载体实现企业的品牌差异势在必行。

PI 的要素：以汽车为例①   表 3 - 6

DI 要素	说明	典型图例
侧视中线	侧视中线的走向以及线、面的比例关系，无论横向上还是纵向上线形比例都有特定的关系。	wift 和 MINI Cooper 侧面对比
曲面特征	任何线都是存在于面上，只有把握好面的特征才能控制住面上的线，以及面与面之间的交线的走向。	Mini 演化中正视中发动机盖曲面的形态
	一些具有鲜明特征的曲面和曲面之间的过渡方式本身也可以成为品牌特征的体现。	Porsche 的发动机罩的表面形态
前脸	组成前脸的元素包括前大灯、进气格栅、保险杠、标志、雾灯、转向灯等，以及各元素之间的关系和格局。	BMWMini、Volkswagen Beetles、ChevroletSparks 和 VolkswagenPolo 前脸比较
造型元素的抽象结构特征	提取造型元素的基本结构特征，将不同的形式组成有秩序的整体。	BMW 三系进气格栅的演化
受环境影响的造型元素	造型是一种系统因素综合作用的结果。这不仅体现在造型元素的相互关系中，也体现在造型元素与环境的相互关系中。	BMW X-Coupe

3.5.3 设计识别（DI）：面向品牌识别的系统设计观

设计识别（Design Identity，简称 DI）以品牌识别为目标，以产品识别为核心，通过对产品研发的理念、程序、方法，产品设计的形态、色彩、材质、工艺，产品终端的包装、展示、营销，以及公关活动、广告策略、销售服务等进行系列整合创新推广，形成统一的品牌感官形象和统一的品牌社会形象，展现品牌价值、文化与个性，造就品牌效应，增加产品附加值，赢利于激烈的市场竞争中。

---

① 本表为清华大学美术学院硕士研究生李雨田完成。

从品牌表现来看，DI 的核心表现是 PI，是同品牌诸多产品在外观上借由线型塑造、细节雕琢、色调品位等设计元素的共性化处理，在视觉上产生了强烈的"家族化"观感，使消费者在不借助标志等 VI 的条件下，仅由产品的外部特征形态即可准确判断品牌。如保时捷汽车的前大灯设计，从其早期车型到最新的概念车都保持了连续的造型特征。宝马的双肾形进气格栅同样体现出企业历史的文脉关联。

从品牌管理来看，DI 作为企业设计管理的一个重要组成部分，把设计创新从孤立的、单一产品的开发提升到系统层面，从"产品群"、"产品家族"的角度对同一品牌不同类型、不同档次、不同产品之间的设计关系进行系统控制，循序渐进地表现出的品牌发展战略。

从品牌认知来看，DI 透过产品识别建立的品牌"风格"，传达出品牌价值、品牌个性和品牌文化。这些特征进而形成一种具有强烈的排他性和个性化的形象符号，从而构成用户心目中品牌形象的记忆特征，甚至成为企业品牌形象的第二标志。企业的市场策略也因外部环境的适应性原则逐渐从 OEM（ORIGIN EQUIPMENT MANUFACTURING）转向 OBM（ORIGIN BRAND MANUFACTURING）。用户以拥有该品牌产品而自豪，并以该品牌及其相关品牌产品所营造出的"生活方式"引导其他消费群体。

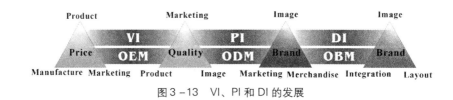

图 3 - 13　VI、PI 和 DI 的发展

3.5.4　DI：自主品牌创新的必由之路

品牌作为一个具有综合文化象征的符号集合，具有很强的时代性和地域性。品牌形象的建立，需要综合 MI、VI、PI 等多种手段，以产品或服务为核心，通过名称、标志、基本色、口号、象征物、代言人、包装等识别元素形成一个有机结构，对消费者施加影响。针对特定的产品而言，形状、色彩、材质与技术相结合，最终形成某一物体带给我们的基本的心理感受同属于某一风格的物体，由于在毗邻轴要素上的特性一致，故带来的心理感受也类似。当然针对具体物体，也许会因其特定的文化、历史等背景，使这种感受产生一些微妙的差别，但这种差别尚不足以动摇由形状、色彩、材质与技术引起的感受。因此，DI 可由以下几个途径建构：（1）理念识别：目标用户、品牌理念、文化观念、价值判断等；（2）核心产品形象识别：形态、色彩、技术、材质等；（3）外围形象识别：媒体介入、企业外围建筑、产品展示、标语、包装、公关策划、销售服务等。

品牌战略也因此纳入为一种为适应外部环境而采取的有限合理地选择。无论是何种规模的企业模式，其品牌战略的制定都包含两部分内容：明确外部的限定因素；组织内部的构成因素，进一步化约为"明确目标——构筑手段"。设计一种产品，就是设计一种语言，就是通过形态、色彩、材料、技术等结构单元的创造性整合传达产品语言的操作内容、社会语言内容、创生内容和生态内容，在表现消费者的品位、需求的同时，完成产品在经济、文化、社会各领域的生态循环。

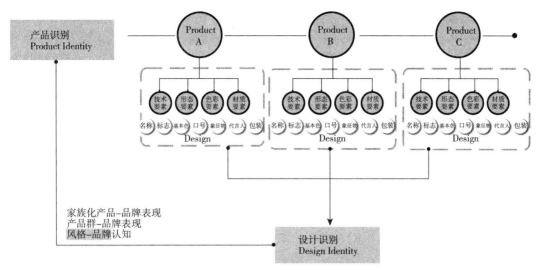

图 3 - 14　基于产品识别的设计识别

中国企业面向从 OEM 到 OSM（Original Standardization Manufacturer）的模块化战略调整，中国制造业必将迈向中国创造。针对中国企业面对全球化企业的突围而言，谁先建立起自主品牌，谁就能更好的占领市场。DI 的根本任务就是要组建有价值的核心竞争力，并且通过不同的交流方式来把信息要素有意识地传递给目标用户。因此，已具有自主制造能力和自主设计能力的中国制造业构建并保持自身统一鲜明的设计形象是创建自主品牌的必由之路。

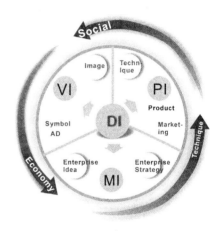

图 3 - 15　设计识别系统

未来十年经济的走向，是从大规模生产走向个性化经济；未来十年相应的关键技术，将汇聚在个人知识挖掘这一方向上；未来的竞争，将是品牌与品牌之间的群雄角逐，而且将从技术、人际，向意义的总方向深化。因此，作为整个品牌体系集中沟通点的设计识别，必将成为品牌战略的核心内容之一，并完全有理由作为品牌管理的利器去开创更为广阔的天地。

第4章 界面之问

4.1 界面设计：基于用户的信息建构①

4.1.1 界面：在数据与知识之间的信息

理查德·塞尔·乌尔曼在《信息焦虑》中描述到，每天充斥着我们感官的大量资讯并不是零散的信息，而是对大多数人来说都毫无用处的数据。数据是研究或创造性工作的产物，但对于沟通交流而言毫无用处。"数据"必须被组织、转化并建构一种有意义的形式表达，才能达到为人理解、为人所用的"信息"价值层面。信息也不是理解过程的终点，也可被转化为知识甚至智慧。② 界面设计正是利用数据为用户构建信息，并且运用信息为用户构建知识，从而为用户创造某种体验和传达某种意义的思维创造、知识创造。

数据是探索、研究、收集和创造过程中的附属产物，是建立沟通的原材料。当前所谓"信息技术"本质上是关注数据的存贮、处理和传输的"数据技术"，而没有关注信息的理解和沟通；数据技术对技术员和制造者充满吸引力，对用户则毫无意义。如现有的搜索引擎（Google，Baidu）等仅只是将泛滥的数据洪流推向用户让他们自己弄清意义所在，真正意义上的"信息检索"和"意义互联"还是空中楼阁。

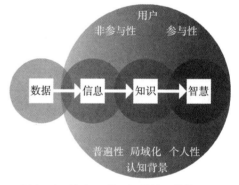

图4-1 Nathan Shedroff 关于数据、
信息、知识的建构图形

人们通过参与或经历各种交互活动和行为，接受或学习交互过程中的信息模式和意义，从而获得知识或经验。不同的体验传递着不同类型的知识。个人经历通常仅影响自我的思想或观点，局域化的知识由少数具有共同经历的人共享，普遍性的知识则依赖于人们对约定俗成的信息模式和意义产生的共识。有效的界面设计必须考虑用户的知识水平，而且用户的范围越大，难度就越高。图形界面设计不是以美的图形呈现数据，而是以有效的形式传达信息；也不是要用户自己调动知识背景展开联想去理解数据，而是充分利用以艺术化的形式表现用户知识进而形成启迪用户的智慧。

信息与数据的根本区别在于数据构筑的信息对用户具有意义，而将数据转化为信息的过程就是在数据之间发现联系和模式的过程。因而，图形界面设计的过程就是将数据组织为有意义的结构或模式并以合适的、有意义的图形或形式表达出来，用户图形界面应充分考虑信息、用户及其

① Fei Hu, Lixia Ji. Web GUI Design：from Information Architecture to Interactive Experience. CAID&CD'2008，IEEE Press，2008.11，EI 检索. 有删减。
② ［美］Nathan Shedroff：Information Interaction Design：A Unified Field Theory of Design. http：//www. nathan. com /thoughts/unified/2002-12-20.

所处的环境之间的关系，使信息与用户、信息与环境、用户与环境相互适应和协调。

4.1.2 用户：信息分类与组织的中心

用户界面信息的分类与组织是为了帮助人们理解信息而对原始信息进行重组与转化、传达与表现的过程。通常包括以下几个步骤：（1）依据数据来源的不同渠道进行信息收集分类；（2）依据数据的相互影响和作用关系揭示信息结构框架；（3）为用户提供理解复杂信息之间的组织构造、系统构成及相互关系的结构性表达；（4）使用户能够在有利的位置和渠道、以有益的理解方式获取信息、理解含义的传递定位与信息量化；（5）有助于理解的信息转化重构。

"物以类聚，人以群分"，界面信息也是如此。信息分类就是将类别属性相同的信息集中在一起，类别相近的信息建立起密切联系，类别性质不同的信息区别开来，组织成有条理的系统，便于设计师或用户在表面纷繁芜杂、风马牛不相及的数据中发现原来不知道的相关信息。理查德·沙尔·威曼（Richard Saul Wurman）提出了类别（Gategory）（按内容相似或相关）、时间（Time）（按时间顺序）、位置（Location）（以地形或空间为参照）、字母表（Alphabet）（按字母顺序）和层级（Hierarchy）（量级或连续流）来组织信息[1]；内森·舍卓夫（Nathan Shedroff）在其基础上增加了数字（常常是连续或不连续的数字组织可根据数学关系结合或不同的形式）与随机（产生变化与可能的有效途径），每一种方法使信息产生一种不同的理解结果[2]。

信息的组织形式影响我们解释它的方式以及对其每个部分的理解，每一个着眼点都能给人一种全新的结构，同时被用户理解为一种不同的意义。如图所示，对相同数据采用不同的组织方式会产生不同的属性和信息。因此，选取易于为用户所掌握和理解的分类方法成为信息组织的关键。通过用户研究，合理利用个人生活经历的个人化知识、部分用户共享的局域化知识、全体用户通识的普遍性知识，以用户知识与经历作为相关的、分散的、杂乱的用户界面信息整序、优化、系统的基础，排除杂乱信息干扰、去伪存真，从而加速信息流动、提高信息效能。在此意义上，图形界面设计不是简单地通过美观的界面给人带来舒适的视觉享受的"美工"作业，也不仅仅是简单地通过易于识别的形式对界面信息进行再现和提供知识可视化，而应该是融合分析、归纳、推理等方法来实现用户知识的信息挖掘与思维创新的信息再造过程。

4.1.3 图形：用户界面信息的转化与重构

为界面信息设计适当的示意形式，界面图形可以激发用户吸引用户，消除界面信息对用户的压力，并调动用户已有的经验和认知模式，深刻的理解和认识新信息。界面图形在将信息转化和重构时，通常要注意以下几条法则：

1. 关联性原理：建立辅助认知的关联。人类认识新事物的习惯方法是在头脑中调动与新事物近似的已知事物的知识和经验，来判断新事物的特征和属性。界面图形的转化、重构可以应用这个特性，在人们所熟悉的日常事务中，寻找与要表达的内容具有相似属性的事物，借用此事物与要表达内容的关联。这种关联性图形可以激发用户调动已有的经验和认知模式，对新信息有深刻的理解和认识。新事物中的旧事物是人们理解新事物的基础从而对新的事物产生兴趣。

2. 意义性原理：赋予信息有意味的形式。意义能够有效促进界面信息理解和记忆，将界

---

① ［美］Richard Saul Wurman：《信息焦虑》，矮脚鸡图书公司，1990 年版。引自，［美］威廉·利德威尔等著：宏照等译：《最佳设计 100 细则》，上海人民美术出版社，2005 年版，第 84 页。

② ［美］Nathan Shedroff：Information Interaction Design：A Unified Field Theory of Design. http：//www. nathan. com /thoughts/unified/2002 - 12 - 20.

面转化为有意味的艺术图形，激发用户获取信息的乐趣，并在学习中保持热情和注意力，是发挥界面图形价值的关键。但如果我们只注重图形界面的内容价值而缺乏形式上的感染力，信息传递的效能也会减弱。

图 4 −2　Windows 系统控制面板和 Word 软件的图标设计

3. 单一性原理：确定单一的形义关系。为界面图形确定适当的形义关系是解决信息压力的有效方法。从用户接受信息的时间和注意力的持续能力来看，通常信息接收量与信息提供量成反比。图形设计上的"一形多义"不会有助于获取有效信息，反而导致我们丧失注意力。界面图形设计的关键在于准确建立起"形"与"义"之间准确的一一对应，将界面信息分解为若干单一信息输出量以便用户能够快速获取并理解。

4. 目的性原理：针对目标展开界面信息组织和建构。所有界面图形都应在设计前就定义了所要创造的体验目标和传达目的，不同的数据、技巧、技术、形式、风格都依据目的而展开。需要指出的是，用户自己设定的目标过于靠近问题的表象而无法看清问题的实质，因而往往是不正确的。

4.1.4　案例：网站导航的图形界面设计

网站导航是观察和了解网站复杂信息最简易的结构方式。传统出版物能以一种无序的方式进行阅读的原因在于内容的有序性，出版物被分成篇、章、节、条、款、项等，以帮助读者抓住内容的逻辑结构。界面设计师应创造能够为用户提供交互和导航的界面，并通过某种可视化的图形符号使用户了解并强化网站的总体印象。依据网站信息的繁简程度，网络界面的导航图形通常可分为三种结构：

1. 嵌入结构。通过母元素在视觉上嵌入子元素，如用圆表示集与集之间关系的维恩图（Venn Diagram）来表示层次关系。嵌入结构常用以表示类信息和类功能、简单的逻辑关系。1997 年之前苹果电脑公司的网站一直采用了环形结构的网络导航图。这个环形导航图用不同颜色来区分七个第一级选项，其间用文字表示第二级选项。细节部分虽然有限，但网站的总体构造却是一目了然。当然，简洁和明确却不总是网络导航图所要呈现给浏览者的目标。www. dodi. org 的网络导航图结构是由椭圆、方形和线条所组成的模式，展示了全球艺术网站之间的群体关系。

2. 树形结构。通过在母元素的下面或右边或大小、连接线段等确定子元素来说明层次关系。树形结构对中等复杂程度的层次关系有效，但会因母元素与子元素之间的复杂关系而变得庞杂繁乱。因此，树形结构往往用来表示系统结构总的或高层次的图示。如 ABD（Ausstel-lungshalle der Bundersrepulik Deutschlan）网站的导航图形就采用了日常生活中城市道路地图模型。导航图是以一个中心信息辐射开的，每个点都被一根单线连起来；线连接着圆圈，每个簇的名字组成了视觉信息，展示网站的组织结构并告知用户以何种的连接方式浏览网站。

3. 阶梯结构。通过在母元素的下面或右边叠放子元素来表示层次关系。阶梯结构便于呈现复杂的层次关系，但不易于浏览，甚至会引起不同层次子元素之间的信息混乱。交互式阶梯结构则通过在选择母元素前隐藏子元素来处理这一问题。如 BBC 的网络导航图，单击其中的一个主菜单选项，下面相关的子菜单和子子菜单项将会显露出来，而其他的主菜单选项保持原样。阶梯结构通常用来呈现随时间变化的大型系统结构。如 Adobe 的两级网络导航图，以水平轴表示第一级结构，以垂直栏组织第二级结构。

4. 缩放结构。缩放界面范例（zooming interface paradigm，ZIP）可能是确实优于面向桌面的图形用户界面（GUI）的方法。缩放空间（Zoom World）是一个预想的有无穷分辨率的无限信息平面，允许图像和文件集合组织成簇群并附有标记，而不会强加任何结构。在操控上，缩放空间既不使用滚动条，也不是点击缩小或放大的图标或菜单，而是模仿一个人在规划房间中的活动：后退以看到达的区域，然后直接到达期望的目标，倾身向前读取上面的内容或使用放大镜查看照片上的细节。[①] 缩放空间呈现出布局上的灵活性和时间上的非线性；使用缩放界面范例，屏幕面积更容易获取，我们也更容易实现最大化清晰度而不是最小化像素。因此，缩放界面范例可以取代浏览器、桌面以及传统的操作系统。

5. 交互结构。还有类似于蒲公英的辐射圈链接、基于"鱼眼"访问的可视化方法等动态可视化网络导航图。网络是既向访问者提供服务内容又将访问者意见反馈给网站的信息海洋，个人书签、访问过链接的色彩、历史记录，这些只是个性化浏览的开始，运用形式多样的导向性符号，设计显示网站内部联系的导航图，提供链接如何运作的信息交换模式，将给访问者和管理者提供更具交互性的前景。

网络界面导航图形的常见结构　　　　　　　　　　　　　　　　　表 4 – 1

界面导航图形	结构图示	适用范围	案例
嵌入结构	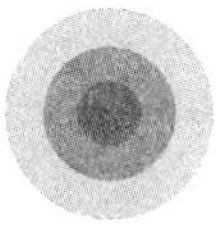	展示自然系统、简单层次信息以及类信息、类功能的网站	 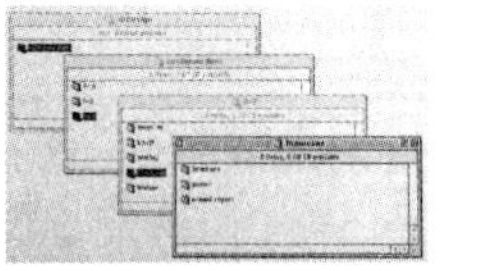
树形结构		展示中等复杂信息的网站	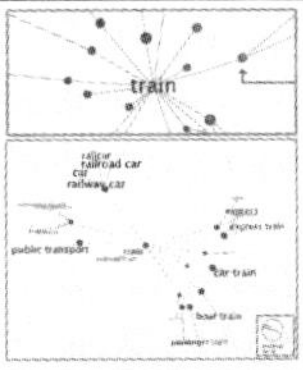 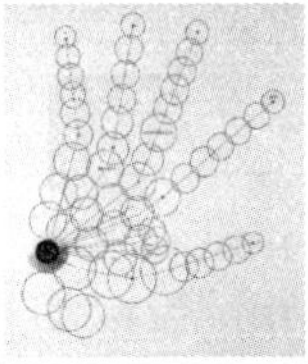
阶梯结构	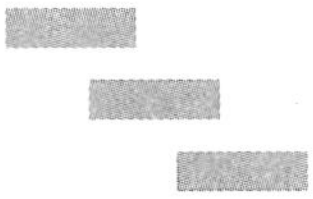	展示复杂信息或无法预见信息发展轨迹的网站	 

---

① ［美］Jef Raskin：《人本界面：交互式系统设计》，史元春译，北京：机械工业出版社，2004 年版，第 152 – 154 页。

数字媒介繁殖了大量通信通道和通信数据，但其自我塑成的（Autopoietic）特征使得信息大量增加的同时却很少验证信息价值。因此，图形用户界面关注的不仅是网格构成、常规 – 非常规、对称 – 非对称、清楚 – 模糊等视觉传达的美学形式问题，企业网站也不仅是以数字化的方式重构企业印刷品和设备陈列。

从内森·舍卓夫关于数据、信息、知识的划分的视角来看，图形用户界面（Graphic User Interface，GUI）是在数据之间存在特定联系和模式、对用户具有一定意义的信息，而这种特定联系和模式的发现、发展与传达都以用户的个人化知识、局域化知识和普遍性知识为中心，因而各种信息分类与组织方法都应该依据用户而选择、围绕用户而展开。图形作为用户界面信息的转化与重构的重要载体，设计时须以用户为中心，遵循关联性原理、意义性原理、单一性原理和目的性原理。网络界面导航图形设计的嵌入结构、树形结构、阶梯结构、缩放界面范例乃至交互结构，都是以用户为中心的信息建构。

4.2 交互设计：基于用户体验的叙事[①]

随着网络的日益普及，交互性的话题也逐渐升温。虽然交互性是一个相当新的词汇，但它其实是一种早已存在的现象，早得超过任何人的想象。亘古至今，互动一直是人类文化的一部分。演讲、交谈、踢球、购物、画画、雕塑……互动无所不在。

交互设计是"一个关于限定人造物、环境及其系统的行为的设计学科"[②]。作为一门独立学科，它的诞生代替了80年代末90年代初的软件设计和网页设计，开始创造用户与计算机之间的"有意义"的联系。而这个意义取决于交互产品的价值和人们运用它时所获得的经历的质量。

4.2.1 元媒介：交互性

交互实质上是"一个两个参与者交替听、想、说的循环过程"[③]，或者说是"在两者之间（无论是生命体还是机器）连续作用和反应的过程"[④]。交互性是人际领域和传播媒介的基石，也无疑是我们文化的关键点之一。它使人类沟通浸染了媒介最显著的特色——时间和空间的无穷变异性。毋庸讳言，交互性就是"元媒介"。

一切媒介的存在，都给我们的生活赋予人为的知觉和意义，并不同程度地打上了交互的烙印。最原始的信息传递，以触觉、视觉甚至嗅觉等"表达性语言"传达意义，充分地相互交流和即时反馈，但信息传递的范围、数量、速度都极其有限。人类从以自身的肢体动作提供信号开始，逐渐发展至借助它物表达意义，如烽火狼烟，使信息可传到更远的地方，并具有一定的持久性，从而发挥了视觉通信的可见性和有效性。图画可以表达较多的信息，但仍只具有帮助记忆的性质，它还不具有普遍性。口头语言提供了一个更有效的方式来收集、处理和扩散实用的信息。随着文字的形成与发展，陶、甲骨、石鼓、竹简、木牍、兽皮、帛书乃至漆木、织物、黄纸等载体不断演化，人们记录和传递信息的能力逐渐加强，至印刷术的推广而空前强大。书面信息的交换不要求发送者和接收者同在，使信息传播从早期受到的时

① 胡飞：《基于网络媒介的交互设计研究》，《华侨大学学报·哲学社会科学版》，2003年第3期。有删改。
② ［美］Robert Reimann. So you want to be an Interaction designer. http：//www. cooper. com /newsletters/2001_ 06 /so_ you_ want_ to_ be_ an_ interaction_ designer. htm /2002 – 11 – 18.
③ ［美］Chris Crawford. Understanding Interactivity. http：//www. erasmatazz. com/Book/Chapter%201. html/ 2002 – 10 – 14.
④ ［美］Nathan Shedroff . Experience Design. Indiana ：New Riders Publishing. 2001.

间和空间的限制中解放出来，并赋予信息大量复制的可能。

技术的发展，克服了人类视觉和听觉在穿越时空时具有不稳定性和不可靠性等自然局限。然而，这些技术进步不可避免的结果是，受众参与程度逐步下降，遗失了人际传播中原有丰富的细节和相关性；同时也导致在一定历史时期内，人类过于偏重信息的视觉传递方式，而牺牲了意义与感官，失去了综合、平衡的感知。"只闻其声、不见其人"的广播、"有声有色"的电影和电视、"即时同步"的电话等媒介，只是在一定程度上增强了人类的视听能力，却继续偏离了原初交互的实现。如许多人打电话时都会感到有一种"比比划划"的冲动。这一事实与媒介的本质特征——"交互性"有关：它要求我们的感官参与其间。因为电话提供一种很弱的听觉形象，我们需要借用全部感官去强化并补足这一形象。而且如果一个成分得到强化，其他成分就立即受到影响。如听觉被强化，触觉、味觉、视觉就立即受到影响。[①] 广播唤起那些重文字、重视觉的人们对过去生活的回忆；无声电影配上声音，直接强化了听觉刺激，却减少了模仿、触觉和动觉的作用。

比照文字、印刷、影视等媒体，网络媒介的最大独特性正在于其交互性。从原始的形象表达方式到文字表达再到声音、图像、文字结合的超文本表达，信息传递越来越精确、丰富、完整。从结绳记事到语言到书本再到电脑，信息存储量越来越大，持久性也越来越强。网络技术使人类再一次得到解放，信息时代人们可以运用综合的信息传递方式，借助视、听、触等方式来获取更广泛的资源。恰如久困的囚徒与伸手可触的肉体突然遭遇，确实是像欣赏令人心醉的音乐，这种信息体验完全不同于以往任何时代。虽然现今的技术还不十分完善，还需要花一定的精力去克服数据丢失和损坏，避免信息交通堵塞；但毕竟人们已经对信息具有相当的驾驭能力，因而，对于交互性有了更多的追求。交互的终极意义就是放弃视觉安排，让位于感官的随意参与。任何一种感官加热到支配地位时，都会排斥舒适的感觉。网络媒介不是拓展了空间的范围，而是废弃了空间的向度，恢复了面对面的人际互动。但又与那些直接的人与人的接触性体验不同，网络提供了更广泛的互动机会，更具有创造互动体验的能力。正如布兰达·瑞尔所言，交互媒体"并不是关于信息，而是关于体验"。

"设计就是了解事物的含义。"[②] 运用符号描述并赋予其意义，从而指明此物与他物、所有者、使用者的关系。因而，交互设计不仅要明确人们如何进行人机互动和人际交流，更要致力于用"意义"来限定人为事、物的环境系统中参与者的行为。也即，设计者通过对内容的理解来定义产品、服务、环境的行为，创造用于交流、理解和表达的新奇、便利、有效的交互产品、交互事件、交互方式。交互设计在网络时代得以多元化发展，不仅延伸了传统技术，且不断在科技创新的刺激下，衍生出新的形式。它在理解信息并给信息和数据合理结构的基础上，综合了古老的艺术和高新的技术来写故事和讲故事。

4.2.2 交互用户：现实与虚拟的竞争

计算机和网络技术促成了一个和物质空间对应的数字化的虚拟空间的诞生，而精神就栖居在里面进行交流。因特网和虚拟现实打开了新型互动的可能，现实社群与虚拟社群两相对立，模糊了传统社群形式单一的历史构筑方式。网络使虚拟社群与现实社群以一种交叉并置的方式相互映照。

和此前的媒介相比，网络交互的独特之处在于，它促进了陌生人之间的交往。由于没有

[①] ［加］马歇尔·麦克卢汉：《理解媒介——论人的延伸》，何道宽译，北京：商务印书馆，2000年版，第78页。

[②] ［美］K．Krippendorff. *On essential contexts of artifacts*. Design Issues. MIT Press. 1989. 9 – 39.

性别、年龄、种族、社会地位等方面的可视特征，交互行为便会通往人们平时可能会避免的方向。这一点归功于网络交往的"匿名性"。网络用户的彼此印象和言行都源自极具流动性的IP。正如人们常常调侃的，"在网上没有人知道你是一条狗"。人们似乎躲在屏幕后面，因此少了许多顾忌。这种面具下的互动无疑给网络人际交往带来了巨大的活力。一方面，信息发出者"有选择的展示自我"，最佳化表现自己；另一方面，信息接收者由于"传播暗示"和"潜在的非同步传播"的减少，理想化对对方的认识。① 没有任何社会包袱，没有任何压抑感，因而进展很快。

由于虚拟社群被当做一般社群看待，因而衍生出一些仿真性（Verisimilitude），这便允许其成员把网络空间的交流经验当做具体化的社交互动加以体验。参与者对虚拟现实的编码是借助客观现实范畴实现的。在彼此交流时，他们好像身处一个共同的物理空间；同时，他们把那些交互行为视为对其个人历史具有充分意义。然而，网络交互仍然是一种"身体缺场"的交流。它不仅使受众失去了日常交往中可触摸的物理实体，更极大冲淡了发信者的自我认同感。这使人们能够以一种更为开放，更为大胆的姿态介入到网络社区中去。因此，网络社区的互动，就显得更加的原始、直率，和更少的道德规范。这在某种程度上造就了网络社区的平等与自由，但随之也就带来了网络社会的失序。

网络交互行为也不再是原初交互的回归，而是趋向一种更宽泛的向度。网络所带来的互动体验更趋向于被受众事后回味，且受众也更愿意为此而非其他类型的体验付出更多。在新媒介所触及的这些元素，通常更多地出现在非计算机领域的现实生活中。网络的虚拟世界在与生活的真实世界相竞争，虚拟社群与现实社群在竞争；网络虚拟体验并不是和自己的同类在竞争，而是与现实生活中的所有体验在竞争，因而使人觉得更有价值，更难忘。

诚如马克·波斯特所言，新的信息方式下，信息"持续的不稳定性使自我去中心化、分散化和多元化"②，从而重构了现实。在虚拟世界中，交互是流动且多元的，能指不再对应于特定的所指，而理解也脱离了理性分析而在虚拟空间中的遨游。现实社群与虚拟社群总是在循环系统与他自己的网络之间的交叉联系而得到创新。必须强调的是，设计既存在于现实社群与虚拟社群的交互行动领域，又存在于信息的转移和传递中。旨在大大扩展潜在信息受众的圈子，从远处就能把信息送给他们，并通过这种方式产生一种与他们的新型关系。这种关系得到由此而获得的独创性结果的鼓励，继续不断向纵深发展。因而交互设计的重心也将由模拟人们的生活体验之"物"转移到信息共享之"事"这一环节上，交互活动变成一种强调沟通与协调的社会性活动。

4.2.3 交互界面：人—机—人的互动

交互界面是由个体行为建立并保持的一个特殊空间。通过建立一个空间和朝向关系的系统，个体为自己创建了一个语境，对他人的优先权得以确认。同时，这个空间和朝向关系的系统规定了一个视觉上可见的排列，从而建立了社会的和心理的关联性。而网络交互界面则介于人类与机器之间。人/机分野的每一边都各自真实存在：显示器的一侧是牛顿式的物理空间，另一侧是虚拟的网络空间。交流双方属于不同的"质"，交互界面则在这两个不同的"质"之间搭起建立在共同认知基础之上的统一的"态"的桥梁。它反映的不是交流双方的

---

① ［美］奥格尔斯等：《大众传播学：影响研究范式》，观世杰等译，北京：中国社会科学出版社，2000年版，第428页。

② ［美］马克·波斯特：《信息方式》，周宪等译，南京：南京大学出版社，2000年版，第13页。

主客体关系，而是一种"等同关系"：机器不仅仅是工具，也是我们社会的积极参与者。[①]

正是这个交互界面，个体为了自己的目的要使它保持无障碍状态。高品质的界面容许人们毫无痕迹地穿梭其间，有助于促成这两个世界间差异的消失，同时也改变了这两个世界间的联系类型。一方面，数字化知觉正努力通过高科技手段逐步成为现实。如利用鼠标进行触觉反馈，让使用者的手感觉不同频次的震动以模拟屏幕中显示的物体表面的肌理。又如对各种典型气味的分子结构和性质进行分析，并赋予它们不同的数字编码；用户只需使用 iSmell 机进行合成，即可与某种实体、动作或场景同步"嗅"到气味……随之而来的是电脑与人进行相同体验的知觉狂欢。另一方面，交互界面重在传达人们如何思维，如何建构知识框架，又如何获取、处理和组织信息量的方式等基于认知心理的信息，以使其更符合人们的认知习惯。而且，互动性这种特征允许设计界面本身与受众进行即时的交流与对话。界面则随受众的反馈智能地变化或改进，又即时反馈给受众。这也使交互设计成为一种有趣的个性化的艺术设计形式。

例如，网络界面中的反馈与控制是一种简单的方式，它将使受众、用户、参与者、客户不断了解交互的阶段，并使其体验到操纵的感受。交互活动应该在指向及其应答（address and its reciprocation）的框架里进行的。也即，被赋予特殊时空轨迹的行为一定是被对方注意了的，这个朝向在时空边界内是协调一致的，而且，这些行动具有和主要轨迹活动本身同样重要的互动意义。[②] 当然，作用、反作用和相互作用之间是有区别的。也许计算机永远都实现不了真正意义的交互，但新颖的界面将会使系统更加契合、完整、易于操作，动态性和趣味性更强。Monke Media（http：//www.monkey.com）采用了一种有趣的导航方式，使人感觉似乎是该站点基于用户自身的选择而作出相应的动态配置。视觉化的界面根据光标的位置而扩大或缩小、隐藏或翻转。实际上这是一种很简单的技术，但却非常有效。同时，声音的提示无疑更提升了浏览的交互体验。而 Visual Thesaurus（http：//the saurus.plumbdesign.com）建立了一个文字含义的互动网络。这些文字根据用户的选择而飘向或远离用户，指引用户以一种非常有创造力的方式流畅浏览，让人无法拒绝。[③]

想要获得广泛的感召力，网络必须有效、有用、有娱乐性，还必须以一种令人乐于接受的方式呈现自己。在欢乐嬉戏中我们又恢复了整体的天性，而在工作和专业生活中，我们却只能展示其中的一小部分。基于网络媒介的交互设计的巨大问题在于，人类对于机器以及对于人机关系的认识发生了变化：人类要与机器分享空间并要与机器相互依赖。机器受到礼貌的对待，能侵占我们的身体空间，有着和我们一样的个性；它能激发感情，需要我们的注意，使我们害怕，能影响记忆力，还能改变人们固有的观点。交互界面必须显示出某种程度的"透明度"，不是一种介于两个相异生物之间的界面，而是一种人与电脑的"共生"关系；同时还要显得令人迷恋，网络界面在显示其新异性的同时还要鼓励人们去探索机器世界的差异性。

4.2.4　交互设计：叙述物与事的体验

在过去的在线体验中，设计主要基于审美需求。现在设计师开始寻找和理解用户真正的需求，通过有效的设计，提供可学习的、可控制的、可供专用的、容易变化的、同时也能满

①　［美］巴伦·李维斯、克利夫·纳斯：《媒体等同》，卢大川等译，上海：复旦大学出版社，2001 年版，第 213 页。
②　［英］亚当·肯顿：《行为互动》，张凯译，北京：社会科学文献出版社，2001 年版。
③　［美］Nathan Shedroff. WEB GRAPHIC DESIGN. Amsterdam：BIS Publishers. 2000.

足审美经验的产品。交互性也从"酷"的外表和屏幕上移动的动画转向用户期望的、能够在网上参与的设计活动去满足用户的需求、愿望、目标、能力。硬件和软件已经成为一个整体，图形设计和工业设计的产品必须被看做物体与空间的这个大系统的一部分。交互设计将人的价值整合其中：体验的设计不会被技术排除，而只会被人们排除。因而，必须创造富足的交互体验以帮助人们去交流、理解、表达。

一方面，交互设计仍然是"物"的设计，是一种说话（理解、行动、状态）方式的设计。它鼓励运用人为事物的语言模型取代机械模型。过去，知识来源于对实际物体的操纵和消费。随着信息时代的到来，我们唯一不得不担心的事情就是被告知——被动获得某种知识。今天新技术允许我们创造语言模型的新产品，并利用这些产品进行交流，从而创造了一个"物"态社会。交互设计允许用户交换他们的知识，交换他们对世界不同的透视和理解，通过分享，打开了广泛可能的范围，从而拓展了我们的知识。这些智能产品帮助人们去相互交流、理解、影响，并与其他人一同创造交流。设计师不仅仅要设计可以相互作用的信息空间，也要设计用户之间的交互，及其所在的"物"态社会中不同部分之间的交互。如，柏林欧洲媒体实验室的治疗技术组为帮助青少年克服消沉和其他精神健康问题，制作了一个名为"Working Things Out"的 CD。又如，"Personal Investigator"是一款鼓励年轻人通过一系列探险改善自我形象的游戏。与许多游戏不同，这个游戏并非鼓励用户反复参与并强化在场感；游戏者在游戏结束时可以打印输出侦探过程中在记事本上记录的经历和选择，游戏的价值也在于用户为自己记下了什么，这是改善自我形象的重要部分。

另一方面，交互设计又是"事"的设计。从认知心理学来讲，人们接受并吸收信息的认知过程，就如同讲故事：把已经知道的故事情节和正要讲述的故事情节串在一起，并在各个情节中添加上逻辑的原因与结果。因此，叙事本身必须保证逻辑上的连贯一致性。Gjedde 总结交互设计中的"叙事"为：理解与用户背景相关的事物，广范围、多角度、多点切入；允许基于用户的多种解释和结构；根据视觉、听觉或口头表达能力，允许不同的故事讲述和表达方式。丹麦 Padagogiske 大学的 Lisa Gjedde 以编制音乐、组合服装或设计盾牌等动画形式讲述了阿瑟王派遣圆桌骑士解救生命的故事，骑士通过努力找到"女人最想得到的是什么？"这一问题的答案：自主权——自己可以决定自己事情，从而在学习能力和自主性较弱的儿童群体中产生了共鸣。又如，罗伯特·戈登大学（Robert Gordon University）的"StoriesAbout"项目中，Chris McKillop 为了鼓励深层思考并增进对教育理论和实践的了解，开发了一套使学习艺术和设计的学生能够对有关他们所经历的评价过程发表见解并共享的系统。爱丁堡大学的 Judy Robertso 与新墨西哥大学的 Judith Good 合作开发了适合儿童使用的作家工具（Authering Tool），以提供孩子在游戏中所期望的功能。在这些项目中，故事由用户创建，交互设计的目的是促进学习，叙事则作为学习的刺激物提供给用户。

交互的产品、服务或环境都是一个个故事，其与用户的交互过程就是用户参与这个故事的过程；与此同时，用户又在创造自己的故事，因而更具参与性和活力。交互设计不是把用户的行为看作孤立的事实，而是将动作、行为的方式及其与时间的联系加以整合，是对相关经验的叙述和导航。

4.2.5　交互创造：挖掘源自生活的意义

创造有意义的体验，这仍是交互设计所追求的，是交互的"物"与"事"的基点。遗憾的是，很少有人想到过该如何为他人创造美妙的体验。毋庸置疑，较之读书、看电视，或是使用任何一种已知的交互产品，大家都更愿意选择在丰盛的宴会上和朋友畅谈令人激动的话题。但如何能够设计出那种体验并延续它呢？也许，我们要更多地从舞蹈、戏剧、演唱、讲故事、或即兴创作这些领域学习交互的知识；但同时也要了解技术和媒体的局限，因为我们还是得依靠现有的条件进行沟通和传达。① 设计已经不断演进并成为现代社会不可或缺的部分。尽管社会和信息传播都会以人们意想不到的方式发生变化，可是我们有理由肯定，人们对于自身生存世界的及时、可靠与有来龙去脉的信息的需求和渴望将仍然十分强烈。人类本能地会对他们所"生活的社区"中发生的公共事件感兴趣，并对他们生活以外的"社区"充满好奇。人们乐于交流信息交流情感并与其他人互相交往，而且一旦经历新东西、新体验、他们会感到激动与愉悦。基于网络媒介的交互设计，就是要满足人类这些分享信息与娱乐的需要和"交流"的欲望。

每一次我们更加深入地了解人、人造物和社会之间的关系时，设计就被赋予更多的重要性。每一次设计概念的更新都融合了更多的其他专业知识如心理学、社会学、人类学等，从而帮助我们更好的理解人们所创造的事物、服务和环境的意义和价值。交互设计也将从强调智能化的理解力转变到谋求一种不同寻常的方式进行创造的能力，即能为他人创造有价值的、令人注目的信息和体验。为了达到这一点，我们必须学习已有的组织和表现信息和数据的方法，还得发掘新的方法。任何未来都是可能的。技术、个人心理和社会交流之间还存在复杂的相互影响，所有这些都融合在一个错综复杂、混乱无序的系统中。今天的枝微末节在50年后可能变成主要或必要方面，那些似乎显然和不可避免的趋势可能出轨。科技改变了每个学科，但创造的过程却不会随之改变。

交互设计，提供了一种文化创新的凝聚力，把广大虚拟社区具有共同社会、政治与经济利益的不同人们凝结起来，新形式就比当前的更具表现性、更加个性化、更加交互性和更加有责任感。网络交互技术将有助于满足受众对更个性化的信息日益增长的需求，但它不能消除对人类判断、分析能力的需要。而这恰恰是设计师的职责所在。设计师不仅是设计"事"、"物"的创造者，更重要的是生活信息和交互体验的传播者。交互设计师应该运用崭新的思维与符号，表达文化与交流、生活与体验，使创意淋漓尽致地表现于设计之中；同时，合理利用网络交互技术，使其最终深入地渗透到我们的日常生活中，并保持生活的"原汁原味"。

4.3　游戏设计：从用户界面到高峰体验②

随着梦想经济的来临，各类电子游戏产品已经渗透到社会的各个方面，对人们的生活和娱乐方式产生了巨大的影响，玩家沉浸到游戏所创造的角色与情境中，形成了更深层次的一种现象——游戏文化，一种现代的亚文化现象。

游戏是完全以间接虚拟为基础的文化平台，游戏文化作为一种新的产品文化，能够以复杂多变的形式和风格来满足大众多元化的需求；大众文化是现代工业社会产生后，与市场经济发展相适应的一种市民文化，伴随高科技生产而呈现纷繁的物质文化消费，商业性、流行性、娱乐性和普及性是其基本特征。游戏文化作为大众文化的一分子，承载着特定的意识形态；它不完全属于大众文化，而具有成为工具和艺术的可能性，具有可持续性、可塑性、交互性、文化扩展性等特征，能够构筑出现实社会或虚拟社会的单一文化所不可能具有的性质。

---

① ［美］Nathan Shedroff. A Unified Field Theory of Design. http：//www. nathan. com/thoughts /unified/2002－12－20.

② Fei Hu, Lixia Ji. On the Peak-Experience in the Game GUI Design. International Conference on Management of e-Commerce and e-Government，IEEE Press，2008. 10. EI 检索. 有删改。

4.3.1 游戏中的图形用户界面

著名的游戏开发者比尔·沃尔克（Bill Volk）曾经对游戏设计写下了一个等式"界面＋产品要素＝游戏"，强调在游戏设计中界面的重要性[①]。游戏即界面，界面是游戏中所有交互的门户。游戏界面包含了游戏中玩家可以用来控制游戏的所有元素，主要有三种表现形式：图形用户界面（GUI）、实体用户界面（SUI）和声音用户界面（AUI），三者之间相辅相成，紧密联系。[②] GUI 以有意义的图形或形式传达信息，玩家以 SUI 为媒介拾取信息，并操作信息，最后通过 AUI 获得一定的信息反馈，通过三者之间的完美融合，实现了信息在游戏与玩家之间的有效传达。

GUI、SUI、AUI 分别对应了人类感知外界信息的三种主要途径：视觉、触觉和听觉。GUI 体现了游戏文化的可塑性和交互性原则：GUI 通过充分利用可塑的艺术形式有效地传达信息，表现用户知识进而形成启迪用户的智慧，其提供文化内涵的方式是交互性的，玩家对游戏所提供的虚拟世界做出程序允许范围内的修改，并观察虚拟世界的反应，获得的是许多传统单向灌输式文化所不能带来的快感，比如说高度的权力欲、暴力欲、占有欲等一些在现实中无法实现的欲望，从而持续反馈某种思想或思想的对象；伴随计算机硬件的迅猛发展，SUI 充分有效地运用技术手段，不断创造基于人/机"共生"的新型互动，具有可持续发展性。游戏中的触觉，是指通过游戏的外观和感觉所传达的肉体上的印象——可以说是游戏的操作，AUI 处于用户的潜意识之下，先将用户吸引到游戏创造的虚拟世界中，用户操作信息后获得声音反馈，加强了沉浸感，因此具有互动性特征。三者共同营造了游戏文化的内涵，当内涵达到一定的深度，互动得到充分体现，游戏带来的思想和思想的对象就超出了游戏本身的局限，即产生文化的扩展性，由游戏者精神上的需求带动游戏周边的经济行为。

以星际争霸为例，该游戏提供了较优秀的思想对象——各种不同性能的兵种、技术、建筑和战场，即游戏的虚拟世界，玩家按照现代军事家对战略、战术、战役的分析方法对其进行研究，并最终与他人对抗来获得体验。星际争霸的内涵达到了一定的程度，出现了战队组织，使得玩家之间有了组织性，这种组织就有了整合的话语权和行动力。游戏就不再只是一种纯粹的娱乐方式，而具有社会地位和价值。

图 4-3 "星际争霸"的游戏界面

游戏界面设计既具有界面设计的一般规律，更有游戏这一特殊领域的个性化设计原则，通常要注意以下几点：（1）人性化：理想的人机交互就是"用户自由"。玩家的介入是游戏交互设计中最重要的因素，游戏界面应尽可能地符合用户直觉，使用户容易理解和接受；设计通过在视觉层次上的美化，在情感层次给玩家一种安托。（2）透明化：理想的游戏界面是透明的，采用游戏本身的显示来告诉玩家游戏进行的情况。通常将信息界面尽量放在屏幕的边角位置，以避免干扰正常的游戏区域；主界面信息简化，层次清晰，减少玩家的认知负担。（3）动静结合：游戏界面的动态元素包括移动的画面和声音效果等，要交代其入点和出点；静态元素则指界面上的按钮、文字等，遵从画面中

---

① 转引自，李敏：《计算机游戏界面设计中的人机交互性研究》，《艺术与设计（理论版）》，2007 年第 3 期。
② ［美］库帕：《交互设计之路：让高科技产品回归人性》，电子工业出版社，2006 年版。

主体与背景的层次感和浏览的先后秩序。动静结合，实现视觉、听觉和触觉的完美配合，创造人性交流的玩家体验。（4）目的性：不同游戏所要创造的体验目标和传达目的不同，不同的数据、技巧、技术、风格都依据目的而展开。

4.3.2　角色与情境：游戏 GUI 的设计要素

游戏角色是在游戏中能够与玩家交互并具备全部或部分生命特征的生物形象。交互界面为玩家提供了一个虚拟空间交互的沟通渠道。在游戏中，真实的玩家和虚拟的空间无法建立直接的联系，玩家任何行为，在虚拟世界中都没有反映；这时候需要建立一个角色，使玩家通过这个角色与虚拟世界建立一定的联系。这个角色，会给玩家一种"代入感"，利用游戏中的角色代替玩家进入虚拟的世界。一个好的角色在游戏过程中起到的作用是不容小视的，角色是影响玩家代入感的重要因素之一，角色的设计对于提高游戏的交互性有着重要的作用。

角色扮演游戏（RPG 游戏）真正的魅力在于其可以实现玩家梦想中的愿望，游戏总是迎合了玩家需要的某些幻想才使游戏者投入到游戏中去，通过创建一些通用合理的、不允许违反的规则，玩家们可以在角色扮演游戏的交互中获得乐趣，每个玩家都有合理成功的机遇。因此在游戏开发的过程中，培养玩家对他们角色的亲密感应该放在所有工作的首位。[①] 在"魔兽世界"（WOW）游戏中，不同的种族，不同的职业，可以满足不同人群的需求（外形，天赋，职业等）；"魔兽世界"是一个多元化的

图 4-4　"魔兽世界"的游戏界面

游戏，玩家可以选择自己一个人和怪兽 PK，可以选择和大家组队一起配合击败等级高、难度大的怪兽（必须是多人组队配合），也可以选择组队和对方阵营的人进行 PK；"魔兽世界"是一款极度讲究配合的游戏，除了在进行组队的时候不仅对职业的分配有要求，同时也要求玩家在合作的过程中严格的扮演好自己的角色（就是分工要明确）。同时，"魔兽世界"对于同一种职业的发展选择也是多元化的，一种职业可以根据玩家不同的需求与喜好，可以往三个不同的反方向发展。多元化的玩法吸引了众多的玩家，使人们在游戏的同时变成了一种体验创新的乐趣。

游戏情境就是在游戏过程中创设的虚拟情节和环境，情境可以仅仅通过感觉信息进行识别，而对快乐的理解很大程度上也依赖于情境。因此，美轮美奂的图像和优美动听并适合游戏特点的音乐，毫无疑问是吸引一个刚刚接触游戏的玩家试玩游戏的关键。游戏软件通过调动玩家的情感，达到一种虚拟的情境，玩家如临其境，仿佛置身于其中，全身心融入自己扮演的角色之中，对情境和角色产生了认同，身体进入到被转换的情形当中，正如 Verlyn Klinkenbory 所说"计算机游戏的主要心理基础就是玩游戏时产生的穿过一个门进入另一个世界的本能感觉。"但是普遍来说，游戏中能吸引人的并不是美术方面（包括原画设计与界面设计），而是游戏系统的策划，也可以称作是游戏的系统。

虚拟空间是想象内容的依附空间，游戏界面另一个重要的维度是它对情境的适宜性，设计需要适合用户、适合地点、适合目的，以用户为中心，根据潜在的使用者设计适合特定人群的产品。"魔兽世界"里分为两个阵营，联盟与部落。联盟的人物设计偏唯美，场景的设计

---

① ［美］赫夫特：《剑与电——角色扮演游戏设计艺术》，陈洪等译，北京：清华大学出版社，2006 年版。

也是以庄严（人类与矮人主城）、神秘秀美（精灵城）为设计主题；部落的设计风格则偏狂野，人物造型粗野，场景设计方面，以非洲草原、建筑、原始部落、废墟城堡等为原型。惟妙惟肖的场景设计让玩家拥有身临其境的感觉，沉浸于幻想当中。

界面的交互性体现于游戏设计的各个方面，贯穿于整个过程中，玩家通过对角色的控制或角色自身的描述，进入游戏过程，随着进程的推移，融入情境，让角色与情境和谐联系，情境适合角色的特点，使界面产生良好的交互性。因此，游戏界面设计的关键在于深入和全面地了解用户，提供积极的情感体验，充分理解用户的心理模型，使玩家、角色与情境进行有效沟通，实现系统模型与心理模型的自然匹配。

4.3.3　在场与缺席：游戏 GUI 的设计感受

计算机和网络技术促成了一个和物质空间对应的数字化的虚拟空间的诞生，而精神就栖居在里面进行交流。参与者对虚拟现实的编码是借助客观现实范畴实现的。在彼此交流时，他们好像身处一个共同的物理空间，有强烈的"在场"感；同时，交互行为对其个人历史具有充分的意义。然而，游戏界面交互仍然是一种身体"缺席"的交流。它不仅使受众失去了日常交往中可触摸的物理实体，更极大冲淡了发信者的自我认同感。这使人们能够以一种更为开放，更为大胆的姿态介入到游戏营造的虚拟空间中去。因此，游戏世界中的互动，就显得更加的原始、直率和自由。

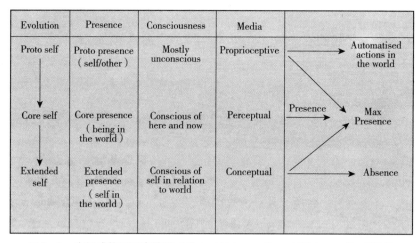

图 4 - 5　在场感的三层次模型（Riva，Waterworth and Waterworth. 2004）

Riva 等人（2004）把在场与缺席观点扩展到生物—文化理论，建构了在场感的三层次模型（见图 4 - 5），包括传感器 - 运动器水平的原始在场感、知觉水平的核心在场感以及概念水平的扩展在场感[1]。这种观点可以作为讨论计算机媒介的在场感和情绪的关系以及对 HCI 设计的影响的基础，并能够提供一个起点预测设计的情绪效果是否会引起一定程度的在场感或缺席感。

如"吸引人的媒体在心理健康中的应用"[2] 项目中开发了一种叫做探索博物馆（Olsson

---

[1] Eva Lindh Waterworth, Marcus Häggkvist, Kalle Jalkanen, Sandra Olsson, John Waterworth and Henrik Wimelius. The Exploratorium: An Environment To Explore Your Feelings. PsychNology Journal, 2003, Volume 1, Number 3, pp. 189 - 201.

[2] Mariano Alcañiz, The EMMA Project: Engaging Media for Mental Health Applications. http://www.temple.edu/ispr/prev_conferences/proceedings/2002/Final%20papers/Alcaniz%20et%20al.pdf.

and Waterworth，2004）的虚拟环境。它包括三个不同的区域（天堂，炼狱、地狱），垂直安排在虚空间中，目的在于唤起平静、中性和焦虑等三种不同类型的情绪状态（图 4 - 6）。首先，用户需要基于外界环境之中的感觉体验进行判断："这是发生在我周围的世界中，还是仅仅在我的头脑中？"然后，通过主观感受与日常生活的经验图式进行比照，在逻辑性和真实性层面予以判断："这是真的还是虚构的？"进而在情绪体验的基础上回答："我是否需要避免这件事情？需要多快？"

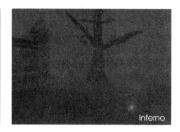

图 4 - 6　天堂、炼狱与地狱

又如在"魔兽世界"游戏中，不同的场景会配以不同的音乐，同时在色彩方面，色彩所带给人的感觉也会与建筑风格，音乐相统一。例如每个主城都有自己的特点，精灵城以紫色为主题色彩，没有明亮的阳光，建筑以木材为主要材质，给人一种很宁静，安详神秘的感觉；人类主城则气势宏大，壮阔，庄重，以欧洲古堡为原型，石材建筑，色彩方面则是以白色系为主，同时配以气势宏伟的音乐。然后矮人与侏儒的主城除了宏伟的特点之外，设置了很多机械类的物品，比如机器人，锻造用具等，色彩为灰色系，较幽暗，但是并不神秘。每个不同的主城的整体环境都与所对应的种族有着密切的联系，玩家产生强烈的在场感。

图 4 - 7　精灵城、人类城与矮人城

4.3.4　高峰体验：游戏 GUI 的设计实现

在确定了具有竞争性的游戏内部机制后，设计的对象就是游戏的情感世界，这实际上是特定游戏人群的情感世界。人在自我实现的创造性过程中，产生出"高峰体验"的情感，此时人处于最激荡人心的时刻，是人的存在最高、最完美、最和谐的状态，这时的人具有一种欣喜若狂、如痴如醉的感觉。产生高峰体验需要的条件包括没有分心的事物，以及一个节奏恰好匹配用户技能的活动，并且略微在用户能力之上。难度水平必须在能力的边缘上：太难的任务会令人沮丧；太容易又会令人厌倦。这一情境必须使用户全部的有意识注意力都参加。这一高度集中削弱了外面分心的事物，并且时间也消失了。它是紧张的、令人疲惫的、多产的和使人愉快的。

游戏为玩家提供了一个虚拟的空间，使玩家获得了在现实世界中难以得到的满足感，游戏满足了玩家以下三种精神需要①：

1. 情感与幻想：游戏界面为用户提供了积极的情感体验和幻想体验。与其他形式的娱乐一样，玩家在玩游戏的过程当中也在付出情感，在"堕落星球"（Planetfall）游戏中，当玩家的机器人伙伴为了玩家而牺牲自己时，玩家会产生悲伤、遗憾和失落等复杂的情感，悲剧故事交织在游戏中，留在玩家记忆中的尽是悲情，游戏设计者把精力集中在扩展游戏感情经历上，集中在兴奋和成就感以外很少被发现的感情领域，因此取得了巨大的成功。事实上，许多人想要进入一个比现实社会更为精彩的虚拟世界，游戏在满足玩家安全需求的同时，提供了一个不带有任何风险的虚拟环境，玩家能够真正有机会过上幻想的生活，玩家可以真正成为某种精彩、完美的人物，能够毫不枯燥的控制游戏中的一切因素，游戏创造了一种剔除枯燥细节的"纯洁生活"。

2. 交流与归属：人类的社交需求包含社交欲、归属感、情感欲等三个方面，游戏可以很好地满足玩家的社交需求。首先计算机创建一个虚拟的社会场景，玩家把模拟人物当做真实人物进行交流，获得了强烈的归属感，这种归属感来自两个方面：一方面玩家的思维在游戏提供的虚拟空间中，与角色处于同一时间和空间中，并且处理同一主题；另一方面，归属感来自玩游戏的朋友，在现实生活中，玩家往往形成一个固定的群体，彼此进行交流，有着共同的爱好或明确的主题。RPG游戏的设计重点之一就是为玩家提供情感交流的情节设计，如"仙剑奇侠传"中，赵灵儿为了拯救苍生牺牲自己的时候，很多玩家就为其中曲折的剧情、深厚的感情所打动，给玩家留下了不可磨灭的印象。网络游戏的交流实际上是两个真实的人通过角色进行的交流，这就为情感的产生提供了可能性。

3. 挑战与成就：玩家自我实现的重要手段就是在游戏中为自己设计目标，进行各种各样的挑战，并在自我实现的创造性过程中，产生"高峰体验"。因此，游戏中如果能提供足够的挑战性，那么玩家去玩这种游戏的愿望必然会更加强烈，游戏中设置不同的关卡，由易到难，玩家只有不断提高技巧才能攻克，游戏就是通过这一过程为玩家提供乐趣。玩家在游戏中攻关成功后，就能得到游戏团体内部的认可，赢得他人的尊重，从而极大地满足了个人的"成就感"。"奇迹"游戏后期，玩家最大的乐趣除了攻城战等双方对战之外，就是穿着一身显眼的极品装备，拿着一个服务器里都屈指可数的超级武器到处行走去吸引注目的眼光和赞叹声，这样的"时装秀"能给人以极大的"成就感"。

图4-8 "堕落星球"、"仙剑奇侠传"和"奇迹"游戏截图

在梦想经济时代，游戏设计必须迎合玩家的高层需要，表达用户的价值观和自我实现的人格特征。在游戏界面设计中，各种信息分类和组织方法都应该依据用户而选择、围绕用户而展开，

---

① ［美］Chris Crawford：《游戏设计理论》，李明等译，中国科学技术出版社，北京：希望电子出版社，2004年版。

设计时必须以用户为中心，遵循人性化、透明化、动静结合、目的性等原则。角色的设计将玩家"代入"虚拟的情境中，融入情境，角色与情境和谐联系，从而产生良好的人机交互。游戏界面交互虽然是身体"缺席"的交流，但确能产生强烈的"在场"感，当玩家对角色和情境产生认同后，进入"高峰体验"状态，玩家在自我实现的创造性过程中，满足了情感与幻想、交流与归属、挑战与成就等不同体验。因此，游戏界面设计通过美轮美奂的图像、精心设计的角色和栩栩如生的情境，将用户代入游戏所创造的虚拟世界当中，使用户产生了强烈的置入感，实现了玩家梦想中的愿望，对情境和角色产生了认同，从而获得"高峰体验"。

计算机游戏是娱乐活动中令人兴奋的一个新发展；但是，未来的游戏可能不再仅仅是娱乐活动，虚拟的世界也可能不再与现实生活泾渭分明。

4.4 案例：QQ 农场的用户心理与界面设计[①]

2009 年"农场热"骤然兴起，逐渐演化成一场全民"偷菜"运动。开心网的"开心农场"位列《连线》评选出的"过去 10 年中最具有影响力的 15 款游戏"之一；腾讯的"QQ农场"则以其巨大的用户群获得最广泛的追捧。"起早贪黑偷菜忙"甚至演变为一系列社会悲剧，如"司机开车时玩 QQ 农场发生追尾事故"[②]，"员工上班时间玩开心农场遭开除"[③]，"玩'开心农场'较上劲，两位老同学大打出手"[④]，"QQ 农场忘偷菜，怀孕女子遭男友抛弃"[⑤] ……为什么这款游戏如此风靡？又让玩家如此着迷呢？本节以"QQ 农场"为例，针对大学生展开用户研究，探讨该款游戏设计的成功之道。

4.4.1 研究流程与方法

1. 背景资料研究

通过互联网收集了"QQ 农场"的相关资料，获取农场游戏用户的相关信息，并建立选样标准。

2. 样本选择

本研究以职业为参考变量，选择大学生为研究对象。通常用户研究的选样标准还包括性别、年龄和收入等，但针对网络游戏消费群体并不适用。对于养成类游戏而言，农场等级是一项重要且直观的参考指标；游戏时间则体现了该游戏对玩家的黏着度。因此，以农场等级和游戏时间为选样标准，以武汉某高校大二某班为样本库，选取了 6 个样本，在相同区域内的案例作为相互印证的逐项复制，不同区域间则作为对比的差别复制。

3. 用户访谈与在线观察

本次研究的主要方法为深度访谈；并辅以在线观察，作为对访谈内容的印证和补充。下文是访谈后整理的玩家游戏体验。

① 胡飞、李扬帆：《游戏设计的用户心理研究：以"QQ 农场"为例》，《美术与设计》，2010 年第 5 期。
② http://www.cnbeta.com/articles/108825.htm.
③ http://www.openv.com/play/GuangDongNewsprog_ 20091009_ 7112361.html.
④ http://www.jsdushi.com/news/nanjing/20100523/201017956.html.
⑤ http://news.cnwest.com/content/2009 - 07/04/content_ 2193916.htm.

去年 7、8 月份暑假的时候,别人邀请我玩"QQ 农场",开学后在学校有电脑开始玩的。一开始就觉得,游戏界面绿油油的,有山有水,很舒服。而且你偷我的,我偷你的很有趣,是一个交流的过程。看到自己的排名在别人的后面就很着急,通过互相刷草把级别抬上来了。自己会摸索种什么作物比较划得来,还会用手机定闹钟,还学别人开过外挂的。那段时间特别的疯狂,只要在寝室,过一会就来弄一下。主导的也是小群体的交流,比如一个寝室的,还有玩得好的同学。那时候玩的人还很少,我这里面就一二十个人,在一块玩很起劲,有时候会给别人留言,说,"你干嘛来偷我的菜啊"。别人回,"你先偷我的啊。"有时候会在 QQ 里聊起来,不仅是偷菜的话题。而且我还很喜欢里面的作物……今年五一之后就 28、29 级了,觉得没意思了。玩的人很多很多了,列表都有好几十页,就是偷来偷去的,很傻瓜式,看到别人开红土地很美慕,但是很贵没钱开,连最后一块地都还没钱开,总是很穷,慢慢地就没兴趣了,把它作为一种休闲,学习累了进空间看看,顺便来玩一下。(样本 Ⅱ)

4. 数据分析

在农场游戏的用户研究中引入了"频次"变量,即平均每天的游戏次数,它可以反映出玩家当前对游戏的痴迷程度。在接触、入迷、高投入持续、低投入持续、离开等不同阶段,玩家的游戏体验和价值评价也不相同。

5. 研究结果

游戏体验的过程就是心理需求被满足的过程。研究发现,"QQ 农场"在游戏过程中呈现出的心理需求可以分为社交需求、休闲需求、释放潜意识(偷的快感和田园原型)和自我实现四种。不同的玩家在不同的阶段表现出不同的需求种类和需求量。在整个游戏过程中,玩家需求呈现出抛物线形态,在"入迷"阶段达到峰值。各种需求的满足程度越强烈,玩家在该游戏中的持续时间越长,级别也越高(如图 1)。

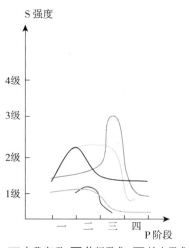

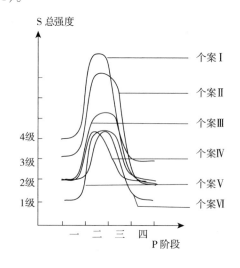

注:P 阶段:一 初接触　二 入迷　三 高投入持续　四 低投入持续　S 强度:定性评价,数值越高强度越大

个案 Ⅱ 四种需求的强度曲线　　　　六个案总需求强度曲线综合对比图

图 4-9　QQ 游戏的用户心理调查

正如席勒所言："只有当人充分是人的时候，他才会游戏；只有当人游戏的时候，他才完全是人。"① 游戏是人的天性，游戏中人可以体会到快乐，快乐来源于需求的满足。那么，不禁追问："QQ 农场"的用户需求源自何处？这些需求又是如何通过游戏设计被满足的呢？

4.4.2　休闲娱乐、自我实现与"QQ 农场"的游戏设计

面对诸如学习、就业、人际关系等方面的压力和困惑，休闲小游戏成为在校大学生的主要娱乐方式之一。以"QQ 农场"为例，玩家不需要花多少精力、动多少脑筋，也不需要具有很多专业知识；其操作区域分为四个部分（如图 4 - 10），玩家通过种菜、收菜、偷菜和刷草等小活动实现娱乐休闲。与大型多人在线角色扮演类游戏（Massively Multiplayer Online Role Playing Game，简称 MMORPG）不同，"QQ 农场"更为简便易学、轻松愉悦。研究表明，很多大学生认为

图 4 - 10　QQ 农场的操作界面

课余生活"郁闷"、"无聊"，"QQ 农场"则成为大学生课余生活的调味剂。

和其他游戏一样，"QQ 农场"为玩家提供了一个亦虚亦实的"农场"世界。在这个世界里，每位玩家都用心经营着自己的农场，为之付出时间、精力甚至金钱，自家果实累累的田地、不断攀升的级别、不断增加的金币以及玩家在好友列表中的排名都能令人兴奋不已，从而获得在现实中可能无法获得的自我满足感。在游戏中满足。研究显示，女性玩家比男性玩家更能在该游戏中获得自我实现需求的满足。原因在于，女性玩家以往的游戏经历相对较少，相应的自我满足的阈值较低。

此外，有些玩家从伴随着升级而产生的不同农场作物中获得一种满足感。在商店中（如图 4 - 11），玩家可以购买相应级别的种子来播种，级别越高，种子越稀有，在生活中越不常见，例如在 1 级的时候，玩家只能种萝卜白菜，到 30 级可以种蓝莓、山竹，而红土地种子则更是奇妙，尽是昙花、天山雪莲等珍花异草。另外，游戏还应时设置各种活动，赠送商店里无售卖的特殊种子。人的好奇心和挑战欲驱使着玩家对"QQ 农场"中未知事物的不断探索，并不断获得答案，从而在这种循环中获得自我肯定；高级别用户播种和收获"人无我有"的品类时，更是如此。

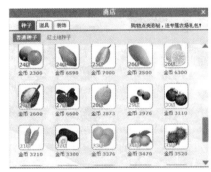

图 4 - 11　"QQ 农场"中的种子

可见，"QQ 农场"也反映出各类游戏用户所共有的"自我实现"的需求，即在游戏中实现个人理想、抱负、发挥个人聪明才智；对于在现实生活中无法自我实现的游戏用户，这一点尤为重要。马斯洛认为：人在自我实现的创造性过程中，会产生出一种所谓"高峰体验"的情感，这是最激荡人心的时刻，是人的存在的最高、最完美、最和谐的状态，这时的人具有一种欣喜若狂、如醉如痴、欢乐至极的感觉。② 研究表明，从"入迷"到"高投入持续"的游戏用户最容易产生"高峰体验"，并努力为成为一名富有的农场主而奋斗。前文所提到的

---

① ［德］弗里德里希·席勒：《审美教育书简》，张玉能译，江苏：译林出版社，2009 年版，第 48 页。

② ［美］马斯洛等．人的潜能与价值［M］．北京：华夏出版社．1987：366．

"起早贪黑偷菜忙"也是该游戏所营造出的"尖峰体验"的具体表现。

4.4.3 社交需求与"QQ农场"的游戏设计

尽管信息技术的发展引领我们进入了"地球村",但并未拉近人与人之间的距离。曾经的朋友疏于联系,登录QQ也常常隐身,从无话不谈变得无话可谈,从而形成"孤独的大众"这个现代社会病。游戏用户则在"QQ农场"中找到了久违的和朋友"在一起"的感觉、和朋友"一起玩"的欢乐。

1. 游戏中玩家与好友的互动

在农场游戏中,玩家间的互动途径主要有三:互相照料作物、互相偷取作物和互相使坏。如图四所示,玩家界面中耕种工具栏包括耕种照料工具和收取工具;而好友界面中耕种工具栏则多出了捣蛋工具:放虫和刷草(如表4-2)。仔细观察会发现,对于玩家来说,相互照料作物和偷取作物虽是互动,但却是以利己为前提的,获得经验分和获取果实;唯独相互使坏最特别,甚至具有利他色彩,因为给好友地里放杂草虽然会延长作物的生长时间,但好友除之可以加分,所谓的"捣蛋"实则是帮忙,更显"QQ农场"之真互动。由此看来,恐怕"刷草"不仅仅是玩家们聪敏才智的创造了,实则是由游戏设计者精心设计,然后等待着玩家们去发现罢了。

玩家与好友的游戏界面比较　　　　　　　　　　　　　　表4-2

工具栏	耕种工具	照料工具	收取工具	捣蛋工具
玩家界面				
好友界面				

游戏中为自己或别人除草和除虫都可以增加经验值,每次2分,通过经验值的累计可加快升级速度。于是,玩家发现:如果让游戏好友在他的农场土地上种草,然后自己去除草,则比地里长出草的效率要高得多。于是便出现了相互种草、共同升级的集体活动(如图4-12)。由于操作太过密集,会出现系统反应延时的现象,所以需要在好友列表里面刷新一下页面,"刷草"一词由此而来。

图4-12　玩家邀请好友种草后除草

2. 从游戏延伸到现实的朋友交流

对于所有网络游戏而言，社交需求是其共同的设计目标之一。"QQ农场"的过人之处不仅在于游戏中的互动，还在于游戏向现实延伸。由于QQ空间具有社交性网络服务性质（Social Networking Services，简称SNS），农场游戏中的好友大多是玩家现实生活中的亲朋好友；因此，"QQ农场"的社交功能同时与现实世界相联接。事实上，几乎所有玩家都强调这种促进现实社交的功能，如："以前很好的朋友，时间长了而且各自忙自己的没怎么联系，通过这个给他留个言之类的。我玩个游戏自始至终就是这个目的"。在大学生宿舍里，农场游戏已成为室友们相互调侃、增进情感的润滑剂，如"你的菜熟了，我偷过了，快去收啊"。这种超越游戏本身的真实社交，建立在游戏互动基础之上，但意义更为重大。或许，借助网络完成现实的社交才是SNS游戏的价值所在。

那么，这种交流在游戏中如何实现呢？游戏界面左上角功能区域中有一个小喇叭图标，点击后进入"个人信息"浮动框，其中"消息"栏目中系统自动记录了该农场的操作记录（图4-13）。玩家可以通过消息记录了解自己农场的被偷情况和好友动态，也可以在留言栏中看到好友留

图4-13 消息图标及个人信息栏

言，还可以进入好友的农场界面点击好友头像进入个人信息栏留言。但是，很多玩家都认为游戏中的留言功能不太理想，版面太小且缺乏及时性，所以他们更喜欢在QQ里留言或聊天，以游戏作为引子促进交流；而同学或室友则直接当面讨论。

3. 虚拟与现实中的群体认同

胡伊青加在《人，游戏者——对文化种游戏因素的研究》中阐述了"人是游戏者"的命题，在谈到游戏的形式特征时，他指出，"游戏按照固定的规则并以某种有序的方式活动在它自己的时空范围内。它促进社会团体的形成，这些团体喜欢用诡秘的气氛围绕自己，同时倾向于以乔装或其他方式强调他们与不同世界的不同"[①]。团体的认同和协作促成了个人的成长，再如前所提到的"刷草"小团队中，几个玩家间形成了一种高度亲密的网络，在平等竞争、共同进步中获得主体间相互认同、协调一致。有玩家提到，最初只有十几个好友，相互刷草、相互较劲，兴致很高；随着好友列表里的人越来越多，狂热度却慢慢降温。当农场变成了几百人的游乐场，玩家之间原本平等、有序、协作的关系难以维系，于是，最初联系紧密的小团体溃散，游戏也失去了吸引力。

研究中还发现，有些玩家在未玩游戏之前对"QQ农场"持抵触情绪，或者怕自己也上瘾，或者对其他同学的疯狂偷菜"觉得不可理解"；但在周围同学和朋友的影响下，还是加入了农场游戏的行列。也有玩家加入的原因就是大家都在玩、都在谈这个游戏。可见，农场游戏的风行部分源自玩家的"从众"心理。尤其大学生这个群体总是对潮流响应最为积极。无论初衷如何，最终都选择了"和大家一起玩"，本质上也是一种寻求群体认同的表现。当然，这也与QQ空间巨大的用户群网络和基于"好友邀请"的病毒式传播机制紧密相关。

---

① ［荷］胡伊青加：《人，游戏者》，成穷译，贵阳，贵州人民出版社，1998年版，第16页。

4.4.4 潜意识释放与"QQ农场"的游戏设计

西格蒙德·弗洛伊德在其《精神分析学》理论中首先提出"潜意识"的概念，它是指相对于"显意识"的、潜藏在我们一般意识底下的一股神秘力量；通常它不被人察觉，但力量巨大[①]。当人类有了文明，原始欲望便被压制到潜意识层面。文明压抑了人欲性，潜意识无法得到释放；文明也创造了网络，虚拟的网络世界为人们提供了对主体真实有效、且不伤害他人利益的潜意识释放途径。那么，"QQ农场"到底释放了玩家怎样的潜意识呢？

1. 偷的快感

在MMORPG中，玩家可以通过对抗获得巨大的生理和心理满足；而在"QQ农场"中，玩家们可以体验非法占有和不劳而获偷的快感。尽管在现实生活中，我们已从争夺、占有他人食物和财富转变为对道德、法律的遵从；但就弗洛伊德的心理意识论而言，强大的占有欲一直存在于我们的潜意识中。因此，在"QQ农场"游戏里，个体得以脱离现实的准则而回归"本我"，享受无条件占有的超级快感。

在"QQ农场"游戏界面的"好友列表"中，好友按照级别或金币数由高到低依次排序；同时也是玩家进入好友农场的入口。而大家最为关注的莫过于好友头像旁浮现出那个意味着"可偷"的小手图标了。点击进入后，即可进入好友农场偷菜了；偷菜过程中，呈现出果实被摘起的画面，产生一种身临其境的感觉，仿佛这些果实真的被自己收入囊中，令人倍感惬意。其实，玩家在土地上的每一种操作行为都会获得系统的及时反馈，如除草动作完成后，会出现爱心图标等。这些为略显简单平淡的"QQ农场"增添了不少生气。值得一提的是，早期QQ农场游戏中只有"摘取"一种收取方式，玩家偷菜需要一个一个连续点击；后来添加了"一键摘取"按钮，玩家也可以一键"偷"菜，省时省力；并且该图标放置在工具栏的最右边，方便玩家快速使用，将"偷"的快感最大化。由此可见，游戏设计的重点也是在于"偷"而非"摘"。

尽管最初出现在游戏界面上的"偷"字已经在有关部门的要求下全部改成了"摘"字，但并不影响游戏体验，玩家依旧"偷"来"偷"去，正如玩家所言："好玩的就是个偷。"在玩家看来，"偷菜"不过是朋友间善意的玩笑，无伤大雅，"偷"更率性、更真实，与价值取向无关。在深层消解的今天，网络游戏作为大众娱乐文化的代表，带给人们的是一场宣泄性、颠覆性的大众狂欢。

2. 田园原型

研究发现，部分来自农村的游戏玩家对"QQ农场"的田园题材表现出明显的好感，有些玩家甚至特别关注农场里某些作物，"因为他们引发了我关于现实生活的一些联想"。而那些完全没有田园生活经历的玩家依然对"QQ农场"的题材表示好感。

荣格认为，人格最深的层次不是个人潜意识而是集体潜意识，即"原型"或称"原始意象"。原型是一种通过遗传而留传下来的先天倾向，是"附着于大脑的组织结构而从原始时代流传下来的潜能。"[②] 荣格提出并描述了母亲原型、英雄原型、树林原型、太阳原型等多种原

① ［奥］弗洛伊德：《梦的解析》，高兴、成熠编译，北京：北京出版社，2008年版，第141页。
② 叶舒宪：《神话——原型批评》，西安：陕西师范大学出版社，1987年版，第104页。

型；由此推断，"QQ 农场"中可能存在一种"田园原型"。

田园原型是关于田园景象与农耕生活的一种原始意象。农耕文明是人类史上的第一种文明形态，在人类发展历史中占据的时间最长，进而在人类的精神构造中刻下了重重的一笔。尤其对于经历了五千年农业文明而进入工业文明仅只百年的中华民族来说，天人合一、宁静祥和的田园牧歌更是一种无法割舍的情怀。尤其对于身处"城市化进程"中的都市人群，沉寂于心灵一隅的"田园"幽思被"QQ 农场"唤醒；工业化和信息化的社会图景中一幅绿意盎然、生机勃勃的田园风光更显难能可贵，当玩家体验着播种、耕种和收获时，满怀农场主般的成就与惬意（如图 4 - 14）。荣格认为，原型不同于人生经历过的若干往事所留下的记忆表象，它的内容并不是清晰确定的画面，而是一种可能性；它就像是一张照相底片，必须通过后天显影。如果"田园原型"确实存在，"QQ 农场"便是那显影液，将集体无意识中的田园意象清晰地显现出来。

图 4 - 14　QQ 农场多种背景及其作物

"QQ 农场"游戏满足了玩家的休闲娱乐、社会交往、释放潜意识、自我实现等多种心理需求。这些需求都广泛存在于人们的日常生活中，其中越难以在现实生活中获得满足的需求，在虚拟游戏中反映得越强烈。

与其他类型的游戏比较可知，休闲娱乐、自我实现是所有游戏的共性特征；游戏必须以"好玩"为存在前提，无论是为人们提供心绪转换的载体或暂时逃离现实

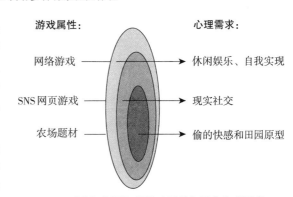

图 4 - 15　"QQ 农场"的游戏属性与用户心理需求

压力，抑或是获得现实生活中难觅的自我满足，都需要在"玩"游戏的过程中得以体现。"QQ 农场"因其"现实延伸"的特性而表现出与传统网络游戏的不同，这种虚拟社交和现实社交的交叉正是 SNS 游戏的共性特征；更准确地说，"QQ 农场"对社交需求的满足更在于"QQ"这个社交网络平台，而不在于"农场"本身，"农场"只是进入这个社交网络的入口和经营朋友圈的载体。"QQ 农场"新颖的游戏题材源自偷的快感和田园原型，唤醒了我们久违的个人潜意识和集体潜意识。由此可见，"QQ 农场"的核心竞争力不在于休闲娱乐、社会交往或自我实现，而在于它触及到不同形式的、独一无二的潜意识的释放。尽管这些潜意识更深层、更隐秘、也更难以察觉，但它们也因此更有意义、更具价值。

　　"QQ 农场"没有华丽的图形界面，没有眩目的交互手段，也没有刺激的游戏场景，却在短短五分钟的游戏时间中让用户痴迷，不能不说是游戏设计中的一个奇迹。相对于那些高技术、高投入的强调"逼真性"和"现场感"的大型角色扮演游戏，"QQ 农场"为我们开启了一条独特的游戏道路。与此同时，我们必须清醒地认识到，每一种需求的满足都在玩家的游戏体验过程中扮演着重要的角色；最终能让游戏脱颖而出的还是它与众不同的题材，而赋予游戏独特题材的有效途径则是深入发掘用户的潜意识。

第 5 章　用户之问

5.1　用户研究的人类学观念与方法[①]

网络与贸易的全球化缩短了地区间的地理距离，模糊了以传统方式划分的文化界线。文化交融带来人们的欲求、口味、消费习惯和生活方式的巨大改变并日趋复杂。即使在中国大陆，都不存在"统一的中国市场"，而是"二十个（或更多的）中国市场"[②]。面对地方化市场、大众市场和小众市场，试图根据某类文化、价值和经历来创造诸如"现代主义"、"流线型"此类的国际主义样式已经难以奏效。任何一个寻求扩展全球市场的企业，都需要仔细衡量其产品是否适合目标市场的文化传统和社会需求。只有从根本上适应当地人群的行为、信仰、期望等社会和文化因素时，产品或服务才有可能获得市场成功。

设计面临着新的挑战，需要新的理论新的方法去更有效地了解社会群体之间的细微差异，更深入地挖掘用户需求。因此，20 世纪后半叶，很多研究机构与设计公司开始从社会科学和人文学科中寻找信息和方法，帮助了解用户与产品之间的关系及用户使用产品的态度。Bill Gaver 等（1999）运用文化探察（Culture Probes）的方式，运用参与者自我记录、自我反思的多媒材信息，获取隐藏在人们日常活动背后的深层文化意义。Buchenau 等（2000）以"体验原型"（Experience Prototyping）的方式帮助设计团队在第一时间获取动态参与过程中的用户感受[③]。Ann Mäkelä 等（2000）通过田野调查探讨日常交流中图像的使用方式。Sakol 与 Sato（2001）提出一个 OMUKE 方法（Object-mediated User Knowledge Elicitation，以目标物为媒介的用户知识提取方法）[④] 来撷取用户知识，帮助设计团队挖掘用户需求与使用脉络。Battarbee 等（2002）则通过观察广场上人们的互动行为来寻找亲密的因素，刺激设计灵感；同时以广场中间的纸箱引起人们的好奇，运用开放式问题收集人们的观点和想法。我们将这些以用户为中心的经验撷取和生活研究统称为"用户研究"。以下通过分析当前用户研究领域的重要理论与方法，探讨人类学观点与方法在设计领域中的应用。

5.1.1　Elizabeth Sander 与"体验设计"

Sander 开设了 SonicRim 设计顾问公司，主要为各大公司提供设计研究服务。他依据研究重点和获得信息的方式不同，将用户研究分为三种类型：Say，通过语言的方式交换信息；Do，通过观察他做什么理解用户行为；Make，让用户亲手制作一些东西，从中发现他的期望与需

[①]　胡飞：《用户研究：人类学观念与方法在设计学中的应用》，李砚祖主编：《艺术与科学》第 4 卷，北京清华大学出版社，2006 年版。本文的研究线索来源于清华大学美术学院唐林涛博士的论文《设计事理学的理论、方法与实践》（2004）；武汉理工大学艺术与设计学院的硕士研究生韩晓燕、刘志坚、杨莉、张杰等协助翻译了部分资料。——笔者注。

[②]　时代华纳公司的 CEO 吉拉德·莱文（Gerald Levin）所言。——笔者注。

[③]　Buchenau，M. Fulton Suri，J.（2000），Experience Prototyping，In the Proceeding of the DIS2000，Designing Interactive Systems，New York City，USA，ACM Press，pp. 424 – 433.

[④]　Sakol，T.，and Sato，K.（2001）. Object-mediated User Knowledge Elicitation Method. in the 5th Asian International Design Research Conference，October 2001，Seoul，Korea.

求。由于用户的每个状态都有可能显露出独特的创造机会与全新的设计限制，任何单一的传达方式都会对用户研究有所局限。Sander 认为问卷、访谈等文字与语言的信息交流方式很容易产生"意义"污染，思维中那些"默许的"与"不可表达的"信息会被语言所遮蔽；而仅仅观察用户行为会带入更多观察者的主观成分；让用户自己来制作，就会使他们的期望视觉化。因此，Sander 认为，好的用户研究应该覆盖此三种方式，即"体验设计（Experience Design）"。[①]

Sanders 发展了一套产生式、创造式的探索用户经验的工具，通过二维工具箱（包含纸板造型、彩色照片等）和三维工具箱（各种不同造型的按钮、旋扭、面板等），帮助用户叙说生活经历和产品使用经验。通过不同工具的组合，或引出人们的情绪反应和传达形式，或发掘人们的形态认知和意义理解。工具中包含了语言、行为以及视觉形式的构件，这些构件又可组合出无限可能的形式；人们利用这些工具组合出人造物，来表达他们的思考、感觉以及概念，同时也可以表达想象中的意象或梦想的画面等难以用言语表达的意念。[②] 需要指出的是，这些工具必须是简单且语意模糊的，以便参与者能够将自我期望和欲求投射于他们所创造的物体之上。

5.1.2 Patrick Whitney 与"行为聚焦"

通常企业运用两种类型的研究来了解新的市场：产品聚焦（Product-focused Research）与文化聚焦（Culture-focused Research）。前者以供求关系为研究核心，使用问卷调查（Survey）、焦点组（Focus Group）、访谈（Interviews）、家庭访问（Home Visit）和易用性测试（Usability Test）等手段来询问消费者对既有产品、样机和服务的意见。后者是采用人口统计、记录本地人的日常生活与行为模式、发现价值系统、社会结构、亲属关系等手段去了解本地文化，从而发现市场机会。这两种方式都会使研究陷入两难的境地：前者能快速而确切地发现重要细节并正确总结，但拘泥于细节则难以导致突破性的洞见；后者常常导致大量关于文化的惊人发现，但缺乏应有的细节使得设计开发难以落到实处，并且文化聚焦研究非常耗时，在企业开发新产品的较短时间内很难有效运用。

美国 IIT（Illinois Institute of Technology）设计学院的 Whitney 教授提出介于以上两者之间的方法："行为聚焦"（Activity-focused Research），既不关注某一具体的产品，又不关心整体的文化，而是关注人们的行为。例如，一个生产厨房设备的国际公司想要开拓中国市场，那就应该研究中国家庭的饮食行为，研究中国家庭如何购物、备餐、烹饪、进餐以及餐后清洗等行为。通过观察并录像记录某一特定环境下（厨房或餐厅）行为过程中人们使用产品的方式，了解用户面临的问题、期望的效果和潜在的需求。行为是显性的，而设计的"祈使逻辑"必定会要求并支配行为的观念。因此，将人们的行为带入到环境脉络里去考察的方法多少带有社会学与人类学方法的印记。Whitney 采用录像、网络照相机等设备为用户制作照片日记（Photo Diary），并将收集的录像分类储存到数据库中，通过 POEMS[③] 框架分析数据，运用处

---

① 唐林涛：《设计事理学的理论、方法与实践》，清华大学博士学位论文，2004 年，第 1 页。

② Sander, E. B. N. (2000), *Generative Tools for CoDesign*, In Proceedings of CoDesigning 2000, London: Springer.

③ 记录用户交互行为时采用 POEMS 框架，通过人（People），物体（Object），环境（Environments），消息（Messages）和服务（Services）五个范畴的词汇列表来帮助研究人员对用户交互行为录像进行标记。每个范畴的词汇列表将随脉络（Context）而变化。如在研究家庭娱乐系统时，词汇列表将与孩子、计算机、办公室、游戏、因特网等要素相关，而如果研究医院中保健人员对医疗器械的使用，这些词汇则会是医生、听诊器、办公室、病人记录或者信息恢复。——笔者注。

理研究数据的工具软件来标记视频、注释活动、理解人们的行为特征①，通过累计、比较与长期分析，从而提取洞见与特定文化下的需求来帮助新产品、新服务和新系统的开发。②

图 5-1　"香港交互家庭"项目中的用户研究与概念设计③

　　他的研究是为跨国公司的产品进入"异己"文化的市场之前获取相关知识，为设计创新提供依据。在 1998 年的"香港交互家庭"（Hong Kong Interactive Home Project）案例中，运用关系图和亲自拍摄观察对象与家庭成员、产品、其他人、信息及服务交互作用的"每日生活追踪法"（day-in-the-life-tracking）、用来识别在实时观察中难以发现的日常生活详细模式的"影像民族学方法"（Video Ethnography）等方法对香港几个中产阶级家庭的生活、购物和其他日常事务进行了为期六周的观察。研究将香港家庭日常生活分为储物、供楼、平衡预算、家人交往、供孩子读书和购买新鲜食物等六个重要方面，更揭示出持续联系、省时、家庭价值观、新的中国公民身份和更高的思维能力等深层次的价值标准。并设计了用于家庭成员间保持联系的家庭基地（Homebase）系统，包括老人使用的 PictureU 和儿童使用的 WatchIt 以及关注健康状态的 HealthLink；旨在加强学校、家长和老师之间联系，帮助孩子学习的 Thinktank系统，包括 TeacherLink、LogBook、LearnTeam 和 TouchDesk；帮助香港居民在一天中的任何时间购物新鲜食物的 Foodchain 系统，包括 CheckFresh、ExpenseLink（图 5-1）。④

　　2004 年 Whitney 的"金字塔的底层"（the Base of the Pyramid）项目⑤，同样运用"行为聚焦"的方法和"POEMS"框架为生活在印度贫民窟的底层人们进行了系统研究，并提出Guild Net、Vendor Space、Mobile H_2O、Laundro Fast、Skill Registry、Job Shop、StepOne Homes

---

① 其步骤如下：1. 观察资料汇集；2. 以 POEMS 框架对观察资料进行标注；3. 以用户体验（User-experience）框架标注观察资料；4. 发现观察资料中的信息"簇"（Clusters）；5. 比较观察资料中的信息"簇"；6. 识别基于行为（Activity-based）的模式。——笔者注。

② Patrick Whitney, Vijay Kumar, Faster (2003), *Cheaper*, *Deeper User Research*, Design Management Journal, Spring 2003, pp50-57.

③ 清华大学美术学院工业设计系刘吉昆副教授参与了该项目的研究。相关图片资料由刘吉昆副教授提供。——笔者注。

④ Patrick Whitney, *Global Companies in Local Markets*, http://www.id.iit.edu/profile/gallery/hkhome_summer98/.

⑤ Patrick Whitney, Anjali Kelkar (2004), *Designing for the Base of the Pyramid*, Design Management Journal, Fall 2004, pp41-47.

图 5−2 "金字塔的底层"项目中的用户研究与概念设计

等系列概念设计，试图在穷人圈中建构一个能够自给自足并相互救助的良性循环系统（图
5−2）。该研究获得巨大成功，在学界和社会上引起强烈反响。

5.1.3 Tuuli Mattelmaki 与"移情设计"

芬兰赫尔辛基艺术大学教授 Tuuli Mattelmaki 通过观察环境中自然发生的现象，集中研究
用户的个体经验与私人生活脉络，其研究方法被称为"移情设计"（Empathy Design）。移情设
计意味着研究者必须把用户看作一个具有情感的生命个体，而不仅仅是被测试的主体。设计
师通过创造移情式的对话来理解用户。绕过传统的目标群体和鉴定方法，着重于观察用户在
其自身环境中的日常活动。这个理论完全激发了人们的好奇，因为它具有一种潜能，使已存
在的产品在消费者与产品的真实世界互动基础上使之不断创新与提高。与传统关注于面试和
观点调查相反。通过评估消费者未实现的需求。

Mattelmaki 曾为一家健身器材公司开发健康者使用的心率监测仪进行了用户研究。他找到
了十名受测者，分发给每人一套"探察包"，包括：一个日记本，一些画有高兴、痛苦、烦躁
等表情的贴签，一次性相机，拍摄任务清单以及十个带有问题的示意卡片。通过"探察包"
收集用户日常生活的素材，并与受测者会谈，探讨其中一些含混不清的细节。这样，在整个
研究过程中，通过 Say（日记、会见）、Do（照片）、Make（拼图）的方式，通过语言的、视
觉的以及行为的信息传达，再经过研究人员的分析与人类学解读，用户的主观态度、个性、
动机甚至梦想等就活生生地呈现于眼前。[1]

---

[1] 唐林涛：《设计事理学的理论、方法与实践》，清华大学博士学位论文，2004 年，第 54 页。

"移情设计"的研究手段与研究内容　　　　　　　　　　　　　表 5 - 1

探察包	数量	使用方法
日记本	1	记录每天关于"健康"与"锻炼"的活动与想法,记录日常生活事件及其反映
表情贴签	很多	对日常生活事件贴上高兴、痛苦、烦躁等不同表情的贴签
一次性相机	1	对家庭环境、家庭生活等信息记录,对喜欢的东西、讨厌的东西等情感记录
拍摄任务清单	1	
带有问题的示意卡片	10	将关于他们的态度、经验及情感方面的问题视觉化
大白纸	1	使用从杂志上剪下来的关于运动、生活形态、情感、环境的一些图片、文字,完成一幅拼贴画

运用"移情设计"的方法,通过观察用户在自然状态下使用产品的情况,设计者不仅能发现既有产品的瑕疵,而且能发现其他产品的潜在应用,更能为满足人们说不出却看得见的需求而创造全新的产品。这种方法通过一些"模糊"的刺激物,明确探测出用户的价值倾向,并在受测过程中,给用户以最大的自由和游戏般的乐趣,从而激发用户的兴趣与认真程度。该方法已被 Hewlett-Packard、Nissan、Cheerios 和 Harley Davidson 等公司广为采用。

5.1.4　Bill Gaver,Tony Dunne 等与"文化探察"

Gaver 与 Dunne 是英国皇家艺术学院"计算机相关设计工作室"(Computer Related Design Studio)的研究人员,其研究方法叫做"文化探察"(Culture Probe)。他们采用"非科学"的手段,"模糊"地去探察文化背景下的需求,同样受到了人类学与社会学的影响。与 Mattelmaki 类似,他们也准备了一套材料交给用户,给用户以最大的自由去组织这些材料。这样,研究收集的是用户的"灵感"(Inspiration)而不是"信息"。

在一个欧盟的实际项目中,为了改善老年人的生活状态,他们调查了荷兰 Bijlmer(阿姆斯特丹附近的一个大型社区)、意大利 Peccioli(一个托斯卡纳式的小镇)和 Majorstua(奥斯陆的一个区)。他们运用包括十张带有图像和问题的卡片、一些生活场景的地图、一次性相机、图片卡与问题的"探察包"(图 5 - 3),探询年长者的喜好、生活中的重要事物,及其对生活环境、文化环境和技术环境的态度。他们多使用带有明显倾向性的语汇、强烈唤起性的图像来打开老人们的思考空间,使其在尽可能大的范围内做出回应。而从卡片的形式入手进行提问是一种友好的、非正式的交流方式,易于被老人接受。与正式的问卷不同,明信片提问法鼓励依据现实情况随时提问;当然,这些问题是基于事先准备好的提纲,但以独立的形式出

图 5 - 3　Gaver 的文化探察包

现。并鼓励老年人自由地拼贴那些生活场景地图的碎片,来表达他们的需求。然后让他们用相机拍下他的家庭、穿着、每天第一眼看到的人、一些喜欢的东西甚至一些无聊的时刻等生活的现实。①

---

① Bill Gaver,Tony Dunne & Elena Pacenti (1999):*Cultural Probes*,Interactions,january + february 1999,pp21 - 29.

"文化探察"的研究手段与研究内容　　　　表5-2

探察包	数量	调研内容	示例图片
明信片	8-10张	·曾经对你很重要的一条建议或见识 ·你不喜欢 Peccioli 的什么？ ·在你生活中哪些方面是艺术性的？ ·告诉我们你最得意的设计	
地图	7张	·你去过世界上的什么地方？ ·你会在哪儿会见别人？ ·你喜欢在哪里独自安静一下？ ·你喜欢在哪里做白日梦 ·你想去但不能去的地方	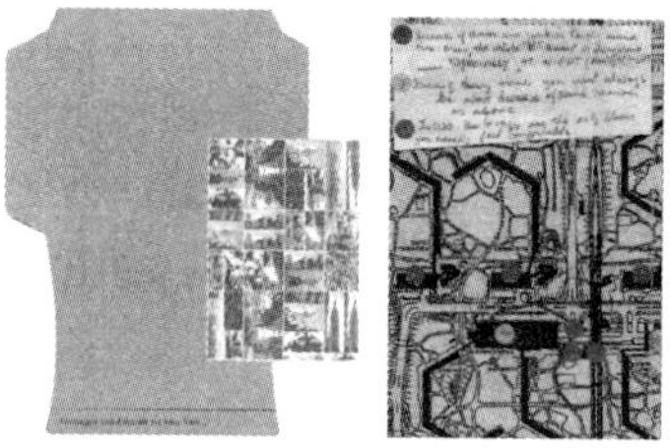
照相机	1个	·你的家庭 ·你今天穿什么 ·你今天见的第一个人 ·令人高兴的事 ·令人烦恼的事 ·想展示给我们的任何东西	
相册	6-10张	用过去的、家庭成员的、现在生活的或任何他们觉得有意义的照片，讲述你的故事	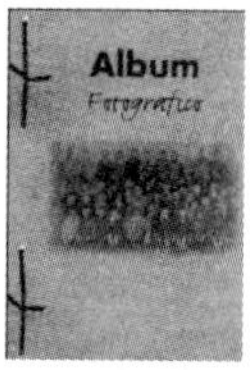
多媒体日记	1周	他们的电视和收音机使用情况，包括他们看什么、和谁一起和什么时候。他们也被要求注意收到和打出的电话，包括和通话者的关系和打电话的目的	

　　RCA（the Royal College of Art）针对 Bijlmer 设计了一个电脑网络系统（图5-4），由长者强化社区文化价值观和居民态度；建议在 Majorstua 组织社区会谈，从图书馆公布问题，获取公众对咖啡馆、有轨电车或公共场所的电子系统的回应；为 Peccioli 的长者设计了一个漂亮的装置，让他们能够创建灵活的社区网络和聆听来自周围村落的声音。[①] 对他们而言，设计不再只是解决用户需求，更是创造新的乐趣、新的社交方式和新的文化形式，而"文化探察"无疑提供了发现这种创新的重要机会。最终设计创新的不仅是技术功能，更是审美、文化甚至

---

① Bill Gaver, Tony Dunne & Elena Pacenti (1999): *Cultural Probes*, Interactions, january + february 1999, p29.

政治。

　　"文化探察"不以传统的理科和工程为基础，而是从设计师的艺术眼光中获取新的方法；不强调精确分析或有效控制，而集中于美学与文化的暗示、制度与服务方式的创新；不仅将科学理论指导的客观问题作为灵感来源，更看重非正式的分析、观察的发现、流行的动力和其他一些"非科学"因素；他们并不聚焦于商业产品，而重在理解新技术。

图 5 - 4　RCA 设计的电脑网络系统

5.1.5　长町三生、原田昭等与"感性工学"

　　"感性工学"[①]（Kansei Engineering，Kansei 是日语"感性"即カンセィ的音译），是一种关于"人"的"心理感受"（感性）与"物"的"实体对象"（设计特性）关系的人因工程理论及方法，以日本广岛大学长町三生、筑波大学原田昭、信州大学清水义雄为代表。以用户为导向，借助艺术科学、心理学、残疾研究、基础医学、临床医学以及运动生理学等多学科专家，通过问卷、实验、访谈等方式和眼球追踪、机器人、脑电波等技术手段将用户对某事物的看法、认知量化，从而进行概率统计，将人们模糊不明的感性需求及意象转化为形态设计的细节要素。如日本九州艺工的杉本洋介、佐木司、佐藤阳彦等对"烦躁"的研究，将"烦躁"的频度作成问卷，从 1988 年 12 月到 1989 年 1 月对学生、双亲、朋友等发放，回收有效样本数约 376 份。进而将"烦躁"与性别、年龄、职业、事件等因素之间的关系进行深入分析[②]。

　　感性工学研究包括三部分：（1）感觉分子生理学：通常以检测法和 SD 法[③]对用户的感觉器官进行检测或描述，并运用统计学的方法和实验手段，对人类生理层面的"感性"进行评估；（2）感性信息学：主要对人类感性心理的各种复杂多样的信息进行数据采集、分类、排序、变换、

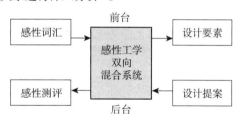

图 5 - 5　感性工学的双向混合系统

运算和分析，并对数据进行将其转换、传输、发布，完成感性量和物理量之间的转译，通常包括感性信息→信息处理系统→设计要素的顺向系统、感性测评←信息处理系统←设计提案的系统以及双向混合系统（图 5 - 5）；（3）感性创造工学：研究感性与形态、材料、色彩、工艺、设计方法与制造学等之间的关系，通过实验对产品的有效性、使用性、运算性与推广性的评估，以满足产品的感性化诉求。[④]

---

① 感性工学源自 1970 年代日本广岛大学研究的"情绪工学"；从 1989 年开始，长町三生发表了一系列关于感性工学的论文和著作；日产、马自达、三菱等企业最早将感性工学实用化；20 世纪 90 年代，日本产业界全面导入感性工学技术和理念，涉及住宅、服装、汽车、家电产品、体育用品、女性护理用品、劳保用品、陶瓷、漆器、装饰品、纤维等领域。1993 年开始，筑波大学原田昭负责筹组并成立了"日本感性工学学会"；1996 年，原田昭将"感性工学"研究分列为 16 个研究方向，并建立感性工学研究资料库。近年来，欧美各国都开展了相当深入的感性工学研究。参见，李立新：《感性工学——一门新学科的诞生》，邬烈炎主编：《设计教育研究》第三辑，南京，江苏美术出版社，2005 年版，第 10 页。——笔者注。

② ［日］杉本洋介、佐木司、佐藤阳彦：《烦躁之研究》，《日本人间工学会志》第 25 卷特别号，诸葛正译，来源于"全球产业设计情报服务系统"。

③ SD 法，即语意差异法（Semantic Differential Technique），由 Charles E. Osgood 等于 1958 年提出。——笔者注。

④ 李立新：《感性工学——一门新学科的诞生》，邬烈炎主编：《设计教育研究》第三辑，南京，江苏美术出版社，2005 年版，第 12 - 13 页。

应用感性工学于产品开发的一般流程如下①：（1）感性意象认知识别。首先广泛搜集各种产品图片，通过分类确定典型产品图片，并编号制成问卷调查的样本；然后试测，采集与产品造型的感觉和偏好相关的形容词与感性意象，并确定意象词汇集合；在此基础上建立调查问卷，除了被访者的基本信息（年龄、性别、职业等）外，对每一产品样本图片对应的感性意象语汇进行七度②测评；在大量的调查和统计基础上，建立意象看板；最后以因子分析法降低认知空间的维数、简化认知空间的结构，从而确定反映用户感性意象认知的几对意象语汇。（2）定性分析。首先，以形态分解、问卷调查及专家访谈归纳出构成产品要素及形态分类，并两相交叉，重新构建新的产品实验样本；然后针对前期提取的代表性感性意象语汇，选择部分用户再次测试；将问卷调查结果加以整理，并求出各个样本在各意象语汇下的平均数，以感性意象语汇评价数据为因变量，形态要素类目为自变量，进行多元回归分析；由此获得各个意象语汇对所对应的形态要素类目系数，并对照各个样本形态要素与感性意象的关系，进行偏相关分析；据此可以进一步了解意象语汇对于产品形态要素间所呈现的对应关系，定性归纳出基于感性意象的产品造型设计原则。（3）定量分析。以数值描述的方式来寻求感性意向语汇对产品造型参数间的关联关系。如以点描绘法逐一对先前的产品样本进行描绘，并记录每一个描绘点的坐标值，然后分别以每位受测者对每个产品样本的感性评价平均值为因变量，产品样本的坐标描述变量为自变量，进行多元回归分析，以多元回归方程式实现量化分析的目的。（4）结果验证。根据前期研究成果设计一些样本进行问卷调查，将所得调查数据与前述多元回归方程的计算结果进行检验分析，从而验证研究成果的合理性和有效性。例如杜瑞泽在运用感性工学方法研究手机感觉意象时③，将女性用户分为"独树一格族"、"理性实用族"和"时尚 Shopping 族"。以"理性实用族"为例，其对手机外观的感性需求因子为人因因子、创造因子和性向因子，分别表现出舒适、高雅、另类、创新、大众化和功能性等感觉意象，如表5－3。

手机感觉意象分析表 表5－3

因子	意象词汇对	因素负荷量	平均值	形容词偏向	累积解释变异量
人因轴	15 舒适/不舒适	0.882	－ 0.1165	舒适	46.232%
	08 美观/丑陋	0.846	－ 0.1950	美观	
	02 高雅/粗俗	0.840	－ 0.6238	高雅	
	14 好拿/不好拿	0.835	－ 0.1847	好拿	
	20 吸引力/无吸引力	0.821	－ 0.09	吸引力	
	16 女性化/男性化	0.814	－ 0.05	女性化	
	17 设计感/无设计感	0.809	－ 0.2	设计感	
	01 轻盈/厚重	0.772	－ 0.2490	轻盈	
	12 高贵/平庸	0.739	0.1770	平庸	
	03 曲线/直线	0.716	－ 1.888	曲线	
	05 前卫/保守	0.696	－ 0.1345	前卫	
	04 年轻/成熟	0.694	－ 0.2745	年轻	
	19 科技感/无科技感	0.674	－ 0.1245	科技感	
	06 简洁/复杂	0.662	－ 0.3954	简洁	

---

① 苏建宁等：《感性工学及其在产品设计中的应用研究》，《西安交通大学学报》，2004 年第 1 期，第 62 页。
② 如果使用五度测评，需要正向、反向测两次，以验证用户价值判断的细微区别。——笔者注。
③ 杜瑞泽：《生活型态设计——文化、生活、消费与产品设计》，台北：亚太图书出版社，2004 年版，第 148－155 页。

续表

因子	意象词汇对	因素负荷量	平均值	形容词偏向	累积解释变异量
创造轴	09 另类/主流	0.860	-0.1753	另类	
	10 创新/沿袭	0.642	-0.1040	创新	62.235%
	11 独特/平凡	0.620	0.04	独特	
性向轴	07 大众化/个性化	0.731	-0.2065	大众化	
	18 功能性/装饰性	0.625	-0.3195	功能性	69.325%
	13 古典/新潮	0.543	0.1385	新潮	

5.1.6　理解与量化：用户研究方法比较

　　通过对体验设计、行为聚焦、移情设计、文化探察与感性工学的浮光掠影，可以清楚发现，用户研究以发现用户需求、期望、目的、情感和体验为核心目标，不是研究用户身高、体重、年龄与收入等客观性和确定性信息，而转向爱好、需求、审美、情感等模糊性和不确定性因素。用户研究多在心理学、社会学、人类学（民族志）、语言学等社会科学的介入下展开。研究方法也不再遵循自然科学的因果逻辑和理性分析下的"还原"原则，而转向"理解"、"解释"人类的个体心理与群体文化。

　　其中，"体验设计"、"行为聚焦"、"移情设计"、"文化探察"等都在不同程度上吸收和借鉴了文化人类学（民族志）的观念和方法如表 5－4，综合使用各种社会学研究方法来观察群体并总结群体行为、信仰和活动模式，试图深入了解用户做什么、用什么工具以及如何思考，从而指导产品的开发、设计、生产和销售。

用户研究方法与民族志方法比较　　　　　表 5－4

民族志方法		田野调查	体验设计	行为聚焦	移情设计	文化探察
听	笔记	谈话	Say	访谈	日记	明信片
	录音	会谈	Say	家庭访问	对各种声音的研究	会谈
看	观察	行为追踪	Do：行为；Make：行为的轨迹，一系列动作	每日生活追踪法	自己观察	
记	记录	行为模式的图示	Do：行为的固定模式；Make：粘贴一些图片、物体的路径、顺序	每日生活追踪法	每日标签	相册
	草图或图表	人与人的关系	Do：人与人、人与物的关系；Make：如何理解、认知产品	关系图	人际关系的认知地图	地图
	拍照	人、地点、事件、其他材料	Do：关键点的人物关系；Make：如何理解、认知产品	照片日记	一次性相机或立即呈像相机	照相机
	录像	录像	Do：日常生活；Make：日常生活的可能性	影像民族学方法	自己录像	多媒体日记
	数字技术	网络相机		网络照相机，工具软件	网络相机	多媒体日记

运用文化人类学（民族志）方法于产品创新设计，以研究人们的日常生活为出发点，以探索用户价值为目的，以实地考察为重要方法，以活动焦点为研究中心；重点在于通过对日常最普通的生活研究，通过重新关注对设计有意义的日常生活细节，揭示用户"未满足"（Unmet）的需求。具体手段是寻找合适的"信息携带者"，然后观察、会见、记录，在此基础上做出"理解性"的描述。文化人类学（民族志）的基本理念是将任何地方的人都不只是当做经济实体的消费者，而是作为有欲望和需求的社会存在。这些社会存在以显在或潜在的方式，在积极改变自身和周围环境、创建新意义、经历和商品的同时，组成了复杂的社会单位并保持日常生活的基本组织。由此可以发现用户需求与新产品、新服务和新技术之间存在的相互作用。研究可以为产品开发带来新的视野并直接发现潜在用户，特别是一种新产品或服务被引进或者在现存的产品或服务中有一些小变化的时候。

而感性工学则是一门将用户所持的意象或感觉转变成物理特性的产品设计的科学，它是以用户的情感反应与认知心理作为分析研究的基础，通过运用统计分析及电脑技术，以定量的方式从用户的感性意象中辨认出设计特性，建立了一种多学科交叉的综合性研究模式。它起始于整体基础上的个别要素的分解，通过对具体的感性要素如色彩、材质、线条、比例等做出判断和处理，从模糊和不确定的感性表现中寻求、归纳出重要的真正符合用户欲求的感知要素，通过计算机技术使之构成清晰的可操作的原则、关键点甚至方程式，从而指导产品设计制造。感性工学的研究建立于理性基础之上，以自然科学的、笛卡尔式的、分子还原论的理性方法去研究感性，试图还原并找到"感性"这一心理反应的生理基础，试图将人的"感觉"量化，从而获得到"科学"的和"客观"的规律。这与"体验设计"、"行为聚焦"、"移情设计"和"文化探察"所共同表现出的用户研究转向模糊的、质的①、民族志的方法大相径庭。

5.1.7 人性自觉：用户研究方法中的人类学观念

自 1920 年代哈佛大学的 Lloyd Warner 在西塞罗、伊利诺斯等地的工厂调查工资、工作条件及其他生产力因素，到 1970 年代 Barnett 博士与 Lucy Suchman 将人类学观点运用于产品设计，到 2002 年 10 月 IBM 雇佣了 Blomberg 夫人作为公司的第一位人类学家，苹果、Philips、微软等企业也都有人类学家、社会学家、语言学家参与设计，IDEO 近年来更是将业务重心由产品设计转向用户研究。人类学方法已广泛渗透到设计领域。面对残酷的竞争和日益饱和的市场，"如何了解用户需求"成为设计的核心问题，设计研究回归到个体，回归到用户。而社会、经济、文化对设计的影响都可以统一在"人"这一概念之下，因而设计面对的问题归根结底是人的问题，应该遵循人的逻辑，需要关于"人"的知识、观念、方法来解决。因此，人类学发展成为设计学的重要理论与方法支柱之一是历史的必然。

人类学（Anthropology）是研究人的科学（The Science of Man）②。由于人本身就具有自然属性和社会属性这两重属性，因此从生物学的视点研究人类体质形态的称为体质人类学（Physical Anthropology），从社会文化的观点来研究人类社会文化现象的称为文化人类学（Cultural Anthropology）。设计学则是研究人为事物的科学（the Science of the Artificial）。它以造物

---

① 质的研究认为，任何事件都不能脱离其环境而被理解，理解涉及整体中各个部分之间的互动关系。对部分的理解必然依赖于对整体的把握，而对整体的把握又必然依赖于对部分的理解。也就是强调研究者的主观感受，在"情境中"去研究，采取"文化主位"的路线。参见，陈向明：《质的研究方法与社会科学研究》，北京，教育科学出版社，2000年版。——笔者注。

② 林惠祥：《文化人类学》，北京：商务印书馆，1934 年第 1 版，1991 年第 2 版，第 3 页。

为主要研究对象，是研究人工物及造物系统的科学知识体系①。可见，设计学与人类学在某种意义上是部分与整体的关系。人类学研究与人相关的社会、自然、人工物等一切系统，理所当然也包括与人类生活息息相关的设计。

运用人类学观念与方法进行用户研究，也相应划分为人类文化与人类体质两条路径。文化人类学从物质生产、社会结构、人群组织、风俗习惯、宗教信仰等各个方面，研究整个人类文化的起源、成长、变迁和进化的过程，并且比较各民族、各部落、各国家、各地区、各社团的文化的相同之点和相异之点，籍以发现文化的普遍性以及个别的文化模式，从而总结出社会发展的一般规律和特殊规律②。而民族志（Ethnography，又称人种志学）作为文化人类学的一个重要分支，着重人类文化的研究与描述③。运用文化人类学（民族志）方法于设计研究，主要通过实地调查来观察群体并总结群体行为、信仰和生活方式，描述某个社会群体和阶层文化，有助于设计人员理解用户的"本地"观点（Native Thinking），进而深入挖掘用户需求。前文介绍的"体验设计"、"行为聚焦"、"移情设计"、"文化探察"皆可归入此列。体质人类学则是从生物和文化结合的视角来研究人类体质特征在时间与空间上的变化及发展规律，从人类生物机体的角度来研究人类的生物性，从人在自然中的位置来研究人类的自然属性。流行于日韩的"感性工学"和通常的"人因工学"均属此类。

现代科技超越了其诞生地的地域局限而具有被广泛认同的普遍有效性，并建构了一套以实证主义、工具理性、量化、还原和控制等为关键词的"意义体系"，并逐渐遗忘了生活世界，持续忽视着完整的人性。进而，人对物性的理解逐渐淹没了人性的自我理解。设计学虽经历从"以机器为本"、"人机共生"到"以人为本"、"以自然为本"的转变④，其思维主线仍是从物出发，试图使人工物适应人的行为特点、适应人的知觉感受、适应人的动作特性、缓解人的身心负担、弥补人的缺陷，或是

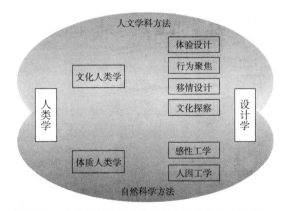

图5-6 人类学观念和方法与用户研究的对应关系

设计者的一厢情愿，或是市场与社会的压力使然，始终被动地、因果性地看待人工物对人类生活方式的影响，因而自发地关照工业产品与人的关系，而不是自觉地从人的角度审视人工物及由此带来的社会问题。

运用文化人类学（民族志）方法观察用户与产品、用户与环境之间的互动，避免了以往问卷、访谈等语言交流中的"意义污染"问题，敏锐捕捉到一些无法被语言描述的、非常主观化的、情感性的概念。更为关键的是，透过人类学的观念与方法，自觉地从"人"的生物性和社会性出发，可以还原"人工物"在人类历史长河中的价值"真相"。作为设计结果的人工物，通常在设计领域、生产领域、市场领域、日常生活领域、自然环境领域等不同领域，表现为作品、制品、商品、用品、废品等不同形式。这些人工物所体现出的文化价值、制造价值、交换价值、使用价值和材料价值，受创新、技术、资本、功用和可持续的逻辑支配，

---

① 李砚祖：《设计艺术学研究的对象及范围》，《清华大学学报（哲学社会科学版）》，2003年第5期，第69-70页。

② 童恩正：《文化人类学》，上海：上海人民出版社，1989年版，第9页。

③ http://iawiki.net/EthnographicResearch/2004-5-14.

④ 李乐山：《工业设计思想基础》，北京：中国建筑工业出版社，2001年版，第259-260页。

其本质是人工物与人的关系体现，是人以设计者、生产者、消费者、使用者和全人类等不同角色进行社会活动的价值体现，折射出意识性与自我性、工具性与具体性、社会性与多样性、丰富性与未决性、自然性与历史性等诸多人性特征。

人工物背后的人与人性   表5-5

人工物	作品	制品	商品	用品	废品
概念来源	人文学科	工程学	政治经济学	人类学	环境科学
发生领域	设计领域	生产领域	市场领域	日常生活领域	自然环境领域
价值体现	文化价值	制造价值	交换价值	使用价值	材料价值
支配逻辑	创新	技术	资本	功用	可持续
人	设计者	生产者	消费者	使用者	全人类
人性特征	意识性 自我性	工具性 具体性	社会性 多样性	丰富性 未决性	自然性 历史性

"伽利略在从几何学的观点和从感性可见的和可数学化的东西的观点出发考虑世界的时候，抽象掉了作为过着人的生活的人的主体，抽象掉了一切精神的东西，一切在人的实践中物所附有的文化特性。这种抽象的结果使事物成为纯粹的物体，这些物体被当做具体的实在的对象，它们的总体被认为就是世界，它们成为研究的题材。"[1] 这也正是用户研究的价值所在。用户研究需要反复追问和经常思考的问题就是：用户知道什么？用户能够做什么？用户又希望什么？人类学观念与方法有助于设计学的"人性自觉"，通过用户研究、系统设计和市场运作，自觉地寻求更丰富更复杂的人与人的本质关系。

5.1.8 文化自觉：设计学中的文化人类学观念

社会学者从群体生活方式中研究社会结构，文化学者从人的行为模式中研究文化象征的意义和作用，考古学者从物质文化尤其是古代的有形资料中解释人类行为，语言学者由语言结构隐喻社会结构、以语言活动比附社会活动，民族学者观察、体验、听取土著人的生活与观点，设计师则以针对日常生活的造物活动解读人们的"生活世界"……不同领域的学者从不同的角度入手，最终指向同一个终点，即丰富的人类文化。

文化，"是包括全部知识、信仰、艺术、法律、道德、风俗以及作为社会成员的人所掌握和接受的任何其他的才能和习惯的复合体"[2]，包含了道德观念、典章制度、器物行为三个层面，是由理念价值、规范价值、实用价值共同构成的价值体系。从茹毛饮血到钟鸣鼎食到锅碗瓢盆，表现出饮食方式的变化；从结绳记事到笔墨纸砚到个人电脑，表现出书写方式的变化……纵观设计的发展历程，它是人类文明发展的一面镜子，不仅反映出各个历史时期的生产力发展水平，还反映了人类的行为方式和审美心理，更折射出对自然的理解、对社会的态度、对精神的追求。当人们的需求冲击传统载体、工具、工艺乃至风格、艺术形式时，更新的不仅是新生的工具载体和形式，而且是观念、评价、标准、方法、知识、技巧所构成的整个系统。可以广义地说设计创造了文明；作为物质形态创造的设计学，是一种典型的物质文化现象。

---

① ［德］埃德蒙德·胡塞尔：《欧洲科学危机和超验现象学》，张庆熊译，上海：上海译文出版社，1988年版，第71页。
② ［英］爱德华·泰勒：《原始文化》，连树声译，桂林：广西师范大学出版社，2005年版，第1页。

借鉴人类学观点与方法，有助于设计研究与设计学科的发展。首先，一个社会中的各种文化现象之间相互渗透、相互影响，使得通过其他文化现象来研究设计文化成为可能。其次，不同民族由于其特殊的地域环境、气候条件、经济情况、人文思想、风俗习惯等，对改造自然和社会、适应生存发展所运用的原理、材料、生产也不同，其设计造物也会形成相应的民族特色和地域特征。此外，生活方式、群体行为、物产风俗、节庆活动、气候环境、宗教信仰等人类学观察研究的重点更是与设计息息相关。在文字让位于图像、思考让位于直觉的今天，真真假假的影像构筑着虚虚实实的世界，以全球化、一体化、同质化的设计掩盖了不同地域、不同民族的人在不同时间的不同需求。设计创新来源于对用户真正需求的深入挖掘，关键在于"文化"和被激发的"文化自觉"。

所谓"文化自觉"，既是"生活在一定文化中的人对其文化有'自知之明'，并且对其历史发展历程和未来有充分的认识"，又是"生活在不同文化中的人，在对自身文化有'自知之明'的基础上，了解其他文化及其与自身文化的关系。"① 基于文化人类学方法的用户研究，收集"本地人"的生活知识和设计灵感。只有进入该群体的世界，以该群体的眼光看待事物，才能对不同生活、不同文化有正确的理解。也只有这样才能跨越设计师与本地人之间的认知鸿沟。"文化自觉"的用户研究，有助于了解用户置身其中的民族文化、地域文化或群体文化的来历、形成过程及其特点；"文化自觉"的用户研究，通过人类学的听、看、记的基本方法，综合运用社会学、传播学方法及技术手段，充分了解当地的文化脉络，并以明信片、地图、照片、小东西等适合用户的物件，让本地人成为"发言"者，提供了充足的用户信息；"文化自觉"的设计研究，以用户日常生活中的价值观念、思维方式、审美情趣、行为方式作为思考和观照的对象，帮助设计者洞晓用户文化模式的优势弱点，揭示隐藏其中的精神内涵和深刻需求；"文化自觉"的设计创造，来源于对当地的知识与灵感的探察、发现、再组织和再创造，以"有灵感的数据"来刺激设计者的想象，与此同时，用户也激发设计者思考他们自身的角色和快乐的经历，进而提示我们：设计创新在于新的角色和新的经历。文化核心的问题是人类如何和应该以何种方式生存。关注文化，就是关注人的生活；文化自觉，就是人性自觉。

当然，我们也必须清醒地认识到，用户研究对生活的"复原"或对文化的"回归"，都只是一种表象或错觉。我们在现有的经验结构中对用户及其生活进行了"前理解"（海德格尔语），因而用户研究不可能复原用户及其生活的"本真"面目，而是立足于我们所处的当下语境，和用户进行对话沟通，形成一种"视界的融合"②。

此外，用户研究源于全球化企业与地方化市场之间的矛盾，反映出全球同质化与地方差异化的设计问题，表现出世界与民族、全球与地方、普遍与特殊的对立统一。以"文化自觉"的观念进行用户研究，要洞察用户所在群体的文化发展方向，清楚地认识到该群体文化在该社会文化中所具有的文化身份及其与其他群体文化之间的关系，更要对该群体文化所属的民族文化所具有的世界文化身份及其与其他民族文化之间的关系有一个清醒的定位。以"文化自觉"的观念进行设计创造，要在接受外来文化的同时，发扬自身的文化个性，对全球化潮流予以回应。"我们寻求的不是结果的统一性而是活动的统一性，不是产品的统一性而是创造的统一性"③。以"文化自觉"的观念进行设计创造，更要强调在文化转型过程中该群体的自主地位和自主能力，引导该群体为适应新时代、新环境而进行自主文化选择和自主文化创新，

① 费孝通：《论人类学与文化自觉》，北京：华夏出版社，2004 年版，第 222 - 223 页。
② 相关问题，Rittel 称之为"无知的对称性"（the Symmetry of Ignorance），胡塞尔表述为"主体间性"（Inter-subjective），在加达默尔那里叫"视界的融合"（Fusion of horizons），语言学中则称"主位与客位"（Emic & Etic）。——笔者注。
③ ［德］恩斯特·卡西尔：《人论》，甘阳译，上海：上海译文出版社，2003 年版，第 111 页。

自觉地以本土文化、本民族文化的传统为依托，充分利用本土资源，吸收外来文化的优秀成分，促进本土文化、本民族文化的自主创新。既要知己知彼，取长补短，推己及人，又要相互理解、相互宽容和共生共荣，从而实现费孝通先生所言的"各美其美，美人之美，美美与共，天下大同"。

人类学，一门是追求反思的科学，在努力获得一种特别的历史深度和一种相对文化立场的基础上，理解人类各种生活的不同可能性，并在深刻理解中解决这个时代、这个民族的问题。在经历了主位与客位的关系问题、文化人类学家职业伦理道德问题以及不同文化间交流的"主体间性"问题等激烈探讨之后，人类学由建立一种"关于社会文化的自然科学"，转而关注社会生活中意义的协调，确立了以格尔兹为代表的象征人类学以及"深描"的研究方法论。借鉴人类学的"他者的目光"、"非我族类"、"文化互为主体性"、"整体论"等观念与方法，有助于设计者把过去、现在、未来联系起来，更清晰更正确地解析人与人工物、人与人、人与自然、人与社会之间的关系。以"人性自觉"和"文化自觉"的方式建立人类学与设计学之间的联系，以具体的解释式、建议式的关注人类自身生存发展，有助于设计者更为敏锐更为细致地发现问题，更为真切更为深入地认识问题，更为开阔更为活跃地提出设想，更为系统更为本质地解决问题。于人们尽情享受的虚拟世界的感性狂欢和淋漓尽致的意欲宣泄中，重拾亦渐渐远离了和淡漠了的情感交流和生命感受；于世界民族之林中，使瑞典人更瑞典，法国人更法国，中国人更中国！

5.2 用户研究的模糊性①

网络及数字技术的日新月异为界面设计带来新的挑战，需要新的理论新的方法去更有效地了解社会群体之间的细微差异，更深入地挖掘用户需求。UCD（User-centered Design）方法中将以用户为中心的经验撷取和生活研究统称为"用户研究"。本文以界面设计为例，探讨用户研究中的模糊性问题。

5.2.1 用户研究中的有效性与模糊性

现代设计越来越讲究清晰，设计研究也更多地强调把握用户的清晰目标，从而为界面设计的展开提供明确的指导。效度（Validity）与信度（Reliability）是用户研究中对调查结果进行分析的重要衡量指标。效度指调查的真实程度和全面程度；信度则指调查的重复性或一致性，它受随机误差的影响。

然而，用户在使用软件及其界面时存在很多不确定性。用户在使用软件实现其需求之前会很清楚自己想要达到的目标，由于受到软件界面图标样式、色彩、信息组合等的影响，使得用户在使用软件进行具体操作时过多地关注其实现目标的"手段"，而模糊了自己的"目的"。此外，在界面用户调查中，用户在表达想法时会受到外部环境和自己心理状态的影响，针对同样的问题作出不同甚至截然相反的回答，或只强调了需求的某些方面。这些不确定因素降低了用户研究的有效性和可信度，从而导致用户需求很难被真实、全面地发掘。

这些用户在认知界面的过程中"关于对象类属边界和状态的不确定性"②，就是模糊性。1965 年，美国伯克利加利福尼亚大学工程系控制论专家札德在《模糊集》一文中指出："模

① 胡飞、张宝：《论界面用户研究中的模糊性》，《武汉理工大学学报·信息与管理工程版》，2009 年第 2 期。
② 李晓明：《模糊性——人类认识之谜》，北京：人民出版社，1985 年版，第 12 页。

糊性所涉及的不是一个点属于集合的不确定性，而是从属于到不属于的变化过程的渐进性"。例如，企业网站导航中的主菜单栏主要包括公司简介、产品类别、经营范围、公司概况、发展历史、联系方式等等，而诸如产品类别、经营范围以及公司概况、发展历史这样的分类就比较模糊，用户很难区别它们的区别，因此在设计这样的界面时，应该使菜单栏中的各个类别的区别更加明显。

用户需求和界面认知都是隐性的和模糊的，用户研究应该关注用户在使用软件时的模糊需求和操作软件时的模糊认知，并对这些模糊性因素进行分析、归纳和总结，在基于用户并高于用户的角度下将这些模糊性因素清晰化，从而提高用户研究的效度和信度；并通过良好的信息组织和视觉化的语言——界面来帮助和引导用户实现其需求。

5.2.2 源于研究对象的模糊性

用户对于软件及其界面的认识往往从浅到深，尤其当遇到新的软件功能或界面形式，由于对象的类属和形态不能明确界定，因而产生了模糊性。例如 BBS 中常见的"发新帖"按钮（如图 5-7）。用户看到这种样式的设计，通常会认为鼠标点击"新帖"就发表了一个新的帖子。但当用户将鼠标移动到该按钮的任何一处时，就出现了一个下拉式菜单，标明投票、交易、悬赏和活动四个选项。这四个选项到底是发新帖的四种可选类型呢？还是与新帖一起成为 BBS 的五种功能？也即，新帖与四种选项之间到底是层级关系还是并列关系？这种界面信息结构非常模糊，导致用户使用时会产生迟疑，甚至误解为该论坛只能发布这四种类型的帖子。正确的处理是，鼠标移动到新帖上，点击，表示发表一个新的帖子；鼠标移动到后面的下拉箭头，自动弹出选项框，表示还可以发表更多类型的帖子。

图 5-7 BBS 中的"发新帖"按钮的模糊性

用户对软件及其界面的认识不足，主要表现在：（1）用户不同的文化背景、生活方式、使用习惯等可能会导致思维差错；（2）启发方式可能会给不同用户带来不同的信息引导；（3）用户对软件界面的认知过程会受到不相干多余信息的干扰，以及动机、情绪和思维定势等因素的制约。

界面用户研究需要研究目标用户在特定时间、特定环境下的软件使用状况和界面操作行为，而对于一些行为的解读就存在着模糊性。比如对一个网上购买早餐的网站界面进行设计，使用这种网站的用户一般为都市上班族，通常在前一天晚上下班后或入睡前使用网上定购早餐的服务，因而不会花太多时间在选择购买上。可能他们自己对第二天早上吃什么都不是很清楚，其选购对象和操作都具有很多随机性。因此，有效的网站界面形式和信息组合应该考虑到如何帮助和引导用户在最短的时间内完成操作。

在用户研究中，任何被测者都是一个有着意识和意志的独立个体，所有的回答都应该被视为一种"自我陈述"（self-representation），被测者接受调查的过程就是泄漏关于自身信息的过程。所以，模糊性成为用户自我保护的手段。用户不仅仅通过言语掩蔽自己的想法，还会通过实物或肢体语言进行掩蔽。如在入户调查时，用户常常会刻意布置或装扮，呈现出他自己较为满意的状态，而非日常生活中的普遍特征。因此，运用社会学研究方法进行用户研究时，通常会运用若干方式减少参与者的危险感，并确保对其隐私的保护。被测者的压迫感越少，被收集的资料将会越清晰。

尽管"自我陈述"的内容不能被确定为"真实的"，但它显示出被测者希望怎样被他人认知，因此，"自我陈述"有助于研究者理解用户行为及其社会动机。理想的状况是，研究者在研究过程中尽可能多收集数据，并能够控制变量，使所收集的信息能够反映一个行为发生的通常情况，进而使来自于一个调查样本中的数据适用于更多的群体[1]。

5.2.3 源于研究方法的模糊性

用户研究中常用定性的和定量的两类方法，定量分析方法提供了一套科学、规范、客观的评价方法，用可靠的数字来说明和分析问题。定量方法包括问卷法、实验法、层次分析法（AHP）、关联分析法等；定性研究方法通常指与问卷调查等定量研究方法相对的其他全部方法。所以，只要是非数字、非定量分析的方法都被冠以定性研究（方法）的名称，如指标体系法、田野调查法、访谈法、卡片法等。[2] 界面用户研究重点关注两方面的问题：用户偏好与使用行为，理论上，两者都能通过定量方法被观察到并被证实；但这些问题都与态度或心理状态密切相关，在调研过程中很难准确把握并且无法被完全复制。例如，实验心理学在实验室中使用的方法通过控制数据采集过程中的环境影响来最大限度地提高精确度，但在自然环境中观察参与者却相当失真。由于实验不能控制自然环境，即使在此环境中数据被精确采集，但无法获取精确的统计结果。此外，尽管通过实验图表能产生高度的真实性，但由于大部分用户缺乏精确的综合能力，研究者获取的个体观察深度有限。

因此，用户研究更为广泛地运用定性方法，在小样本中形成的假设能在大群体中得到概括。人们往往更愿意在一个安全环境中对陌生人表达个人的想法，而不是一对一、面对面的访谈中，尤其针对带有敏感性质的主题。例如，一群匿名的旅行者在火车上的谈话可能更真实。因此，运用焦点小组法（Focus Group），用一些短的开放的问题来引导谈话，或用他们自己的语言，可以发掘大量有价值的信息。此外，群体讨论容易激励参与者的思想联系，产生诸如头脑风暴的效果。

用户调查中研究者常常借助一些图像、卡片和器物来探索用户经验。如美国 SonicRim 设计顾问公司的 Elizabeth Sander 通过包含纸板造型、彩色照片等的二维工具箱和装有各种不同造型的按钮、旋扭、面板等的三维工具箱，帮助用户叙说生活经历和产品使用经验[3]；芬兰赫尔辛基艺术大学教授 Tuuli Mattelmaki 运用带有问题的示意卡片将关于用户态度、经验及情感方面的问题视觉化；英国皇家艺术学院"计算机相关设计工作室"（Computer Related Design Studio）的 Bill Gaver 和 Tony Dunne 在用户研究的"探察包"中装有 8 - 10 张明信片和 7 张地图[4]。通过不同工具的组合，或引出人们的情绪反应和传达形式，或发掘人们的形态认知和意义理解。工具中包含了语言、行为以及视觉形式的构件，这些构件又可组合出无限可能的形式；人们利用这些工具组合出人造物，来表达他们的思考、感觉以及概念，同时也可以表达想象中的意象或梦想的画面等难以用言语表达的意念。需要指出的是，这些工具必须是简单

① Zoe Strickler. Elicitation Methods in Experimental Design Research. *Design Issues*, 1999（2）：30.
② 李乐山：《设计调查》，北京：中国建筑工业出版社，2007 年版。
③ Sander, E. B. N. Generative Tools for CoDesign. Proceedings of CoDesigning 2000, London：Springer, 2000.
④ Bill Gaver, Tony Dunne & Elena Pacenti. Cultural Probes. Interactions. January + February 1999：21 - 29.

且语意模糊的，以便参与者能够将自我期望和欲求投射于他们所创造的物体之上。这正是巧妙运用模糊性的工具来研究模糊性的问题。另一方面，图像作为用户研究中的重要一环，也具有模糊性。类型完全不同的图像之间存在着大量的过渡地带，存在着模糊的边缘。而且，图像与图像之间的沟通往往也要倚重于语言文字的转译。

由于研究对象本身的模糊性，在用户研究中即使采用定量方法也需要注意模糊性问题。如，调查问卷通常是一种定量的调查工具，但测量数据中的真相很容易受到攻击。这些错误可被归纳成三个问题：（1）被测者对问题的回答是真实的吗？如果用户没有理解这个问题或从未思考过该问题，答案的有效性就无法保证。无论如何问卷调查都要避免出现被测者未被通知或没有明白的情况。（2）回答真的代表用户的想法或感觉吗？一个人想是一种方式，但回答却是另一种方式，在一些真实的回答中感觉到了一些危险的形式。（3）回答者正确的解释了问题吗？一个人误解了这个问题，并真实地回答了该问题，却导致了错误的指向；答案是真实的，但错误地理解了问题。当然，这些问题主要源于用户研究中用以记载、分析的语言符号具有模糊性。

5.2.4 源于研究者的模糊性

用户研究的发起者——研究人员本身也是模糊性的一个重要因素。定性研究通常运用质的研究（Qualitative Research）方法，"以研究者本人作为研究工具，在自然情景下采用多种资料收集方法，对社会现象进行整体性探究，主要使用归纳法分析资料和形成理论，通过与研究对象互动对其行为和意义建构获得解释性理解"[1]。

用户研究总是在一定的社会情境、社会关系、制度结构和历史背景中展开。研究者在关注用户心理结构和心理过程的同时，还要关注建构这些心理现象的社会交往和社会过程，将个人作为历史和社会的参与者，理解人类社会选择以及形成有关"人"的各种错综复杂的方式和关系[2]。而对这些因素的把握主要依靠研究者。在对资料的整理和分析过程中，研究者要重新回到一定的情境中，综合考虑各种因素，在客观资料的基础上，对研究资料进行"深描"，把其中隐含的、有据可依的主题进行分析，将它们系统地、有序地呈现出来，从而完成了对资料的意义的解释和建构。例如为 Icon 设计进行用户调查时，通常预备一组已经设计好的图标，告知用户图标的名称和功能，然后让用户进行选择，测试每个图标的直觉性，最后统计用户的选择情况。这种方法的使用存在一定的缺陷，用户在选择图标时并不是处在该图标出现的环境和使用情况下。因此，研究者在进行这样的调查时，应改为用户创造相应图标的使用环境，不仅关注测试结果，更应关注用户在选择图标时的表情、提问、出错情况等反馈状况，从清晰的资料——测试结果和模糊的资料——测试过程这两个方面进行分析，才能获得更全面、更准确、更有效的成果。

研究者与研究对象之间是一种互动的关系（图 5-8），研究不仅仅是对客

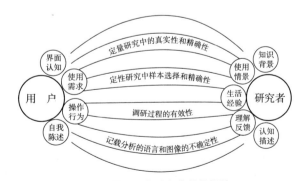

图 5-8 界面用户研究中的模糊性

---

① ［美］马克斯威尔：《质的研究方法：一种互动的取向》，朱光明译，重庆：重庆大学出版社，2007 年版，第 2 页。
② ［美］大卫·费特曼：《民族志：步步深入》，龚建华译，重庆：重庆大学出版社，2007 年版。

观事实的描述和揭示用户的需求，而且也是一种创造的过程，强调研究者与研究对象之间的相互构成，共同理解。在研究过程中，研究者常常使用大量假设，边走边看、逐步深入地理解用户。既然对于一些要素并没有确定性的把握，必然会在设问的过程中留有足够的模糊空间，保持问题的开放性以使得研究者和用户进行充分的沟通，研究者不能希求在每一步骤完成之后，都能得到自己所希望知道的答案。研究者要发挥理解和解释的主观能动性，引导用户研究进行下去，使研究成为一种生成的过程。研究者在对研究资料的理解和解释过程中，要从"客观"、"事实"、"中立"到"体验"、"移情"，再到"参与"、"对话"中，让研究者和研究对象共同进行用户研究①。例如在手机界面的用户调查中，用户会说出自己使用手机的感受：发短信是否方便？打字、选字快不快？各种输入法之间转换是否合理？能不能快速查找到想要的号码？是否喜欢手机界面的图标和色彩？……研究者在倾听过程中要跟随用户进入到使用情境中，把用户所描述的问题转化成概念模型，并与用户积极交流，不断分析和改进用户所期望的概念模型。

界面用户研究中存在着广泛而普遍的模糊性。在承认模糊性普遍存在的基础之上进一步发现：（1）源自研究对象的模糊性，包括用户的界面认知、操作行为、使用需求和用户调研中的"自我陈述"；（2）源自研究方法的模糊性，包括定量研究中的真实性和精确性、定性研究中样本选择的准确性和调研过程的有效性以及记载分析的语言和图像的不确定性；（3）源自研究者的模糊性，包括由于研究者与用户在知识背景、生活经验和使用情景等方面的差异性导致界面认知、描述、理解和反馈的差异性。可见，要想彻底弄清楚界面用户研究中的模糊性是一件不可能完成的任务。尽管研究对象、研究方法与研究者自身之间存在着复杂的相互关系，研究者可以通过多个渠道、采取多种方式采集用户信息并进行相互印证，以获得对用户更全面、更清晰、更深入的认识，并运用分析和综合的方法把模糊性因素清晰化，从而实现用户研究的有限精确。

5.3 用户研究中的地方性知识②

5.3.1 设计知识与用户知识

Perkins（1986）认为设计知识与目的、结构、模型和论证等四个设计要素有关：1）设计需要一个目的，才能导向最终的设计结果；2）结构能够解释不同的人工物，如物体、产品和建筑；3）模型可以详细说明事物是怎样运作的；4）论证则解释当前工作为什么采用那些原理。从上述内容来看，设计便是问题求解行为，需要利用各种解释手段或模型去呈现人工物的设计过程和潜在的基本原理，以及设计活动如何达到最终目标。我们可以把设计理解为解决问题，通过设计过程构建的人工物是设计师推测结果的物理呈现，设计活动则成为用户使用最终产品完成某项任务的理论表现。由此可见，人工物已经演化为以用户中心的设计观念和设计知识的转换角色。

Cross（2001）描述设计知识的三个来源：人、过程和产品。设计是人的本能，设计动机、设计能力、设计行为模式、设计知识和经验都依托于人而存在，尤其是设计师。设计知识存

① 王炎：《基于设计事理学的用户研究》，清华大学博士学位论文，2007年，第10页。
② 胡飞、杨圆圆、刘志坚：《用户研究中的地方性知识及其掘取》，袁熙旸主编：《设计学论坛（1）》，南京大学出版社，2009年版。

在于设计过程之中，包括设计的方法论、手段和策略。设计知识依附于产品本身而存在，产品的使用最终都以恰当的形式和材料得以具体体现。

用户知识的来源不同于设计知识（表5-6）。首先，用户知识存在于使用产品的人群中。用户能理解产品的含义、功能、特性以及产品的操作方式。更为重要的是，产品体现出用户的生活质量和一定的文化含义。用户认知和学习使用产品的整个过程将产生隐性和显性的知识。其次，就产

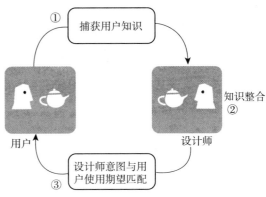

图5-9　用户知识与设计知识的相互转化

品使用而言，每个用户都有自己具体的使用方式。问题求解的信息处理论认为使用过程像其他思考过程一样，可以用连续的知识状态解释用户达到一个目标的行为方式。每一种新知识的认知活动的最终结果或以前描述的"产生过程"都将作为"输入"起点。用户在解决问题的使用过程中就已经产生了知识。第三，知识来源于用户对产品的观察。产品结构不应该是用户的关注点。用户不是设计师，他们没有必要去了解这种产品是如何被建造出来的。而与产品结构相关的用户需求更为重要。产品由不同的零件和元素组成，每个构成要素与特定的用户需求相对应。此外，用户知识应该明确地在产品中得以表现，并与用户需求的特性紧密关联。

设计知识和用户知识的来源　　　　　　　　　　　　　表5-6

视角	设计知识	用户知识
角色	设计师 设计认识论——研究设计师的认知方式、设计思维、设计逻辑	用户 关于解决产品使用相关问题的知识——事物的含义、个性化
过程	设计过程 设计行为学——关于设计实施的过程研究，包括设计过程、设计创造力、设计原理和设计方法、形态综合、用户行为、可用性测试	使用过程 使用体验的方法和模型——操作方法、环境的适应
产品	产品设计背景 设计现象学——人工物的形式和结构研究、形态语义研究、产品结构、生产和制造业	产品使用背景 产品适合用户需求——构成要素选择

"用户知识"在学习某种产品的使用和解决问题过程中产生。用户需要理解嵌入在产品内的功能、特性以及使用方法的信息，试图以最佳状态发挥某种产品潜能，不断地改变产品的使用状态去适应设计师最初的设计意图。同时设计师不断考虑建构人工物时的用户知识，进而预测未来产品的使用、功能特性的"设计知识"。人工物可以作为用户知识的媒介。而对用户知识的挖掘则需要借鉴心理学、社会学、人类学等不同学科的方法。

5.3.2　全球化与地方性的用户知识

全球化和现代化分别从时间和空间推动了全球经济、政治、文化、社会的巨大发展，促进了世界各地人们的交流，形成经济全球化、政治全球化和文化全球化，进而形成了全球化知识。全球化和现代化造就了很多规范和体系，运用这些共用的标准可以提高沟通的效率；因此，全球化知识也就是现代性知识，它的特点是世俗的、专业的、统一的、理性的、科学

的、西方的。

"地方性（Local）"即地域性、局域性。美国人类学家克利福德·吉尔兹基于人类学家对土著居民的田野考察，提出"地方性知识"的概念。地方性知识是指各民族的民间传统知识，它发生于一定时间和空间内，是针对具体的自然环境、生态资源而建立起来的专属性认识和应用体系，具有一定的历史性；它来自当地独特的文化知识，具有本体地位；它的适用范围也受地域限制①。

"地方性知识"与"全球化知识"意义相对，全球化知识是寻找人类各种文化的共同点，而地方性知识是寻找人类各种文化的特殊性。每个地方的文化对于另一个地方来讲，都具有地方性。而且，全球化与地方性知识成反比。一个地区全球化的成分越多，它的地方性知识就越少。

用户研究中也存在地方性知识——地方性的用户知识。用户知识是用户在产品使用过程中学会和解决问题的经验，其中源自人类本能的共性知识和现代性的知识体系称之为全球化的用户知识，如操作按键、红绿灯等，表现为用户对产品功能、特性、使用方法等外延意义的认知；一个特定的群体或民族对人工物的独特领悟则称之为地方性的用户知识，如思维定势、使用习惯、生活方式、文化观念等，表现为用户对产品情感、文化、价值等内涵意义和意识形态的认知。

如 Uday Athavankar 在《关于底层的设计：一次印度的经历》②中关注印度"真正的村庄"，审视全球化过程中印度社会底层的传统观念、意象和本土文化，从"真实的世界"中深入挖掘融入了地方性用户知识的人工物，如低价、好用的手动包装器，用废弃包装和木头制成的小贩手推车，用废弃包装制成的木质擦鞋支架，用来帮助农夫学习农业技术的游戏棋盘等（图5-10）。

图5-10　源自印度村庄的地方性知识

从某种程度来看，全球化的用户知识与西方文化紧密联系，而地方性的用户知识则成为传统文化的"本地方言"。用户研究中的地方性知识帮助设计师理解不同种族或人群的细微差别，挖掘用户需求，攫取有用的调查信息，为产品的本土化战略打下基础。而将地方性知识运用到用户研究中，能够启发设计师设计出

图5-11　基于印度底层地方性知识的座椅设计

"本地方言"般的特色产品。图5-11中的座椅设计，从本地家具中借鉴了设计线索，以倾斜的座位保留了印度传统的"蹲"的姿势，设计出这种符合印度习俗的椅子。

---

① ［美］吉尔兹：《地方性知识——阐释人类学论文集》，王海龙、张家宣译，中央编译出版社，2000年版。

② Uday Athavanka（2002），*Design in Search of Roots：An Indian Experience full access*. Design Issues：Volume 18，No. 3：43-57.

5.3.3 地方性用户知识的掘取方法

从用户知识的角度看，设计过程需要经历三个阶段：用户知识获取、用户知识综合与使用过程描绘、用户知识转化为设计知识。用户知识获取是第一阶段，表5－7中列举了常用的用户知识的获取方法。这些方法都完成了从用户数据到用户知识的转换，和从用户知识到设计知识的转换。当然，与每个阶段有关的变量根据特定的目的而改变。

用户知识的掘取方法

表5－7

序	方法	使用者	研究类型	信息获取	焦点	步骤和结果
1	观点聚焦法	终端用户 心理学家	定性	从代表性的产品中采集用户需求	研究	让用户用抽象的图画和词汇来描述他们所制作的对象
2	精英消费者知识	市场营销人员 工程师 终端用户	定量	获取消费者需求	研究 产品评估	探索性提问和用户需求分类
3	焦点小组法	专家用户	定性	通过对产品的讨论来获取用户的信息	研究	深度访谈
4	引导用户法	专家用户	定性	寻找一个专家来使用产品并获得创新的来源	研究	过滤用户寻找潜在用户来生产产品
5	透镜模型	终端用户	定量	从产品模块中获取信息	生产	比较消费者和设计师的模块聚集
6	参与式设计	终端用户 建筑设计 规划设计	定性	从用户对原型的评价中获取信息	研究	从用户对原型的评价中获取信息
7	质量机能展开	开发者 工程师 市场营销	定量	获取功能并转化为设计属性	生产	提问，从工程师的解释中给消费者分等级
8	情境法	软件开发者	定性	基于情景创造系统	概念设计 概念	运用场景给用户体验和原型进行归档
9	序列集合法	终端用户 产品设计	定量	从产品集合中发现用户需求	生产	比较产品，组件和集合组件成为最终的产品
10	技术图片程序分段	用户团队 产品开发	定量	特殊的特征给用户分类	概念设计	匹配用户和产品技术
11	可用性工程	终端用户 软件开发	定量	从可用性中获取信息	产品评估	测试最终产品和相关原型
12	用户中心需求	项目计划	定量	记录信息并核实使用说明书	概念设计	数据流在运算和数据储存之间用数据库作为一个储存库来储存用户需求

用户过去、现在或潜在的地方性知识和经验，是设计灵感与构想的来源。针对用户研究中的地方性知识和经验，前文已经介绍过产生式、创造式的经验探索的体验设计、真实地域与自我描述的文化探察、亲身体验与感同身受的体验原型（experience prototyping）[①]、田野调

[①] Buchenau, M. Fulton Suri, J. (2000), *Experience Prototyping*, In the Proceeding of the DIS2000, Designing Interactive Systems, New York City, USA, ACM Press, pp. 424－433.

查与参与式观察的民族志法。下面补充一种主动介入与干涉脉络的民俗学法①。在现象学社会学的启迪下，Harold Garfinkel 创建了民俗学法（ethno methodology）。他认为，社会现实与迪尔凯姆所表述的社会事实的客观实在不同，它是人们相互交往的活动，是相互交往的参与者对现实社会的构造。民俗学法的核心在于用解释和理解的方法对常识性行为和情境进行说明。它通过对社会生活的例行方式进行破坏性实验，然后比较破坏前后所发生的现象并主动介入、干涉脉络，从而获取一些新的发现或人们的回应。以上几种方法都有助于挖掘地方性用户知识，并都具有变动性和定向性的特点，而体验设计、文化探察和物件刺激则更有助于数据的量化。

5.3.4 基于 OMUKE 的地方性用户知识掘取

以物为媒介的用户知识获取方法（Object-mediated User Knowledge Elicitation，简称 OMUKE）②，由 Sakol 与 Sato 提出。OMUKE 制定了一套程序挖掘用户在使用过程中与产品的关系，并运用物品来刺激用户知识以帮助他们公正地描述使用经验或生活经验，从而寻找设计机会。由于知识总是在特定的情境中生成，它的有效性必须以人的实际认可为前提。所以"用户知识"是用户在物品使用过程中学习和解决问题的经验；而"地方性知识"是本地情境下用户知识的深化、扩展和重构，即建立在地方性情境下的用户知识。"用户知识"和"地方性的用户知识"就是在这样一种由人、物和自然交错形成的复杂网络中进行的，自始至终都受到社会、政治、文化、价值等因素制约的开放化过程。这些因素恰恰是知识建构中必不可少的；地方性的用户知识作为"用户知识"的核心内容，更是与之密不可分。

下面以泡茶为例，介绍运用 OMUKE 获取地方性的用户知识③。

第一步，确定研究目标与研究范围。选择用户，运用民族志法进行观察。以现象学范式为导向，以地方性知识为内在要素，收集典型用户在泡茶过程中的图像和视频资料，包括物品、环境和使用过程。通过目标物品，综合用户、时间、地域和文化等，寻找特定的时空内涵和语境，确定在特殊性和多样性影响下的研究目标。

第二步，运用任务层次分析法（HTA）对用户泡制印度茶的过程进行结构图解，依次描述任务的计划和顺序，从目的描述开始到检查子任务直到最终的目标实现。在地方性知识的影响下，用户分析在使用方式和实验工序上存在差别。这种特定环境下的层次分析法就具有典型的地方性特质。在用户泡制印度茶的过程中一些子任务包含另一个任务循环的过程，如图 5-12 中 3.4.1、3.4.2 和 3.4.3 的任务迭代——在煮沸过程中需要上下转动加热按键三次。通过任务层次分析，使用过程和物品结构清晰呈现，从任务和物品使用情况的关系中可以进行用户知识分析。我们可将泡茶的过程分解为五个步骤：备茶、沸水、泡茶、品茶和清洁茶具。将每个步骤分解成更小的子任务（图 5-13a）；同时，列举出每个步骤中所使用的物品（图 5-13b）。当一个步骤被分解成子任务时，与该步骤相关的物品可能会在其他任务中重复出现。该实验表明，地方性知识并不具有统一普遍的科学范式，在具体情境下的方法选择本身就是地方性的，而非广义范围内的大众普遍性。离开了特定的情境和用法，通过目标物提取的用户知识的价值和意义便无法得到确认。

① Battarbee, K., Baerten, N., and Hinfelaar, M., et al (2002). *Pools and Satellites-Intimacy in the City*, Proceedings of DIS2002 ACM SIGCHI, London 25-28 June 2002. pp. 237-245.
② Sakol, T., and Sato, K. (2001). *Object-mediated User Knowledge Elicitation Method*. in the 5th Asian International Design Research Conference, October 2001, Seoul, Korea.
③ Sakol (2002). *An approach to user knowledge and product architecture for knowledge lifecycle*. IIT, pp. 62-70.

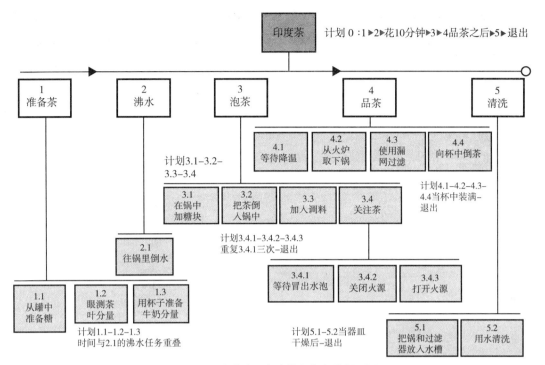

图 5 – 12　任务和子任务等级任务分析 HTA

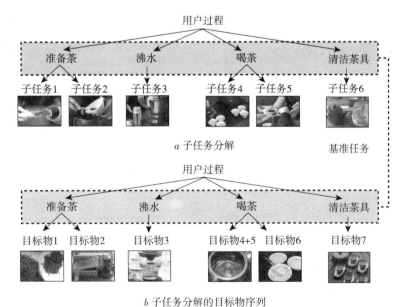

a 子任务分解

基准任务

b 子任务分解的目标物序列

图 5 – 13　使用过程子任务分解和目标物

第三步，将获取的资料进行整理，由用户选择和描述的图像与词汇构成图表。这个图表包含很多的信息要素，如用户任务、物品、使用的合理性和使用背景等。收集用户资料并形成直观的数据库，通过使用过程的图解，描述物品与过程的关系，显示物品在当前环境中的使用情况，由此甄别使用过程中的关键物品并从使用模式识别用户知识。在这中间每一特定情景中关于"物"的认识都具有"地方性"的合理性，它们之间可以相互参照、相互补充。

此外，利用录像记录用户的面部表情可以了解用户的情感和感觉。通过层次分析和资料整理，在以物为媒介的用户知识提取过程中避免意识形态上的想象和偏见，弱化主观感知经验对资料整理的影响。

 直到杯中装满开水我再放入茶包

 我先倒入开水再放入茶包

（a）投茶

 我没有往茶包上淋开水，但我直接把茶包放入热水

我没有保管茶盒，我直接把它放在桌子上。只四层中的一个茶包，然后用来泡茶。

勺子

我喜欢这样泡茶，我已经在杯子准备好开水。

杯子

（c）泡茶

不做任何处理　我仅仅把茶袋拿到厨房

 当我喝茶时，我直接把茶袋扔掉，我一般不清洗，直到我需要喝另一杯茶。

杯子

勺子

（e）清洗茶

  在微波炉中热水

开水置冷

从冷却器分配水倒杯中

我直接分配热水倒杯中

我通过窗口观察是否已经沸腾

我使用微波炉来烧水

我利用微波炉来直接加热杯中的水

（b）沸水

我没有和很多的人喝茶，但我是很多喝茶人中的一员。我通常在工作室中与一些人喝茶，但通常不给别人泡茶。

有空我就放松下，阅读些书。如果有些点心那就非常不错，但一般我没有准备这些。

茶袋

杯子

（d）饮茶

 （f）感觉和情感

   （g）手势

图 5-14　用户资料

第四步，物品排序分析，形成一张描述物品使用过程全貌的图表。图表由每项任务的输入、输出和环境影响组成。例如，与放入茶叶这一行为相关的物品是茶球浸泡器、散装茶叶、塑料封装和杯子。可将每个行为视作从输入到输出的一个转换过程。当输入是一种初始阶段而输出是目的阶段时，一项任务完成，如从 T1 到 T5 描述了用户如何添加散装茶叶、到茶球浸泡、到完成泡茶的目标，而每个图形区域描述了由用户任务引发的转变过程。箭头则表明行为的环境、文化和社会等背景因素。整个图表以时间为序，一些附属过程并行发生，一些则是串联发生。如准备茶叶和煮沸水在时间上是并行关系。每个区域描述物品正在如何被使用以及用户与物品之间如何相互作用。如，用户在喝完茶之后并没有立即清洗茶球浸泡器，而是一直等待直到茶叶变干。通过对物品的排序分析，进行多方面的检测来验证其中的内在一致性。并研究物品使用流程中的模式，寻找记录中的关键事件。这是对收集资料的一种有意义的加工。它不是在普遍性理解下进行简单罗列，而是基于"地方性知识"进行综合处理和信息评价，是对目标物进行最合适、最合理的假设分析从而提取正确的用户知识。

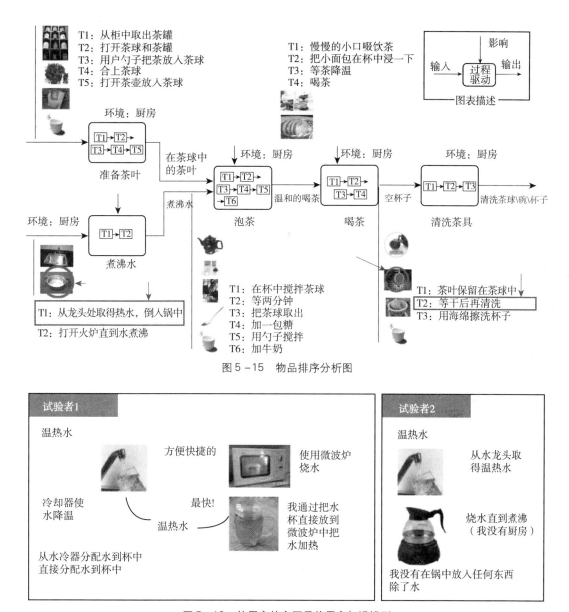

T1：从柜中取出茶罐
T2：打开茶球和茶罐
T3：用户勺子把茶放入茶球
T4：合上茶球
T5：打开茶壶放入茶球

T1：慢慢的小口啜饮茶
T2：把小面包在杯中浸一下
T3：等茶降温
T4：喝茶

图表描述

环境：厨房

准备茶叶

在茶球中的茶叶

环境：厨房

煮沸水

煮沸水

环境：厨房

泡茶

温和的喝茶

环境：厨房

喝茶

空杯子

环境：厨房

清洗茶具

清洗茶球\碗\杯子

T1：从龙头处取得热水，倒入锅中
T2：打开火炉直到水煮沸

T1：在杯中搅拌茶球
T2：等两分钟
T3：把茶球取出
T4：加一包糖
T5：用勺子搅拌
T6：加牛奶

T1：茶叶保留在茶球中
T2：等干后再清洗
T3：用海绵擦洗杯子

图 5-15 物品排序分析图

试验者1

温热水

方便快捷的

使用微波炉烧水

冷却器使水降温

最快！

温热水

我通过把水杯直接放到微波炉中把水加热

从水冷器分配水到杯中直接分配水到杯中

试验者2

温热水

从水龙头取得温热水

烧水直到煮沸（我没有厨房）

我没有在锅中放入任何东西除了水

图 5-16 从用户的意图寻找用户知识模型

第五步，用户知识模式识别。用户知识的提取过程伴随着正确的用户知识模式的识别。这些识别处于一定的系统之中，做出的每一个选择来源于上一个选择的认知，并成为下一个选择的基础。这种认知并不存在一致性，因此这种认知选择具有一定的偶然性。所以首先要过滤表层不相关的信息，在分析过程中降低信息负荷；其次，通过预选的典型过程进行比较标记信息，该过程类似物品排序分析，通过它标记不同于典型过程和产品的用户信息；最后，通过用户资料之间的比较找出相应的知识模式，包括个人化的用户知识和公共性的用户知识，全球化的用户知识和地方性的用户知识。如图 5-16 所示，两个用户的目的相同，都是为了迅速把水烧开，但选择的物品和行为过程却不相同。需要强调的是，个人化的用户知识并非地方性的用户知识，但是地方性用户知识的重要线索；而不同群体之间具有差异性的公共性用户知识，则往往成为地方性的用户知识。地方性知识是一种具有本体地位的知识，不同的文化背景和历史演进过程的差异导致了不同地域对知识的阐释现象有不同的理解。因此它是从当地文化中产生的，地方性用户知识的判定必须结合使用状况和用户背景展开。

可见，OMUKE 法包括选择目标用户和产品、收集观察数据、分解任务、鉴定收集的数据、用户参与、分析物品和过程以及寻找用户知识模式等，如图 5 - 17 所示。也可针对地方性的用户知识予以挖掘：选择该地区特征明显的目标用户和产品、收集本土观察数据、分解任务、鉴定收集的数据、本地用户参与、分析典型物品和过程以及寻找地方性的用户知识。

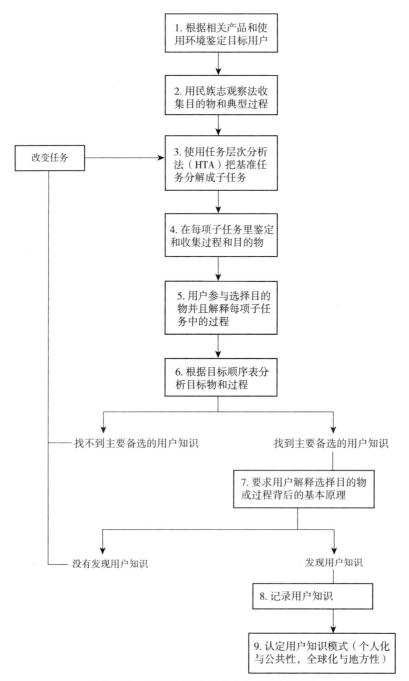

图 5 - 17　基于 OMUKE 的地方性用户知识掘取

泡茶研究案例中基于任务的用户知识分类　　　　　表 5－8

	名称	原因	主要因素
放置茶叶	咖啡壶中放入粉末茶	粉末茶也能放入咖啡机器中，因为它们有同样的功能	茶叶属性和咖啡机的功能
沸水	煮沸工具	咖啡壶能被用作煮水机器	咖啡壶功能
泡茶	吸引人的材料应用	不锈钢汤勺吸收水中的热量，因此当它是滚烫的时候不能使用	汤勺的属性和功能
喝茶	柠檬浸泡	茶叶可以和柠檬一起放到杯子中，类似浸煮器的功能	柠檬片的作用和用户行为
清洗	茶叶肥料	集中使用之后的茶叶可以当做植物肥料	使用之后的功能

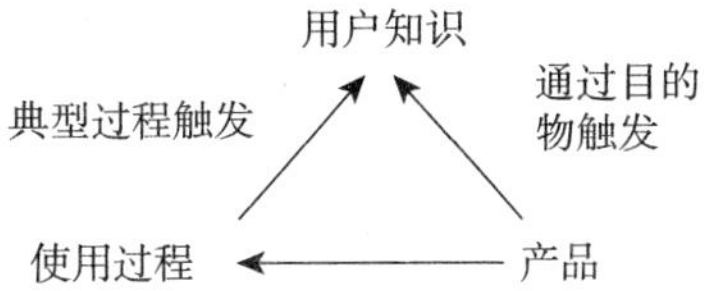

用户研究的核心就是获取用户知识。全球化的用户知识源自人类身心的共同特征以及日趋同质的现代性的知识体系，而地方性的用户知识则来自某一群体或民族独特的思维定势、使用习惯、生活方式、文化观念等。本文比较了获取用户知识的研究方法，尤其是获取地方性用户知识的研究方法，并介绍了基于 OMUKE 的地方性用户知识掘取方法。OMUKE 法通过"问题分解"即分析知识获取过程中的子任务识别用户行为系统，通过"触发机制"从用户记忆中将用户知识具体化，如图 5－18 所示。

图 5－18　用户知识的"触发机制"

就数据的类型而言，OMUKE 法可创建清楚的图解和即时文档；而民族志观察法没有创建这样的即时文档；焦点小组法的口头描述则缺少直观的信息，使设计团队无法清晰地理解使用背景。

就方法的性能而言，OMUKE 法和焦点小组法在研究环境上具有类似性，它们使用一间实验室并且需要在研究人员和用户之间进行高级互动。但焦点小组法使用言语表述行为动作，OMUKE 法则使用物理媒介模拟行为、物品和环境。OMUKE 法也利用用户活动的录像剪辑作为捕获用户知识的来源；但民族志观察法比 OMUKE 法能与更多的用户接触，特别是当被应用于互联网时。

就分析的难度而言，民族志观察法和焦点小组法都要求研究者具有娴熟的技能，如民族志观察法要求研究者具有相当高的解释技能，而在焦点小组法中用户常常受到小组的影响，歪曲了个体的真实想法；OMUKE 法则通过一个清晰的结构和目标去获取用户知识，研究人员不需要在推测获得用户知识的每个问题上的进行思考，这无疑将大大缩短研究的时间。

当然，OMUKE 法也有其缺陷。它在针对既有产品改进时发挥出色，却不能用于某种用户以前从未经历过的产品。因此，OMUKE 法应该与民族志观察法和焦点小组法结合使用，相互补充。

地方性用户知识的掘取并非目的；获取的地方性用户知识需要转化成有用的设计知识，设计师才能将其转化为产品。地方性的用户知识可以被转译为特定的功能描述或用户需求，因为地方性的用户知识代表了当地用户碰到问题的一种解决方式，并且能传递给遇到类似问题的其他当地用户。地方性用户知识可以被描述成某一对象、过程和使用背景的合理关联；用户研究中发掘具有地域特征的、基于对象和过程的产品合理性至关重要。

5.4 为城市低收入群体而设计①

5.4.1 设计的缺席：金字塔底层

贫困和生态环境已成为全球性主题；尽管长期以来世界各国政府都致力于缓解贫困，但金字塔底层（The Bottom of the Pyramid，BOP）②的生存状况始终无法彻底改变。

收入是衡量社会群体分化和社会异质性的一项重要的指标，是测量社会分层的基本变量之一。低收入是一个相对的概念，它普遍存在于任何地方和任何时期；无论一个国家或地区的富裕程度如何，总有一部分人处于收入相对较低的状态。当代中国社会结构变迁中利益群体分化，低收入群体对城市持续发展和社会稳定具有重要影响。根据国家统计局宏观经济分析课题组的报告，结合我国国情，以最低20%收入阶层的人均消费支出作为我国低收入群体的划分标准③；由于我国城乡"二元"结构的现实，我国低收入群体主要集中于农民和工人，其中，城市低收入群体的问题尤为突出。

城市化进程的"跨越式突进"，城市外来人口剧增，"清欠风暴"凸显出农民工的命运；与此同时，产业转向和市场转型，导致了大量工厂倒闭、大批工人下岗。于是乎，低收入群体转向街头地摊、小吃摊、零售摊等违章经营，城管开车驱赶、小贩四处逃窜成为日常习见的场景。以廉价出租屋为核心的"城中村"、"城边村"为例：用地功能混乱，违章建筑林立，电力、电信、供水、供气等市政建设和公共设施缺乏，垃圾成灾，安全隐患大，人口结构复杂，社会治安、教育问题严重。

面向金字塔底层的产品设计严重"缺席"；与之形成鲜明对比的是，面向金字塔顶层的商品市场琳琅满目、供大于求，娱乐休闲品、运动保健品尤其是消费类电子产品甚至出现了严重的"过度"设计。手机、电视机、音乐播放器不断推陈出新，就是为了不断刺激中高收入群体消费从而谋取商业利润；而低收入群体日常生活中的诸多不便却无人问津，就是因为他们缺乏经济基础缺乏购买力而"无利可图"。

低收入群体是城市繁荣的基石，而不是城市发展的污垢盲点；他们是城市财富的创造者，但却不是财富的拥有者和享有者。面对低收入群体的生活、就业、教育、医疗等一系列问题，既可从社会学、经济学的角度，通过相关法律、规章和制度的创新进行宏观调控，又可针对具体问题采取各种"补短"措施进行调整改善，更为关键的是，从系统的角度将各种社会要素加以重组、整合和利用，实现金字塔底层和金字塔顶层的和谐发展、共同进步。作为"创造更合理的生存（使用）方式"的工业设计④，则应该关注低收入群体的衣、食、住、行、用、乐等生活方式，通过资源重组和设计创新提供新产品、新服务和新的生活方式缓解甚至解决现有问题。

5.4.2 低收入群体的生活方式

生活方式作为生活质量评价标准之一，广义上指不同个人、群体或全体社会成员在一定

---

① 胡飞、董娴之、徐兴：《为城市低收入群体而设计——兼论设计的社会责任》，李砚祖主编：《设计研究》，重庆大学出版社，2010年版。

② 经济金字塔的底层。根据财富和收入能力，位于金字塔顶端的是富人，拥有大量获取高额收入的机会；超过40亿每日收入不足2美元的庞大人口群体，生活在金字塔的底层。——笔者注。

③ 国家统计局宏观经济分析课题组. 低收入群体保护：《一个值得关注的现实问题》，统计研究，2002年版，第3-9页。

④ 柳冠中：《论重组资源、知识结构创新的系统设计方法》，株洲工学院学报，2004年第6期，第1-3页。

的社会条件制约和价值观念指导下，形成的满足自身生活需要的全部活动形式与行为特征体系；狭义上讲，仅指日常生活领域的活动形式与行为特征。生活方式主要包括生活行为、生活消费、生活观念、生活关系等方面的内容。课题组以拾荒者、农民工、下岗工人、流动摊贩等为典型用户，运用质的研究方法和民族学方法，选取了46例样本进行调研。

需要强调的是，低收入群体并非城市贫困群体。虽然二者在人均收入水平、基本生活质量、资源占有和社会交往等方面都居于社会的下层，但低收入群体和城市贫困群体的收入来源和收入结构都截然不同：低收入群体是具有劳动能力、但在投资和就业竞争中居于劣势、只能获得较低报酬的社会成员，是在业群体中的贫困者；城市贫困群体则是在衣食住行方面难以维持生存和社会尊严的低劣生活状态，包括丧失劳动能力或者劳动价值的无业和失业人员。通过人力资源配置增加就业位置，可提高低收入群体的就业竞争能力，从而提高其收入、改善其生活条件；而改善城市贫困群体的生活状况主要依靠社会和政府的救济和扶助、依靠社会福利和保障体系。

调查表明，低收入群体的生活行为具有以下特点：（1）消费水平明显偏低。衣着简朴粗陋，饮食简单，生活上基本满足温饱，家庭消费以食品为主，收入大多用于消费，储蓄较少。（2）医疗条件差。由于收入较低，小病不敢上医院，大病不敢多花钱。（3）教育、文化、娱乐活动少，活动单调，精神生活贫乏，精神文化消费明显偏低，低收入家庭人均用于旅游等方面的支出不到平均水平的1/4。如农民工和下岗工人的娱乐活动多为打扑克，而拾荒者更几乎没有任何娱乐活动。

就住宅消费而言，住宿条件比较差，部分临时搭建的房屋结构不稳定，建筑材料质量差甚至部分不符合建筑标准，为其生活带来安全隐患。对低收入群体而言，来城市是为了工作赚钱，而非居住生活；住房是临时的，家庭生活是过渡的。这种"漂泊"的心态增加了低收入群体的不稳定性，进而促使他们经常改换工作及居住地。可见，具有较低转换成本的廉租房市场大有可为。

在生活观念上，低收入群体介于"生存者"和"生活者"之间。生存者的唯一目标就是在任何环境下坚强地存活下去；生活者则在生存的基础上，通过日常行为更广泛地表现出文化习俗、思想状况和价值取向，他们拥有更多的生活期望，尽量的适应当前状况。如拾荒者和农民工多为从农村到城市的流动人口，受到两种社会文化强烈冲击，处于传统农村生活方式向现代城市生活方式转变的中间状态，生活观念上同时带有两者特征。

就生活关系而言，低收入群体相对比较分散，为了维护个人尊严，甚至仅仅为了子女而需要保持在社会交往中形象，往往掩饰自己生活状态的穷困，群体意识非常弱；而在下岗工人相对集中的老住宅区，低收入群体的生活状态相近且群体意识较强。低收入群体社会交流范围很小，一般以血缘、地缘、业缘为主；而以意缘关系为主形成的各种政治、文化、教育、体育等高级社会群体组织十分缺乏。因此，通过合理的住宅或社区设计，为低收入群体创造广泛交往接触的空间场所，显得尤为重要。

此外，低收入群体对社会环境基本满意，但普遍对自身素质表示不满，认为自己目前的经济状况与自身素质不高有着较高的关联，要使自己的生活得到改善，除党和政府出台相关政策予以扶助外，当务之急是提高低收入群体的素质和技能。

5.4.3　个案解析[①]

课题组以拾荒者、农民建筑工、下岗工人、早餐流动摊贩、夜市摊贩为典型用户，运用

---

① 湖北省教育厅人文社会科学研究项目"和谐城市低收入群体的生活方式、资源重组与系统设计研究"（2006y019）。项目主持人：胡飞。——笔者注。

二手资料分析、问卷调查、影像追踪、深度访谈等社会学方法和人类学方法，进行了一系列案例研究与产品设计。

1. 为拾荒者而设计①

（1）二手资料分析。根据从网络、报刊、杂志上获得的二手资料，运用内容分析法，发现拾荒者对社会的影响和本身存在的问题；再运用 KJ 法提取了"贫穷与肮脏"、"疲劳与自足"、"自卑与自尊"等几组关键词。

（2）用户调查。对 10 户拾荒者进行了问卷调查和深度访谈，运用图片日记和影像追踪等方法进行了实地考察，发现拾荒者工作强度大、生活设施简陋、居住空间拥挤、饮食结构单一，其在衣食住行用等方面存在的巨大问题。例如，一方面，拾荒行为会造成一定的噪声污染和空气污染（烧废电线），拾荒者内部的竞争（争抢垃圾）也会影响他人人身安全和社会治安，居住环境差、健康状况差，有可能成为疾病传染源，更有甚者为了一己私利破坏公共设施；另一方面，拾荒者发挥自身能动性为社会创造财富，他们虽然穷，但敢于承担责任，既令人怜悯，又令人尊敬，也不乏义修公共设施的行为。

城市拾荒者的生活方式   表 5 - 9

	城市拾荒者的生活现状		存在的问题	设计的机会
衣		干净、整洁、简朴，注重服装的使用功能，也追求美，衣服经常清洗	衣服须耐用耐脏	便于拆洗的工作服
食		注意健康、消费能力低、简单快捷吃饱，燃料使用煤气为主。平均每周改善生活一次	起早贪黑，休息时间少，没有充分的时间准备膳食	方便快捷廉价的早餐服务；方便的烹饪工具
住		"城中村"或建筑工地附近，居住面积小，家庭简陋	空间狭小，环境恶劣，设备简陋	小空间用家具，廉价实用的洗浴装置
行		以步行、自行车、公交车为主	工作决定外出方式，不方便携带较多的物品	方便运输垃圾的工具
工作		工作时间和收入基本成正比，工作地点以人群聚集处为中心，工作强度大、时间长	工作枯燥，环境恶劣，易疲劳	义务的学习服务系统、改善拾荒/收集工具

---

① 课题组成员包括武汉理工大学艺术与设计学院硕士研究生喻晓、周坤、杨岩，本科生吴艳丽、蔡先浩、吴川、李莉勤、王芳菁、余丹丹、周鹏、任文迪等。——笔者注。

续表

城市拾荒者的生活现状		存在的问题	设计的机会
医疗	大多家中没有常备药品，普遍认为身体状况较好，医疗无保障	身体状况较好，但病后一般承担不起医疗费	健康咨询系统、医疗保障系统
娱乐	由于工作时间长、收入低，娱乐以广播电视为主，生活单调	娱乐时间少、方式单一	娱乐服务系统、公共娱乐设施

（3）综合分析。调查中发现，拾荒者对高科技有恐惧感，接受能力极差，其生活方式随时代的变化明显迟缓，进而形成恶性循环。摩天大楼与破屋危房一街之隔，现代生活与生存状态天壤之别，促使低收入人群对自身生活价值的认识的迷失。而针对城市低收入群体生活方式的研究和改善，不仅要解决"脏、乱、差"的表面问题，更应该促进城市低收入群体物质生活和精神生活的全面发展，缓解身心不平衡，提升人格与自尊，让他们充分感受到自己属于城市生活的一员，他们是城市的建设者，也是城市的主人。分析二手资料、问卷和实地考察，提取典型用户（Persona）和典型情景（Scenario），如拾垃圾的时间紧张、分垃圾的工作繁重、买菜时的犹豫不决、常洗手常换衣注重自我卫生等。

（4）设计定位。在此基础上建构需求目标系统，衍生出方便安装拆卸的洗浴设施、适合小面积多用途的低价家具、携带方便的运输工具、分类贮存的拾荒工具等设计方向。

（5）概念设计。确定设计主题，制作生活形态看板、用户心情看板、设计主题看板，完成了一系列解决拾荒者具体问题的设计提案。图 5 - 19 为课题组设计的各式拾荒工具。

（6）系统整合。针对城市低收入群体，尽可能发挥各种闲置资源的作用，充分发挥城市整体中各个阶层和群体的作用，从而提高系统运作的效率，促进城市和谐发展。如，将拾荒者与城市环卫工人

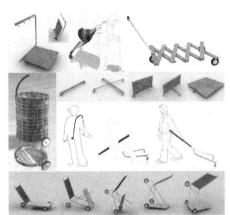

图 5 - 19　拾荒工具概念设计

进行资源重组，将拾荒者从区域上进行划分，以街道或社区作为单位，帮助环卫工人保持街道卫生，既避免了同一地区拾荒者的纷争，又减轻了环卫工人的劳动强度；环卫局将拾荒者收编定岗，既降低了环卫局的人工成本，又可以减轻拾荒者的生活压力。

2. 为建筑农民工而设计[①]

（1）二手资料分析。根据从网络、报刊、杂志上获得的二手资料，运用内容分析法，发现农民工对社会的影响和本身存在的问题；再运用 KJ 法提取了"知识匮乏"、"劳动强度大"、"安全措施缺乏"、"生活环境差"、"娱乐单调"等关键词。

（2）典型用户调查。对 10 户农民工进行了问卷调查和深度访谈，运用图片日记和影像追踪等方法进行了实地考察，发现农民工工作时间长强度大、生活设施简陋、居住空间拥挤、

---

① 课题组成员为武汉理工大学艺术与设计学院硕士研究生周坤、顾伟、梅望，本科生江艺、熊小娟、李志超、周海洋、李东京、徐耀华、万皓、郭犇等。——笔者注。

娱乐生活单调、生活圈狭小。调查表明，低收入群体"聚居"生活，不是源于教养和阅历带来的克制和迁就，而是社会存在角度的相互依赖、相互需要，群体内有一种共生关系。面对城市生活的高成本，如果低收入者离开共同聚合而产生的群体，就无法在城市里生存。

（3）综合分析。分析二手资料、问卷和实地考察，提取典型用户和典型情景，确定了空间利用不合理、卫浴配套缺乏、家具简陋、缺乏相互交流等关键问题。

（4）概念设计。针对常年迁徙住所的农民工，充分利用闲置或部分闲置的建筑工地，采用可再生可重复利用的材料和易于拼装组合的结构，设计了一套可周转、易回收、预制型的住宅产品，以满足他们的日常生活需要。该设计围绕农民建筑工的生活方式和基本需求，展开资源重组：1）空间资源的重组。有效利用建筑工地在施工过程中闲置或部分闲置的空间，采取"个体的基本需求空间＋公共的集体生活空间＋共享的集合休闲空间"的方式①，有效地将农民工群体内部的需求进行分类重组。个体的基本需求包括睡觉、休息、吃饭等，公共的集体生活包括洗漱、厕所、洗浴等，集合休闲包括看电视、打牌、晒太阳等。因此，集中设置公共厕所、洗漱间、浴室、开水间和娱乐室；其中，休闲娱乐功能的实现可由多人分担来分摊成本，同时促进群体交流。2）物质资源的重复利用。提前设定部件模数和标准规格，选用可回收的木塑材料和可重复利用的金属构件，拼装方便、施工简易，部分易损部件可更换；为集体宿舍专门配套的家具，收纳于储物柜之中，又可自由组合。3）一次性投入，多样化使用。建筑商为解决建筑工人的生产需要而第一次投入，此后既可由建筑商回收重复使用，也可由政府回收提供给贫困人群或作为外来务工人员的暂居地来循环使用。这样既节约了资源，又满足了低收入群体的需求，还为建筑商竖立了良好的社会形象。该设计需建立房屋标准，引进可持续的建造材料，发展标准化的房屋建造工具，将房屋和城市基础设施、服务整合，并通过模块化的房屋、预制系统和使用标准材料加快建造时间；同时将住宅和广告牌结合，还可创造一定的广告收入。

3. 为下岗工人而设计②

（1）二手资料分析。通过二手资料收集，发现城市下岗工人面临七个方面的问题：1）再就业难；2）福利保障少；3）生活现状差；4）医疗保障缺；5）自主创业难；6）社会归属感缺乏；7）下岗女工问题集中。通过 KJ 法提取关键词如下："再就业难"、"创业资金不足"、"无医保，就医难"、"生活条件差"和"思想保守"。

（2）典型用户调查。课题组选择了武汉市武昌区胭脂路粮道街小区、粮道街中医社区、升升公寓附近、珞狮路社区、工大路青年楼附近和理工大余家头校区附近等六个下岗职工较为密集的老社区进行了问卷调查。并对三位典型人物进行深度访谈和实地考察。

某下岗工人家庭场景 表 5-10

场景	图片	说明
小区环境		和平大道（武昌主干道）铁路两旁的平房区域，房屋多为砖瓦结构。周边卫生条件差，垃圾随意堆积。社区里无安保，容易发生偷窃现象。信息不能及时更新，也没有固定的活动中心

① 吴昊：《中国城市中低收入群体居住解决方案》，http://sz. house. sina. com. cn/sznews/2007-06-10/3513874_3. html, 2007-09-19.
② 课题组成员为武汉理工大学艺术与设计学院硕士研究生董娴之、黄静婉、谌璐，本科生邵鹏、李欣、吴国成、李雅琴、刘寅、陶忠等。——笔者注。

续表

场景	图片	说明
家庭情况		全家八口人住在不足50平米的平房里，房间隔成了很多小间，居住空间狭小，房屋除了门可以通风外，别的房间通通没有窗户。房屋一到下雨天就漏水，家里霉味很重
厨房		厨房由三家公用，做饭时间要分开。厨房非常拥挤，桌子上面的脚盆用来接雨水，厨房顶是木质的，已经腐烂。使用煤炭炉子，污垢很难清理得干净
卧室		这分别是大儿子的房间，实际上是用一个40平米的房间隔出来的。婆婆有三个儿子，其中两个儿子都成家且有孩子，小儿子因为没钱也没房子了，所以不能结婚。房间相当拥挤，屋内没有窗户，不通风；加上房顶漏水，屋内很重的霉味。婆婆说大儿子的一房家具全部被雨水泡烂了
卫生间		简陋，冬天漏风，家里没有热水器，只能使用水壶烧水，洗澡只能用脚盆
娱乐		虽然收入不高，但是麻将室比较多，这里的人们都比较爱打麻将
晒衣		在家内晾衣服，从屋顶水渍看出漏雨的严重
漏雨		"外面下大雨，家里下小雨"，婆婆这样形容自己的家
天窗		婆婆给自己开了个天窗，如果不开，她的房间白天见不着光；这样也能节约一点电

（3）设计定位。通过对储物柜进行改进，期望在雨季里能够有效防止物件受到雨水侵蚀，在天晴时能够方便用户取出储物柜中的物品做通风防潮处理。因此，确定了防水、防潮、通

风等需求目标、方便操作、便于移动、多功能使用、廉价、可拆卸、密封性能好等产品特性。

（4）概念设计。该设计采用独立模块，可根据需要进行拆分，组合成适合摆放的搭配模式。箱体底面和顶面为网眼结构，顶面为盖，可以开合（图5-20）。两种使用模式：1）在雨季里尽量防止水分过多进入箱体，通风口被侧边挡住，整个箱体四面密封，能够达到最佳的防潮效果。2）通风口朝外，配合自然风，可有效地减小箱内的湿度。根据储物的需要改变箱体插入的角度就可以随时起到防潮效果。此外，雨过天晴后，多数人喜欢把受潮的物品放在外面"透气"，因此强化了储物柜的移动能力。

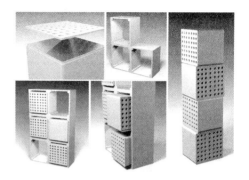

图5-20　储物柜概念设计

4. 为早餐摊贩而设计①

（1）二手资料分析。课题组收集，发现七方面的资料：1）早餐市场；2）政府政策；3）早餐与污染；4）早餐与健康；5）早餐的经济效益；6）早餐消费行为；7）流动早餐摊位。进而归纳为早餐市场与管理、食品安全与卫生、从业者和消费者四个方面。

（2）问卷调查。通过对早餐摊贩和消费者进行了问卷调查。其中，从早餐摊贩的问题集中反映在：1）工作强度大且内容单一，导致工作中感到疲倦和乏味，非营业高峰期比较无聊；2）很少有假期，很少陪伴自己的父母或子女，与"空巢老人"和"留守儿童"密切关联；3）健康状况令人担忧；4）天气恶劣和周末时，营业额滑坡较大。

（3）典型用户调查。课题组对包子铺、粥铺、豆花铺等摊点展开调查。

某包子铺场景　　　　　　　　　　　　　　　　　　　表5-11

图例	事的要素	情境描述
	时间：5：00-6：30am 地点：升升公寓附近 摊点：以卖煎包，小笼包为主的早餐流动摊贩 人物：中年男女 工具：一个灶台，一个煤气罐，若干蒸笼，三个煎锅，金属制作台，不锈钢盆	四点多出摊开始进行准备，主要是进行包子的包制，先制作的是蒸包，因为可以一次性包完放在蒸笼里。在蒸包蒸的过程中再制作煎包，虽然有三个煎锅但只有一个灶台，所以不能同时制作

（4）综合分析。将典型用户的资料进行分析对比，对人、事、物进行思考与比较，理解各个要素之间的意义，明确研究显性状态下的隐性意义与目的，以便更加全面的理解主体研

---

① 课题组成员为武汉理工大学艺术与设计学院硕士研究生徐兴、李扬帆，本科生王卞静、夏梅杰、张曦、任宁、严斯倩、舒欣等。——笔者注。

究对象和寻找设计机会。

摊点	流动包子摊	流动粥摊	流动豆花摊	固定早餐店
图片				
准备时间	4：00－6：30	4：00－6：30	6：00－6：30	5：30－6：30
材料准备	材料在家准备好，带到摊点进一步加工；因家距摊点有一定距离，所以要起得很早		食品材料在在店内并且在店内加工，所以开始准备的时间不必要太早	
运输工具	三轮车	电动车	手推车	无
卫生状况	均是直接用手进行包制和制作，均使用一次性餐具、塑料袋、竹筷子			
设计机会	在制作过程和售卖过程中，销售者均是长时间站立，容易疲惫；冬季天亮得很晚，许多摊点都缺乏照明设备			

早餐摊点的场景比较　　　　　　　　　　　　　表 5－12

（5）概念设计。明确了清理垃圾、快捷早餐、卫生早餐、营养早餐等需求目标，完成了模块化早餐车、折叠式早餐车、垃圾筒式座椅、垃圾收存工具、早餐照明工具等概念设计（图 5－21）。

5. 为夜市摊贩而设计①

夜市就是夜间做买卖的主要市场；夜市上衣服、食品、玩具、电器等无所不包。

（1）二手资料分析。课题组通过筛选和确定资料源，共收集了 53 份相关资料，运用内容分析法和合并同类项的方式，将资料归为，环

图 5－21　早餐车概念设计

境、设施、治安管理、经营者和消费者等五个方面，提取出"环境差"、"秩序乱"、"人员杂"等信息点。但夜市投入少、经营风险低并极易产生集聚效应，对低收入群体而言，无疑是一种较好的经营选择。

（2）典型用户调查。课题组以武汉某高校旁的夜市为例展开问卷调查，并选取 3 个夜市摊主进行深度访谈和现场观察（图 5－22）。

（3）设计机会。通过综合分析，发现设计机会如下：1）适用于夜市经营人员的住所的设计（有限的资源里充分的扩大空间）；2）可以挡风避雨的摊位帐篷（解决或缓解天气因素的影响）；3）摊位棚架与拖车的结合（解决分批运输的问题）；4）安全优质的夜市环境设施的设计（减少偷盗、畅通人流）；5）快捷方便的临时帐篷（可以快速的组装与拆卸）；6）取暖、避暑设备的设计（营造舒适的经营环境）。

---

① 课题组成员为武汉理工大学艺术与设计学院硕士研究生黄静琬、黄颖，本科生焦提斌、蔡喆、利成然、廖铜等。——笔者注。

图 5-22　夜市摊点场景

（4）概念设计。针对夜市摊主们经常人工搬运货物困难、搭建摊位费时、经营地点拥挤、空间小货品多等问题，设计了一套搬运方便、搭建便捷的夜市货架（图 5-23）。手推式的货架解决了摊主以往分两次搬运货物的棘手问题，一个人便可以轻松一次性完成运输工作；整体式货架，为摊主搭支货架和挂放货品时节约了大量时间（一般耗时 30 分钟），货物一次性挂好，收摊后无需取下，次日摆摊轻松支起即可继续做生意；并将照明问题一并处理。

图 5-23　夜市摊点设计

5.4.4　设计的力量：从局部优化到系统创新

总的来说，低收入群体生活质量较低、消费能力很弱。因此，针对金字塔底层的问题求解可以针对其具体生活问题进行局部优化，如为拾荒者改良拾荒工具、为早点摊贩设计的模块化餐车、为夜市摊贩设计的折叠流动摊点等。上述案例研究和概念设计并非完善有效，只是针对典型低收入群体的生活问题展开的设计探索。但金字塔底层问题的根本解决方式还在于创造工作机会、增加劳动收入，即从社会全局出发，针对低收入群体的生活特点和迫切需要，引入广泛的"利益相关者"，通过有意义的对话与互动，以满足低收入群体需求和实现有社会责任的企业盈利的双赢甚至多赢。C. K. Prabalad 的"金字塔底层战略"的意义就在于此，他认为可以从金字塔底层创造财富，在低收入群体主动参与或积极配合中谋求商机，并极大程度地释放其购买力①。因此，充分了解低收入群体的生活方式，注重他们知识能力不足但时间资源富足的特点，结合城市中高收入群体生活方式的特点，建立城市不同群体的价值链条和互补关系，寻找到自主循环的最佳解决方案，利用现有资源来创造更大价值，低收入群体也可在解决自己生存问题的同时来创造更多的价值，也即实现 $1 + 1 > 2$。

低收入群体收入水平低、消费能力低、经济资源占有少，生活条件差、业余生活单调、社会资源占有少，需要更多的就业机会来提高收入改善生活；与此相反的是，城市中高收入群体经济资源和社会资源占有较多，但生活节奏快、压力大，需要多样的社会服务来调整自身生活。因此，可将城市低收入群体富裕的资源与中高收入群体缺乏的资源进行重组，充分利用低收入群体自身的劳动力资源和大量可自由支配的时间资源。如，可更广泛地开展社区家政服务，推广社区早餐标准化定制，增加大型社区的商业售点，为低收入群体创造就业机会。又如，都市繁忙上班族无暇耗费大量精力和时间去买菜、准备以及饭后清理的复杂过程，但又希望享受做饭过程和品尝美味的快乐。因此，可针对中高收入的都市上班族创造一种新型的饮食服务方式，通过一种自助式饮食共享空间，将设计的重心置于"做"与"吃"这两个城市中高收入群体喜欢的环节，而将其不喜欢的购买、备餐和清洁过程则交给城市社会化服务完成，充分利用城市闲散的人力资源完成购买、备餐和清洁过程，为低收入群体提供创收机会。

针对城市低收入群体，尽可能发挥各种闲置资源的作用，充分发挥城市整体中各个阶层和群体的作用，从而提高系统运作的效率，促进城市和谐发展。如，将拾荒者与城市环卫工人进行资源重组，将拾荒者从区域上进行划分，以街道或社区作为单位，帮助环卫工人保持街道卫生，既避免了同一地区拾荒者的纷争，又减轻了环卫工人的劳动强度；环卫局将拾荒者收编定岗，既降低了环卫局的人工成本，又可以减轻拾荒者的生活压力。此外，政府还可为低收入群体中具有专业技能者予以物质奖励并建立数据库，通过广泛的信息渠道为其提供就业机会；同时展开对技术工人的培训雇佣一条龙计划。

《国家"十一五"时期文化发展规划纲要》提出要保护好、实现好、发展好人民群众的基本文化权益，要为低收入和特殊群体提供"文化低保"②。针对低收入群体业余娱乐活动单一匮乏的问题，一方面可以充分利用已有各种资源，如机关、企业、学校在空余时间闲置的文化设施要尽可能向社会开放；一方面也可通过政府和商家等多种渠道捐助和兴办公益性文化设施，如既可以依赖政府为低收入群体聚集区附近添置露天的乒乓球台、篮球场、公共的健身设施，又可以鼓励社会力量还可以与商家合作，通过定期放映免费的露天电影、举行社区的歌唱比赛、围棋象棋比赛等活动，宣传企业商品、树立企业形象；既可

① ［美］C. K. 普拉哈拉德. 金字塔底层的财富：《在 40 多亿穷人的市场中发掘商机并根除贫困》，林丹明，徐宗玲译，北京，中国人民大学出版社，2005 年版。
② 中共中央办公厅、国务院办公厅：《国家"十一五"时期文化发展规划纲要》，http：//news. xinhuanet. com/ politics/ 2006－09/13/content_ 5087533. htm，2007－09－17.

以通过低收入群体自给自足的方式，开辟"打工者之家"之类的文化娱乐或学习场所，允许他们组建自己的业余文艺团体或进行业余学习与交流的社团组织，让他们真正拥有属于自己的文化娱乐生活空间；又可以调动社会各界的资源关照低收入群体，如组织退休老人成立老年文艺社团，既丰富了老年人的业余生活，又可为低收入群体提供义演，又如组织在校学生进行义务劳动或社会实践，既有助于提高学生的实践能力，又能缓解低收入群体的生活问题。

"和谐社会"的最终发展目标不是城市化和国际化，而是提高人们的生活水平、改善人们的生活质量。解决低收入群体者的生活问题，不是对弱势群体的福利和照顾，而是正视、挖掘和借助他们的力量，使城市变得更加和谐、美好；为城市低收入群体而设计，不仅要创造适合于他们的生活状态的生存环境，更要体现社会对他们的尊重、对个人价值的肯定，让他们充分感受到自己属于城市生活的一员，他们是城市的建设者，也是城市的主人。因此，以资源重组为指导思想、以系统设计为解决路径、以艺术设计为具体手段，变城市"毒瘤"为新的亮点，由此促进经济形态城市化、社会管理形态城市化以及人的思想行为城市化。如政府承担公共服务的职能，有责任来帮助低收入群体解决"居住"的问题，而非"产权"的问题；廉租房是一种很好的实现形式，可周转、易回收、预制型农民工用住宅产品则是一种局部问题的有效解决。

5.4.5　设计的社会视野与社会责任

"以用户为中心"（user-centered design，UCD）的设计观念已深入人心，满足用户需求也成为设计领域颠簸不破的真理。不充分的或劣等的物质环境或产品会影响人们的安全、健康状况、社会机遇、压力水平、归属感甚至自我评价。这些领域的不充分可能是研究对象最根本的问题，从而产生了人们的需求。问题的关键不在于需求的满足，而在于设计究竟应该满足谁的需求？设计为什么要满足他们的需求？

长期以来，我们真实地生活在自身创造的商品化世界中，以"利润最大化"为终极目的的"资本逻辑"控制了人造物的进化方向，物的生产与存在必须以"获利"为前提；因而获取商业利润、赢得市场竞争成为企业目标，销售产品则成为企业牟利的手段，设计服务于资本的增值，成为"手段"的"手段"。基于商业竞争的设计戴上了有色眼镜，只青睐位于金字塔中高层、具有市场意义的消费者，而无视位于金字塔底层、缺乏消费能力的社会群体，如低收入人群、残障人士等。

就设计本身而言，盈利不是设计的目标，满足用户需求才是设计的价值所在；直面低收入群体等弱势人群和边缘人群，设计师不再努力描绘与我们存在一定距离的生活场景和戏剧感，不再痴迷于"美"的形式；当我们抛弃商业利益直面金字塔底层的基本需求的时候，当我们用设计的方式解决低收入人群生活中看似不能融合的矛盾并化"危"为"机"的时候，长久迷途于商业中的设计才找回了它真正的方向。

早在1972年Victor Papanek就提出了"社会化设计"的思想，强调设计师的社会责任感[1]。他尖锐地批评市场经济，并把有社会责任感的设计师与生产大量无用产品的市场对立起来。Patrick Whitney（2004）也针对贫民窟展开设计研究实践和商业模式探索[2]。

---

[1]　Victor Papanek，Design for the Real World：Human Ecology and Social Change，2nd ed. Chicago：Academy Chicago，1985.

[2]　Patrick Whitney & Anjali Kelkar. Designing for the Base of the Pyramid. Design Management Review，Fall 2004：40－47.

数十年来，设计师不断试图建立并维持社会责任和关爱生命的共同价值。但迄今为止，设计师的社会干涉毫无计划，在寻求社会支持方面几乎没有取得成功；设计师为改善边缘群体的生活条件、解决弱势群体的生活问题而创造的众多产品，却因难于找到市场而无法生产出来。

尽管如此，我们完全有责任复兴设计的人道主义角色并在经济发展中证明设计的价值。当低收入群体在生活甚至生存方面最基本的需求往往都没有得到满足的时候，设计师完全有责任、有义务也有能力为城市低收入群体设计各种产品，缓解甚至解决其工作生活中的既有问题。古语有云："锦上添花故可贺，雪中送炭尤为贵。"设计应该"全心全意为人民服务"，尤其应该为那些被消费社会遗忘的低收入群体服务、为那些城市发展的默默建设者服务、为满足低收入群体的基本需求而服务。

改善低收入群体生活条件的根本在于提高其经济收入，这不仅依赖于科学的社会制度、经济政策和政府措施，也需要通过系统设计将城市各部分资源进行重新整合，依据城市低收入群体与中高收入群体的生活方式和需求差异，充分利用低收入群体的人力资源和时间资源，挖掘新的服务方式，为城市低收入群体提供更多的就业机会和创收机会。这就需要社会组织、工商企业和政府部门达成共识、广泛合作；设计师则在其中穿针引线、出谋划策、提供局部优化方案或系统解决方案。

作为"人道主义的设计师"，作为"有良知的设计师"、作为"有责任的设计师"，我们应该抛掉商业的有色眼镜，走出封闭的艺术象牙塔，直抵金字塔底层现场，运用社会学（人类学）方法研究设计，通过设计途径解决社会问题。我们不仅能够迎合商业意志，也能够思考贫困、灾难、暴力等社会问题。我们关注贫困民生与生态环境，关注中国传统文化在全球化时代的转换，关注经济、社会及文化的可持续发展，通过践行负责任的设计推动社会的健康发展。

5.5 为"家电下乡"而设计[①]

"家电下乡"为"建设新农村"和"拉动内需"带来了一股强势力量，同时也为中国设计业带来新的挑战。国家持续关注农村的建设和民生民情，众人不断聚焦于"家电下乡"的大"秀"场；伴随着导演、参与者和观众褒贬不一的声音，演出还在继续。

5.5.1 家电：乡村与城市

在全球经济回落的大背景下，我国长期以来重投资、重出口、轻消费的经济增长模式造成了内外供求关系的极度不平衡，扩大内需成为"调结构"的必由之路。与此同时，关注"三农"问题和"社会主义新农村建设"的脚步丝毫没有停歇。基于此，国家财政部建设司、商务部共同组织开展"家电下乡"，农村消费者购买家电下乡产品可获得产品售价13%的直接补贴；据预测，连续四年的家电下乡活动将拉动家电产品消费9200亿。以电冰箱为例，据统计，目前农村每百户居民冰箱拥有量为26.1台，不足城市居民拥有量的1/3；据测算，家电下乡将累计拉动冰箱消费每年1200万台的增长，预计2010年农村居民冰箱需求增速将达到10.8%，这无疑为中国家电产业带来无限想象空间。

---

① 胡飞、黄静婉：《"家电下乡"：怎样"入乡随俗"》，《美术观察》，2010年第7期。有删改。

"家电下乡"冰箱与城市主流冰箱比较　　　　　　　　　　　　　表5-13

产品	图例	造型	色彩	面材	技术	价格
"家电下乡"冰箱		外观单一简洁大方双门设计	素色面板，白、灰为主、少量红色	ABS为主	一级节能，低温补偿，丝管蒸发器，维他命保鲜	1798-2499元
城市主流冰箱		时尚外观多门设计多种容量	花纹面板，金属质感，银色、多种彩色	多色晶玻璃为主	VC增鲜技术，智能变温，立体送风	2098-9999元

通过比较发现：下乡冰箱种类单一（双开门）、容量较小（多在200L以下）、色彩及面饰也较为单调；而城市中主推产品则是大容量、对开门或多开门，外观时尚多变且注重内部细节设计，面饰工艺也不断推陈出新。如果说大容量、多空间、时尚外观是针对都市群体的生活特征和审美趣味而展开的设计结果，那么下乡冰箱是否也反映出同样的特征呢？

5.5.2　农村：消费非销废

答案无疑是否定的。

一方面，农村居民家用电器普及率和拥有量都很低，农村市场潜力巨大；另一方面，我国家电产品的生产能力严重过剩，城市市场日趋饱和。"家电下乡"政策为企业提供了扶持，为农村居民提供了实惠。然而，看似多赢，下乡产品却叫好不叫座。调查显示，50%以上的农民兄弟对下乡家电的销售渠道和售后服务相当不满意。

城乡家电产品的差异很大程度上是由政策对企业的强制性标准决定的。既要让农民得到实惠，又要让企业获取利润，下乡家电走进了低价格、低技术、低设计的死胡同。从家电下乡指定产品目录中也可以看到，下乡产品大都是城市里淘汰的品种和机型，有的企业甚至重启多年前停产的生产线。简单地将现有产品以低价送到农村，能够解决农村居民的切实需求吗？纯粹地通过价格战，就能够开启农村市场吗？

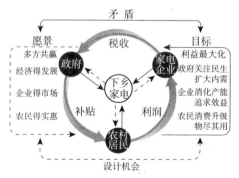

图5-24　"家电下乡"的设计机会

家电下乡关注的是家电，被忽略的却是农村居民的需求。据统计2009年农民人均纯收入已突破5000元；"家电下乡"政策指向的是有经济实力和消费需求的农民，而非处于贫困线甚至赤贫的农民。以冰箱为例，调查显示，中档大品牌冰箱最受农村消费者青睐。农村消费者心理承受价位也远远超过了预期水平，且关注质量胜过价格。可见，农民需要的不是"白菜价"购买被城市居民淘汰的"废品"，而是实实在在的物有所值、物尽其用的产品。

5.5.3　用户：入乡须随俗

家电欲"下乡"，设计须"随俗"。简单照搬照抄现有产品，或将低价淘汰产品投入农村市场，都是不负责任的做法；只有从根本上适应农村居民的日常行为、生活方式、审美心理、消费期望等因素时，家电产品才有可能获得市场成功。

调研发现：家电下乡的主要消费群体为 18 岁至 40 岁，年轻人自购或为父母购买，中年人为子女购买；消费习惯是保守的、谨慎的和理智的；消费心理既渴望物超所值又存有炫耀性心理。更为关键的是，农村居民对下乡家电的关注点集中于安全易用、售后服务、经济实惠、节能环保，品牌与外观次之；这无疑是对那些试图以换门换把手的外观设计"忽悠"农村市场的企业当头棒喝。此外，农村居民关注"节能"不是出于环境保护的意识，而是出自经济节约的考虑，对他们来说，节能就意味着省钱；以低碳环保作为冰箱的卖点，是对农村用户需求的误读。

《说文解字》注"俗"一为"习"："凡相效谓之习，系水土之风气"；一为"欲"："好恶取舍动静无常，随君上之情欲"。可见，下乡的家电也应该随这两方面的"俗"：既要充分考虑农村各地区的差异性，根据各地的地理环境、气候特征、收入水平、生活习惯等区别对待；又要深入挖掘农村各用户的差异性，针对不同的家庭环境、消费需求、使用方式、审美偏好等有的放矢。以电冰箱为例，就饮食特点而言，北方农村居民以面粉和土豆为主食，中部农村居民喜食米饭、食物种类多；就储藏方式而言，北方农村居民用常用储藏室或地窖存放食物，冬天冰箱一般闲置，中部农村居民大部分食物都需要冷藏，夏季将食物存于冰箱，冬季食物多存于橱柜；就审美偏好而言，北方农村居民较为喜欢鲜艳的色彩、自然的图案，而中部农村居民则偏向于淡雅色彩和几何图案。

农村居民冰箱使用情况调查　　　　　　　　　　　　表 5 - 14

内容	图例
生活环境	
生活习惯	
食物储存	
使用环境	
使用情况	

5.5.4 设计：从产品到系统

以同质化产品应对差异化市场自然无法获得市场的有效回应。下乡家电的设计，不仅要强调城乡差异、乡乡差异，更要强调下乡产品本身的差异，如使用方式差异化、容量差异化、技术差异化等。

下乡冰箱的设计问题与设计机会 表 5－15

序	发现问题	定义	设计机会
1	39.2%的用户没听说过家电下乡政策	系统问题	加大宣传、简化流程、加强监管，基础设施建设与家电下乡并重
2	大部分农民反映花钱容易，领补难		
3	售后服务不到位，缺乏信任感		
4	政策不能满足农村居民的实际需求		
5	冰箱内食物串味严重	技术问题	关注食物保鲜、除菌
6	买得起用不起，冰箱买回后不常开		更环保，更节能
7	产品"华而不实"	设计问题	从家电下乡到设计下乡
8	产品和生活环境格格不入		
9	用户对使用方法和细节理解困难		提供更加易用的产品，避免误操作
10	担心基本操作外的其他操作会弄坏冰箱		
11	冰箱内平时的空间利用率很低		差异化的容量设置，更合理的空间设计
12	大量的囤积年货和食物时，空间不够		
13	内嵌式拉手容易积灰，清洁不便		开启方式上的设计，竖置或双层拉手等
14	南北方气候和饮食的差异，北方地区冬天冰箱一般闲置		考虑地域差异，针对北方农村市场设计

由上表可见，下乡冰箱的设计机会可从三个层面展开：1. 以功能和使用为导向的产品设计，如借鉴空调既制冷又制热的原理，开发针对北方市场的双制式冰箱，或者为北方冬日的冰箱增加加热保温的特殊空间；2. 针对特定需求的技术应用，如针对南北农村不同的饮食特点调整储物空间，结合食物特性合理选择高压放电产生臭氧、活性炭吸附、加热管触媒等不同的除臭技术，有针对性地设计一些保湿和保营养装置、高效杀菌装置等；3. 服务系统设计，如在完善售后维修服务的基础上，导入售前的设计服务；或在单一产品销售的基础上，推出家电配套服务、生活配套服务。

在趋冷的经济形势和渐淡的市场环境下，农村市场被寄予厚望。要发掘农村市场的巨大需求潜力，光靠调整政策、加大宣传、搞活流通是远远不够的。对家电企业而言，不能一味用低端产品打价格战占领农村市场，而要着眼于差异化的策略；其核心机能应该从生产、销售转向产品开发，深入了解农村居民的生存环境、生活方式、使用需求和审美偏好，率先导入农村市场的消费分级，因为三四级市场也有相对高端的消费者。对设计师而言，无论城乡差异、乡乡差异还是用户差异，都是多样化产品的设计机会。更为关键的是，多样化是手段，差异化是动因，满足用户需求才是真正的目的；下乡家电的设计要具体回应新农村建设的想象力，通

图 5 – 25 农村用户场景

过恰如其分地展示农村居民的需求梦想，把握恰当时机进入农村市场。

　　末了，调研中的一个场景，引发思虑繁多。电视下乡了，冰箱下乡了，农村居民生活环境改善了吗？他们的生活品质提高了吗？家电下乡了，建材下乡了，城市生活方式下乡了吗？农村居民又为什么要选择城市的生活方式呢？生活是生发一切人为事物的原点；只有回到这个原点上，才能更好地设计产品、更好地理解生活。

第6章 创新之问

6.1 设计创新型企业：1 +1 >2[①]

6.1.1 设计创新与企业发展

1912 年，美籍奥地利经济学家熊彼特（J. A. Schumpeter）在《经济发展理论》一书中提出：创新就是把生产要素和生产条件的新组合引入生产体系，即建立一种新的生产函数。他从经济学范畴将创新活动归结为五种形式：1. 生产新产品或提供一种产品的新质量；2. 采用一种新的生产方法、新技术或新工艺；3. 开拓新市场；4. 获得一种原材料或半成品的新的供给来源；5. 实行新的企业组织方式或管理方法[②]。即新产品、新技术、新市场、新材料和新制度。2006 年 ICSID 将工业设计的定义修改为："设计是一种创造性的活动，其目的是为物品、过程、服务以及它们在整个生命周期中构成的系统建立起多方面的品质。因此，设计既是创新技术人性化的重要因素，也是经济文化交流的关键因素。"由此可见，新技术和新材料可以纳入技术创新的范畴，新制度可以纳入制度创新的范畴，新产品与新市场则可纳入设计创新的范畴。

美国学者里卡德．斯坦凯维奇（Rikard Stankiewicz）曾将创新分为设计驱动型和发现驱动型。发现驱动型创新以纯粹形式依赖于最新科学进展的直接应用，如新药品和新材料；设计驱动型创新往往指"工程"方面的创造而不是"研发"层面的创新。基于此，英国学者杰勒德·费尔特洛克认为新技术属于在设计驱动型和发现驱动型之间的一种"混合型"创新[③]。

据美国工业设计协会测算，工业设计每投入 1 美元，可带来 1500 美元的收益。日本日立公司每增加 1000 亿日元的销售收入，工业设计起作用所占的比例为 51%。针对设计的作用，1999 年英国设计委员会采访了约 450 家企业：91% 的企业认为设计改变了公司的形象；90% 的企业认为设计提高了产品质量；88% 的企业认为设计帮助企业更有效地与顾客进行沟通；84% 的企业认为设计有助于增加利润；80% 的企业认为设计有助于开拓新市场[④]。

消费模式、消费品位的变化和商业动机都会引发设计活动，而创造竞争性产品的需要驱使设计走向多样化。设计不仅是一种与产品相联系的过程，而且是一种传递思想、态度和价值的有效方式，设计与消费品位有着本质的联系，具有重要的经济作用。设计师 Janiee Kirk-patriek 在《商业周刊》设计专栏开办时说道："未来的企业必须进行创新，否则就会衰退。它们必须进行设计，否则就会消亡。"

[①] 2008 年 5 月，我受广东省工业设计协会的委托，走访于珠三角各企业和设计机构，完成了《广东十大设计创新型企业》和《广东十佳设计机构》的调研工作。相关材料收录在第四届广东工业设计活动周专刊《迈向"世界级制造"，构建现代产业体系》一书中（第 37 - 80 页）。其中对广东设计创新型企业的感悟，整理为此文。——笔者注。

[②] ［美］熊彼特：《经济发展理论》，何畏译，北京：商务印书馆，1990 年版，第 60 - 68 页。

[③] ［英］约翰·齐曼：《技术创新进化论》，孙喜杰、曾国屏译，上海：上海科技教育出版社，2002 年版，第 292 页。

[④] ［英］玛格丽特·布鲁斯、约翰·贝萨特：《用设计再造企业》，宋光兴、杨萍芳译，北京：中国市场出版社，2007 年版，第 11 页。

越来越多的中国制造企业认识到工业设计的重要性，在不具备与国外先进企业正面竞争的情况下，集中优势资源，以工业设计为突破口，通过设计创新提升企业竞争力，并形成企业特定优势，不断涌现出越来越多的设计创新型企业（Design Innovative Enterprise）。

6.1.2 广东设计创新型企业

设计创新型企业是指拥有自主知识产权的品牌和设计，具有良好的设计创新体系和机制，持续通过设计创新并取得显著效果，整体设计水平在同行业居于先进地位，在市场竞争中具有优势和持续发展能力的企业。

设计创新型企业，以工业设计为核心竞争力，结合产品特点，实现 1 + 1 > 2。以广东企业为例，电池技术 + 设计创新，造就了比亚迪汽车的新兴和成功；塑料模具 + 设计创新，成就了毅昌电视机壳的冠军之路；NXT 技术 + 设计创新，铸就了三诺平面音响的艺术世界……一条条资源重组的道路为企业发展带来新的契机。

设计创新型企业，以工业设计为核心竞争力，结合企业特点，实现 1 + 1 > 2。以广东企业为例，具有技术优势的企业，以工业设计为高新技术穿上艺术的外衣，做技术与品牌的价值放大器，如中兴、飞亚达；具有市场优势的企业，以工业设计形成产品差异化提升品牌竞争力，如美的、康佳；具有制造优势的企业，以工业设计提升产品品质扩大产品利润率，如新宝、毅昌；联邦更是以自主设计为首要利器建设自主品牌。

设计创新型企业，以设计人才为核心资源，结合研发团队，实现 1 + 1 > 2。以广东企业为例，飞亚达早在 1992 年就引进了驻厂设计师，1990 年代初康佳就设立了工业设计部门，联邦的王润林、毅昌的洗燃更是地地道道的设计师出身。美的集团 1995 年率先设立了美的工业设计公司，专门为集团研发产品；中兴更面向全国、面向全球配置优秀设计资源；三诺于 2005 年成立了全资控股的工业设计公司——麦锡产品策划，不仅为三诺，更面向全国设计产品；TCL 更将法国巴黎的顶尖设计团队"偶偡"（Tim Thom）纳入旗下，聘请 Gerard Vergneau 兼任 TCL 彩电公司全球设计总监。飞亚达、三诺、美的、TCL、联邦、新宝等都通过主办设计竞赛挖掘设计新人。

比照科技部衡量创新型企业的六个重要指标[①]，将设计创新型企业的评价指标归纳为六个方面：（1）全部从业人员中研发人员比例和研发人员中设计人员比例；（2）全部销售收入中设计研发投入比例和自主设计投入比例；（3）千名设计研发人员所拥有的授权实用新型专利数和外观专利数；（4）专利申请的近三年年平均增长率，尤其是实用新型专利和外观专利近三年年平均增长率；（5）全部销售收入中新产品收入比例；（6）销售利税率。设计创新型企业把企业竞争从单纯的生产竞争、营销竞争和技术竞争扩展到设计创新的竞争，把设计创新作为企业的核心职能，在企业内部实现设计创新的制度化，集研发、设计、生产、销售于一体，形成研究与开发、生产、销售三者互动的健全的体制和机制，通过持续性的设计创新，获得持续性的经济效益，实现 1 + 1 > 2。

6.1.3 设计创新型企业的价值创造路径

工业设计实现产品增值：1 + 1 > 2

好的工业设计可以降低生产成本，提高产品附加值，提高用户的接受概率；通过设计促

---

① 科技部：《创新型企业应具备六个重要指标》，http://finance.sina.com.cn/g/20070226/22273357228.shtml.

进产品的不断成长，企业也将获得更高的战略价值。

东菱早餐机 XB8002，将烤面包片的多士炉与煎蛋器合二为一，原来分开销售共收入 7 美元的两件产品，经工业设计师创造性整合之后，实现了 12 美元的销售收入，创造出 4 + 3 = 12 的产品增值公式（图 6 - 1），被业界视为诠释设计创造价值的经典范本。2006 年该产品被美国《福布斯》财富杂志评为全美十大最酷厨房用品之一。自 2005 年 9 月面市，这单一型号至今已累计销售超过 400 万台；并由单一型号发展成 8 个系列型号，形成强大的销售矩阵。新宝集团更是为此成立一个新的工厂专业生产多士炉。英诺威设计的落地加湿扇（图 6 - 2），通过超声波产生水雾，水雾通过管道输送到电扇前端，再借助电扇的风将清凉的湿气带到空气中。

离岸价格 $ 4.00　　　　　离岸价格 $ 3.00　　　　　离岸价格 $ 12.00

图 6 - 1　东菱二合一早餐机的产品增值公式

需要强调的是，功能整合并非简单的功能相加和盲目的功能杂交，只有基于特定的生活方式和满足特定的用户需求，多功能产品才能获得市场的认可。北美用户做早餐喜欢将面包片烤得焦黄，然后在中间夹上一片煎蛋；东菱正是敏锐把握了北美用户的生活特点，多士炉 + 煎蛋器，二为一早餐机实现了 1 + 1 > 2。夏季酷热难耐，但长时间吹风扇或空调会使环境流失水分、皮肤干燥，所以很多地方尤其是北方，常常将一边吹风扇、一边使用加湿器；英诺威正是把握到这个独特的生活状况，落地扇 + 加湿器，加湿落地扇实现了 1 + 1 > 2。

图 6 - 2　落地加湿扇

除了整合功能增加价值，还可以通过设计降低成本。极致设计用简易工艺处理达到理想的外观效果，在满足技术要求的前提下，对导光柱形状、金属屏蔽方式、拉手条形式、散热孔长度及分段加强筋等进行结构简化和零件"瘦身"，通过塑胶/钣金模具形式和装配方式的创新降低成本，将某 Modem 外壳的成本由原计划 ¥5.00 降低到 ¥4.60，实现了 2 - 1 < 1。

工业设计放大技术价值：1 + 1 > 2

技术发展趋于平台化、模块化和民主化，极大地降低了高新技术企业的竞争壁垒。后进企业常常从最简单、最小的模块切入，从附加值最低的环节介入，不断累积经验、能力和资源，通过一个个模块往上延伸，逐步突破竞争的壁垒。由于金融资本和人力资本在全球的极大流动性，任何技术创新所能带来的模仿壁垒和垄断利润都在快速下降。全球化正在整体降低技术壁垒，后来者也有可能获得新的技术，设计创新所创造的价值日益凸现。

工业设计以外观多样化包装技术，拓展技术价值。1795 年，机械钟表行业发明了"陀飞轮"装置，游丝摆轮系统和擒纵调速机构在自身运行的同时能够 360°旋转，最大限度减小了地心引力对时间频率的影响，提高了走时精度，因而一直被视为机械表制造工艺中的最高造诣。飞亚达透过精巧密复的陀飞轮技术，与中国古代神话"后羿射日"结合，设计了"后羿神弓"；与表征西方大航海时代的三角帆结合，设计了限量版航海陀飞轮（图6-3）。设计为媒，技术与文化联姻，流淌出隽永细致的时间艺术，实现 1+1>2。

图6-3 飞亚达的"航海陀飞轮"限量腕表

工业设计运用成熟技术满足用户的多样性需求，放大技术价值。海尔洗衣机最初推向四川市场时，返修率特别高，问题都是排水管堵塞，其原因在于当地农民用它洗的不是衣服而是地瓜。为此，海尔加大了出水管，便于排沙，推出了洗土豆机，获得了市场成功。这个思路延伸到其他地区，做出洗酥油机、洗龙虾机等。夏天衣服少，家庭通常不用洗衣机。海尔为此设计了"小小神童"满足这一需求，在冬天则可以洗内衣，或者专门给孩子洗衣服。此外，海尔还根据中东居民的生活习惯，设计出专门洗大袍子的洗衣机。设计为媒，技术与需求联姻，变问题为商机，实现 1+1>2。

更为关键的是，通过工业设计利用低技术手段实现成本创新。通常熨衣物时熨斗长时间接触衣物会使衣物受损。2006年芝加哥家电展中荣登福布斯创新产品第一名的全自动电熨斗，利用手柄上的感应电路，当手离开手柄时，自动由马达带动电熨斗底板上的脚撑抬高电熨斗，远离衣物，从而解决了安全性问题。而东菱不倒翁安全电熨斗通过为普通的电熨斗配重一块铸铁，使电熨斗的重心后移。使用时，手按压住熨斗前部，熨斗正常工作；不用时，在重力作用下电热板部分迅速抬起，

图6-4 东菱"脱手立"安全电熨斗

在手松开的瞬间远离衣物。一个电熨斗，加一块铸铁，东菱"脱手立"安全电熨斗实现了国外全自动电熨斗的同样功能，而后者售价高达几百美元。面对同一个问题，东菱"脱手立"安全电熨斗并没有突出的技术优势，而是以异常简单的技术原理，用纯粹设计的手段和几乎可以忽略的成本解决了普遍性问题，东菱不倒翁安全电熨斗续写了 1+1>2 的价值传奇。

工业设计缔造品牌价值：1+1>2

初创品牌的成功常常归因于某款产品的成功。奇瑞QQ，以收入不高但有知识有品位追求时尚的年轻人为目标用户，以大学毕业两三年的白领为潜在客户；整个前脸像一只可爱的卡通青蛙，把一个黑、大、粗、重的汽车产品塑造成一个可爱灵动的小宠物形象；QQ在网络语言中有"我找到你"之意，赋予了"时尚、价值、自我"的品牌个性；以全新的营销方式和优良的性价比，成为"青年人的第一辆车"。奇瑞也一举成为微型轿车的中国名牌。联邦"9218"实木沙发，从明式家具中汲取养分，造型根据人体曲线延伸而来，线条动感流畅，一

气呵成；选材舍弃了花梨、鸡翅等名贵红木，采用更大众化
的橡胶木，大大降低成本，使得"昔日皇榭堂前燕，飞入寻
常百姓家"。从1992年至今，联邦"9218沙发"，被销售、
仿制近2亿件，更成为联邦家具的代名词。一款设计成功的
产品，帮助企业有效地开拓市场；一系列衍生产品不断推出，
逐渐稳固树立起品牌的最初印象，形成1+1>2。

图6-5 9218联邦沙发

独特的产品设计可以强化品牌个性，造就1+1>2。无
论是手机还是电脑，TCL都专门为女性定制了"半边天"。
TCL的SHE女性电脑以桃红的亮丽色彩吸引眼球，玫瑰形的
音箱造型散发着女性迷人光彩，深刻挖掘了女性消费者的
"美丽渴望"和"PC也要美丽"的个性主张。2007年6月
18日，TCL发布了最新的品牌战略"创意感动生活"（The Creative Life），并将设计力作为打
造以消费者洞察系统为基础的三大竞争力之一（另外两个为品质力和营销力），只设计对消费
者有意义、恰到好处的产品，提供给消费者一个"时尚、亲和的使用体验"。

通过设计整合VI和PI形成视觉化的品牌语言，有助于用户强化品牌印象、加深理解品牌
内涵，从而争取到最高程度的客户忠诚度，拓展1+1>2。中兴通讯从2003年开始缩减产品
种类、统一设计风格，强调通用化、系列化的产品设计；2005年中兴多媒体在终端产品上搭
建出自己的设计哲学和设计语言系统，并编制成册、印刷推广；2007年对系统类产品实施了
以"角度"为核心的PI（Product Identity，产品识别）策略，不断以产品设计推进品牌建设。
通过工业设计融合了能够让消费者产生共鸣的视觉化品牌语言，在使用中给用户带来喜悦，
让用户以拥有它而自豪，从而产生对这个品牌的长久忠诚度[1]。需要强调的是，对于任何产品
和任何品牌，视觉化品牌语言的建立过程中，应当慎重考虑和充分尊重将要体验这款产品的
用户。

美国次贷危机引发的"金融海啸"已席卷全球，制造业的裁员潮倒闭潮此起彼伏。人民
币升值、原材料涨价、双转移、新的《劳动合同法》出台……中国制造业在"内忧外患"的
交汇挤压之下，遭遇前所未有的困境；尤其对从事高消耗、低附加值生产的劳动密集型产业
和粗放式经济形成重创。尽管改革开放30年，中国用学习换机遇、用成本换市场、用创新换
认同、以速度换资本，获得了一定的成长时间和空间；但调整经济和产业结构、向价值链的
高端移动势在必行。

相对于技术创新，设计创新投资的风险小、见效快，也会带来实质性的回报。对OEM
（Original Equipment Manufacture，自主设备制造）企业而言，通过功能整合、材料替换、结构
优化，工业设计实现产品增值；对ODM（Original Development Manufacture，自主研发制造）
企业而言，通过同一技术整合多样化外观、同一技术的多方向使用和技术集成放大技术价值，
还可以通过工业设计以低技术解决问题实现成本创新；对OBM（Original Brand Manufacture，
自主品牌制造）企业而言，产品设计在品牌创建和推广期都发挥着重要作用，并通过设计管
理视觉化的品牌语言，以PI促BI（品牌识别），强化品牌的忠诚度。工业设计同时体现渐进
式的创新（产品改良设计）和突破性的创新（产品开发设计），因而更具可操作性和可持续
性。需要强调的是，产品价值源于用户价值，品牌价值源于用户价值，企业价值源于用户价

---

① （美）Tania Aldous：《通过"视觉化品牌语言"建立品牌财富》，参见：（美）海施编：《认知：设计意味着商机》，杨
　慧鸣译，北京：京华出版社，2008年版，第10页。

值。用户价值是一切价值的根源，也是设计创新的原动力。

令人欣喜的是，在珠三角和长三角等中国制造业密集之地，不断涌现出以东菱为代表的设计创新型企业，广东省中山市小榄镇更是被授予"国家设计创新示范镇"的光荣称号；以新的方式将创造性的问题解决能力用于应对特定的挑战，工业设计重组资源、重组知识结构，不断书写出 1 + 1 > 2 的企业传奇。

自主品牌之道在设计，设计创新之道在中国！

6.2 设计机构的创新服务[①]

6.2.1 上海设计机构的服务路径

第一站，上海。指南——桥中——浩汉。

指南：本土化设计的国际化视野

从最初周佚的单枪匹马发展到今天 30 多人的设计团队，上海指南工业设计有限公司已经走过了 10 年历程。作为上海最早建立的工业设计公司之一，从早期单一从事产品造型到现在为品牌进行全方位设计服务。设计之初指南会反复追问，客户本身想干什么？为什么做设计？其品牌策略在于长线还是短线？是与本地企业竞争还是拉开距离？或者为下一代服务？……从而决定设计是为短期的营销服务，还是为品牌成长提供空间。指南强调 design for brand，不是单纯以市场的反馈来做决定，而是为品牌策略而设计。

与此同时，指南把自己定义为"专业的人，做专业的事"，试图找到一些最合理的方法，与客户共同完成设计，"我们的设计更先进，比客户的思考更深入，在某个单一范围里，我们一定就是强的。"其服务的重点在于如何将客户单一范围的能力与和指南设计全方位解决问题的能力进行有效整合。指南设计的产品强调三个特性：概念—研究性，通过情报摄取、生活形态、流行趋势等研究，发现突破性的设计机会和具有原创性的设计创意；产品—技术性，不只是提供一个好的造型，而是将技术与用户体验有效结合；制造—管理性，消除加工制造型企业对设计的偏见，通过进行生产制造的跟踪控制、协助建构供应链等，完善产品从概念到生产乃至销售的全部设计环节。这些可以从指南的服务流程中可以清楚看到。

指南现有 6 个设计团队，是一个名副其实的"多国部队"。设计主管和研究主管分别来自欧洲和新加坡。一方面借用"外脑"有助于提升公司整体设计实力，强化了指南的全球化视野和国际化平台，另一方面，全球化平台加上对中国本土社会、文化和市场的深刻理解，更有助于指南开拓全球业务。指南现在已成为欧洲最大的设计公司 Designafairs 的合作伙伴。

十年磨一剑，指南汇聚了来自全球各地的设计人才，积累下国内外大型项目丰富的设计、管理、运作经验。指南服务于世界各行业顶级客户的同时，也致力于扶持国内企业走向世界市场，并全力推动中国工业设计事业发展。

[①] 胡飞：《条条大道都创新：关于设计服务的 N 条路径》，《创新设计》（广东省工业设计协会内刊）第 2 期，2007 年 9 月，第 44 - 61 页。2007 年的五六月之间，我和《创新设计》主编周红石一同奔波于北京、上海与广东。在本期选题策划之初，我们想对京、沪、粤三地的设计公司进行比较，希冀从中找出共同点或不同点，或者发现些许能对广东制造业转型有所裨益的东西。走访的结果令我们大吃一惊。千人千面，个个都精彩，设计服务呈现出极其丰富的生态多样性；百家百路，路路都创新，设计创新的 N 条路径不断闪光，几乎灼伤了我们的眼睛。——笔者注。

图6-6　指南的设计作品

指南的服务流程

1. 设计研究，依次包括：（1）市场分析：市场区域与结构、销售渠道、竞争对手研究、品牌分析、市场机会识别等；（2）趋势分析：流行趋势、风格地图、材质与色彩、本土化与全球化市场等；（3）用户研究：用户偏好、需求，行为地图、焦点群体访问、家庭访问、跨文化比较和用户描述等；（4）社会文化分析：技术与人群、环境分析、观察、专业访谈、中国资源与体验等；（5）材质与色彩：色彩趋势、材质趋势、知识交换等；（6）设计策略：设计定义、类型分析、材质与色彩定义、设计概念、路径勾勒等。

2. 产品设计，依次包括：（1）创意设计：头脑风暴、设计询问、心情图版、故事与情景生成、草图（手绘或计算机）等；（2）细节深入：二维细节渲染、三维粗模建构、简易模型、材质与色彩概念、产品图形界面等；（3）设计完善：三维细节渲染、机构可行性检查、制造方法分析、环境分析、创建最终三维Pro/e数据等；（4）设计模型：材质与色彩定义、装配结构定义、供应商选择、质量控制、生产管理等。

3. 工程服务，依次包括：（1）创新研究：功能分析、机构开发等；（2）工程执行：机构设计、细节三维模型、二维工具图、制造材料清单、动作分析等；（3）模型检测：色彩与材质定义、装配结构定义、选择合适的供应商，质量控制与管理等。

4. 制造服务，依次包括：（1）资源建构：供应商比较清单、评价、成本分析、商业渠道等；（2）生产管理：供应商、模具、装配样机、数据传输等；（3）质量控制：生产流程开发与控制，确认产品有效性、流程改进等。

指南之周佚

周佚，上海指南工业设计有限公司创始人、总经理，中国工业设计协会理事。1990年毕业于无锡轻工业大学工业设计系，1997年取得广州美术学院工业设计硕士学位，曾任教于同济大学。

印象

指南是国内一个久负盛名的工业设计公司，与之齐名的还有龙域等。从早期为西门子等国外知名企业进行设计服务，到近年来致力于打造"国际化"设计品牌"S·point Design"，我们欣喜地看到了本土化设计企业的茁壮成长。他们已不再满足于藏匿于后台单一地为国外知名企业提供产品设计，让中国的设计贴上了外国的标签；他们积极而自信地站到了前台，展现出中国设计的真实面貌，打造属于中国自己的国际设计品牌。我想，指南凸现"S·point"的意义并不只是强调其国际化的团队、业务和能力，更具"中国设计走向世界"的深刻内涵。我们期望看到能有更多的本土设计公司与IDEO、Designafairs、FrogDesign一样，为全球化的市场输出设计服务。

桥中：构架全球设计资源的桥梁

想更换领导人吗？想招募更好的人才吗？想开发更具市场吸引力的产品吗？您能保证领

导更换后组织不动荡吗？您能让人才能适应您的组织吗？您能使新产品源源不断出现又符合市场需求吗？这些都是桥中常问的一些问题。

成立于2003年的桥中设计咨询管理有限公司是国内最早专门致力于"设计管理"的设计公司，合作伙伴包括三星、联想、日立、好孩子、华为、李宁、通用汽车等。说到设计管理，似乎跨入了另一个专业，设计专业乎？管理专业乎？至今学术界仍然对"设计管理"与"管理设计"争论得喋喋不休。就桥中的理解而言，设计管理提供的是"围绕着设计管理者的服务"，包括战略型设计管理、设计研究、资源整合以及专业培训等。第一，设计管理者关注的是设计的方式，即怎么样把项目做得更好。第二，他需要知道怎样把团队建立好。桥中就是围绕设计管理者的需求，帮他们提供信息，帮他们找到合适的合作伙伴，帮他们推荐新的人才，同时也通过设计研究和设计管理资讯来指导企业下一阶段设计的实现。

准确来说，桥中并不是一个独立的设计研究机构，也不是一个传统意义上的产品造型设计公司。他们试图建立一种设计资源连接的平台、设计信息交流的平台，其公司名称和理念中的"桥中"就是此意。但"桥中"的核心竞争力还不在于此，而是"明道"。"明道"包括两个方面：一是设计管理，包括设计策略、设计部门的组织架构、企业跨部门的协同流程、企业内部资源建设与共享等；一是设计研究，包括消费者的特征、竞争对手的状态、社会文化、市场竞争等。前者是以设计作为重要手段介入到企业发展、企业管理之中，后者是针对具体的设计部门、设计项目和设计师提供相关信息。设计项目展开之前的关键是"为什么"（Why）而非"如何"（How）。桥中的第三个理念，是"致远"。如做企业内部的培训，通过邀请国外国内一流的设计学院的教授和行业专家，为客户定制全年的设计计划。当然，能够购买这种设计服务的企业需要具有相当的实力和相当规模的设计团队。桥中提供的设计培训不是教他们怎么画图这样的技能型培训，而是教他们怎样去做好设计、怎样去使用一些好的工具，并在一定程度上节约资源。成熟的设计团队，应能从前期的用户研究到造型、到结构，到后期的用户体验，了解产品的缺陷到底在哪里，市场在哪里，从而确定产品设计的目标。其实设计不是一个线性的过程，而是一个闭环的反馈过程。因此设计部门的工作流程、工作细分，设计部门和其他部门之间的交流协调都很重要。这就是"设计沟通"。

桥中的服务流程

1. 明确研发定位：研发定位，广义上是整体战略定位，狭义上是产品策略定位。正确的研发定位，是企业获得持续成功的保障。成功的产品策略指定需要根据目标市场消费者细分为基础，有策略的与竞争对手形成差异化，这需要从细分消费者价值观出发，并研究各群体所需要的利益点。是一个从梳理产品线，确定PI，到有计划地开发新产品的系统过程。

2. 完善组织构架：结构决定性质，一个健康的组织需要有完善的组织架构的支撑。确保组织功能齐全。

3. 调整人力策略：从薪酬方案，绩效考核，培训体系，到职业规划的全方位规划。从设计不同于其他岗位的特性出发，充分考查目前行业内成熟公司对设计类职位的总体评估和薪酬激励方案等为其量身定制了一套人力资源方案。

4. 理顺设计流程：良好的设计流程可以让各设计师及工程师等不同职责人在各个环节各尽其职，同时通过良好的沟通，以目标为思考原点，在每个节点能最大化确保设计是按照最初的定位进行，并有效保证设计结果达到目标的工具。

5. 加强部门协同：在设计流程设计过程中在相应的环节设计了各种表单，分别从市场，营销，售后甚至分销商处获得。通过表单上标准问题的提出，并结合一些观察建议，从而获得与设计输入和信息反馈的闭环系统。创新需要部门协同。必须创建一个基于团队的环境，奖励各个创新者，并更好地集成业务与技术。

6. 扩展战略合作：企业的成功也不可能仅仅依靠自身而获得长期发展，需要足够的资源和广阔的视野。通过与外界有效的合作，可以弥补企业自身不足和获得新鲜的观点和不同的视野。

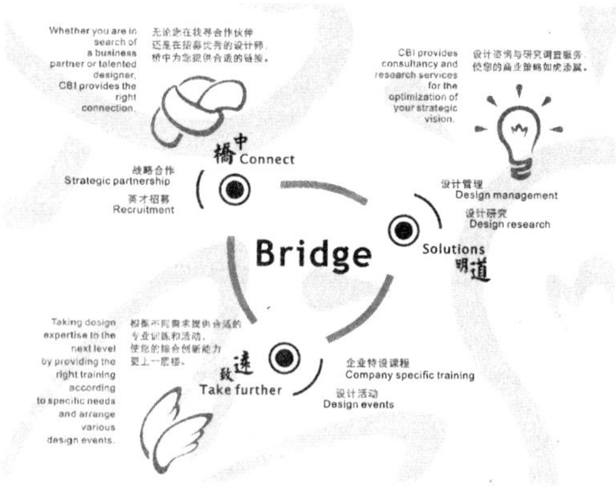

图 6-7　桥中的服务理念

桥中之黄蔚

黄蔚是中国设计行业国际能见度最高的人士之一。硕士毕业于上海同济大学，曾任职于海尔集团设计中心（QHG）和美国通用电气 GE/FITCH 设计顾问有限公司。历任设计管理协会（DMI）全球顾问委员会成员（2003）、iF 中国设计奖评委（2003）、CCTV 创新盛典评委（2005/2006）、广州设计周红棉奖——中国原创产品设计大赛评委会主席（2006）、伊莱克斯全球工业设计大奖赛评委（2005），兼任上海电影艺术学院荣誉教授、成都美术学院荣誉教授，堪称中国设计界的"女强人"。

印象

桥中是一个新型的设计服务公司，其服务内容囊括除了传统产品造型设计之外的一切与设计相关的活动，可以视作一个不做设计的设计公司，也可以视作一个真正理解了设计的设计公司。工业设计的根本不在于产品造型，而是借助设计进行资源整合。桥中恰恰利用了其国内外的设计资源优势，成为国内第一个敢吃螃蟹的人。我很欣慰地看到国内出现这样的公司，引导大量的国外设计专家走进来，让他们了解中国；同时，我也在思考，如何帮助中国的企业走出去，让世界了解中国呢？

浩汉：实现设计系统竞争力

浩汉设计（Nova Design），华人地区最大的产品设计顾问公司，成立于 1988 年，经过 20 年的蓬勃发展，至今已建构出中国台北、上海与厦门，意大利米兰、美国硅谷 SanJose 及越南胡志明市等 6 个据点，共超过 200 人的国际设计团队。2004 年度收益超过 850 万美元，更是头顶五项德国"iF 产品设计大奖"、七项德国"Red Dot 设计奖"和四项"中国创新设计红星奖"的层层光环，令人目眩。

图 6-8　浩汉的设计作品

　　2006 国际 IF 获奖作品 GeIL Bluetooth Sport MP3 Player，是专为运动族群设计的随身音乐播放器。GeIL MP3 的椭圆形 MP3 主体与橡胶挂带是可分离的，只要更换橡胶部分，就能实现"腕戴"和"吊挂"两种不同的贴身佩戴方式；蓝牙技术的应用，让 GeIL 的使用者在运动时，摆脱耳机线路的干扰，得到彻底的自由。

　　囊括 2007 国际 IF、2007Reddot、EID 三项大奖的 DynaPoint WA Webcam，不只是一款网络摄像头，除了提供网路视讯功能，使用者能从"玩乐"般的互动，得到愉快的经验。创新的折叠式底座，允许使用者自由地调整高度，以符合不同使用场合需求。镜头周围透明的 LED 灯，除了创造材质变化与光影趣味，能让人知道是否在使用状态，另一方面亦可以在黑暗中提供简单照明功能。

　　为厦门金龙设计的 K07 豪华客车，身长 12 米，从车头前围到车侧灯组所勾勒出前卫、豪迈而独特的"楔形箭头"形象，并延伸金龙品牌的英文字母"K"建立属于金龙客车品牌的产品识别（product identity），并在 2007 年 3 月 13 日的上海"Busworld Asia 2007 世界客车博览亚洲展览会"上荣膺"BAAV Awards 2007 年度客车大奖"。

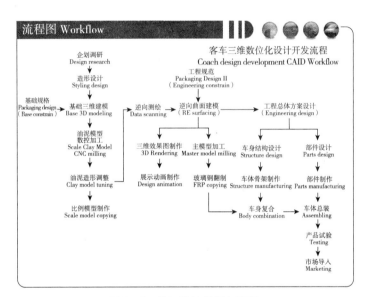

图 6-9　浩汉设计的服务流程

　　浩汉可以说是工业设计公司中的一只大恐龙，规模庞大，服务范围广泛，包含：1. 调研与趋势研究：产品企划、市场信息收集、流行趋势研究、使用者情境分析、产品与品牌形象界定；2. 产品与界面设计：工业设计、计算机辅助三维仿真、使用者图像界面、产品识别设计、视觉传达设计；3. 原型设计服务：外观与功能模型、快速原型、CNC 数控加工、小批量试产；4. 量产化工程服务：机构设计、分件与组装研究、逆向工程、量产制程资源串联等。

浩汉观点

　　浩汉不只专注于产品创新，更追求设计流程与管理的创新。浩汉强调"设计系统竞争力：Design Systems Competitiveness"全球策略，为企业实现最大的设计价值。国际资源整合驱动新的设计竞争力：虽然生产制造已走向全球分工，可是切进当地市场，了解消费者需求，却依旧是不变的法则。必须开发国际资源，拥有国际设计网络，才能创造出跨越地理与文化界线的产品。浩汉设计透过"KMO 知识管理系统"，串联了跨越亚、欧、美 6 个据点间的设计资源运作，提供给企业优越且具新设计竞争力的"全球化设计"解决方案。创新流程界定新的设计竞争力：问题重心已经从"要设计出什么好产品"转移到"如何有效设计出好产品"。更能创造竞争力的"流程创新"，已变得与"产品创新"同等重要。快速应用新趋势创造新的设计竞争力：压缩的产品生命周期，导致必须减短研究、设计及发展完成一项新产品的时间。而最具竞争力的企业懂得运用资源，掌握市场脉动，并将趋势转换为实际的产品概念。更重要的，必须比竞争对手更快速、更有效地应用新趋势，以确保不败优势。崭新观点启发新的设计竞争力：企业必须放开视野，纳外界观点于既有的设计系统中，才能确保因地制宜、掌握潮流，以创造设计的最大价值。

浩汉之陈文龙

陈文龙，专长于设计管理与交通工具设计，具有 20 年设计实务经验。1959 年出生，台湾大同工学院机械研究所毕业，1986 年进入三阳工业研发部门任设计师，一年后即升任课长，1988 年筹组 Nova Design 浩汉产品设计，现为集团总经理。曾任台湾 CIDA 工业设计协会理事长、日本 Designtoday 顾问。并于 2005 年受邀担任德国 IF 设计大奖首位华人评审委员，在台湾享有"设计老板第一人"之美誉。

印象

走进位于上海市郊的 Nova Design 上海公司，令我惊讶的不是设计部门，倒是几台大型机床，从浩汉的业务范围也可以充分体验到"设计工厂"的感受。浩汉在一定意义上是一个国际化设计公司的本土化企业。亚洲背景的浩汉拥有全球化的设计资源和与国际客户合作的丰富经验，尤其是在从设计到生产这一阶段的完善配合，为设计创意的"产品化"提供全程服务。此外，浩汉在管理设计上的先进经验也非常值得学习，有效的管理往往能引导出有效的设计，百来人的庞大设计团队也需要有效的管理才能高效运转。在浩汉，我看到很真实的设计，很实际的设计，很实实在在的设计。

6.2.2 广东设计机构的服务路径

第二站：广东。鼎典——大业。

鼎典：与中小企业品牌共成长

鼎典坐落在深圳"创意之都"——一个专为工业设计建立的创意产业园区，几个灰色调钢结构的巨大火柴盒有序排列，辅以涂鸦、雕塑和壁画。深圳市鼎典工业产品设计有限公司成立于 2004 年，业务范围涉及通信、数码、医疗产品、仪器仪表、家用电器、消费电子及车载产品，服务项目以产品为中心，包括产品品牌策划、产品线规划、产品设计、产品上市策划全程服务。为近 80 家客户提供超过 200 项的产品设计，市场分布遍及全国各地，并先后服务美国、法国、俄罗斯、韩国及以色列客户。

鼎典推崇"恰当的设计"和"有思想的设计"。恰当的设计并不仅仅是好的产品形态，而是在众多的复杂问题中找到恰当的平衡。多角度审视产品，创新成了有目标的创造。鼎典主张创新与传承的平衡，形式与功能的结合。由内至外，表达产品的内涵和个性品质，使产品给予消费者美的感染和愉悦使用感受的同时，企业的内在品牌性格在产品的造型视觉张力中得到延伸。

鼎典成立的短短数年，设计服务的价格不降反升。通过不断增加服务的技术含量、设计的商业模式，从原来单纯为客户完成一个产品造型的项目，到与客户建立一个长期的服务关系，直至从品牌谈设计，为企业做品牌策划和产品线规划，增强客户的产品形象及营销整体

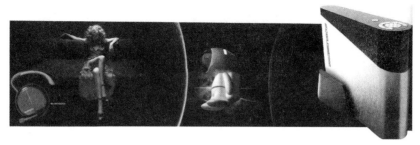

图 6-10 鼎典的设计作品

感。出色创意和好的设计态度、认真聆听客户声音、深入理解产品的市场背景和发展历史、专注研究消费者心理，以及产品投放市场后的反映，所有这些对于鼎典设计同样重要。针对每一个项目，鼎典都组成项目团队，与客户的团队一起，随着流程的每一步推进，逐渐赋予产品成熟的个性。

关于为中小企业提供品牌整合服务这样一个势态，陈向锋坦言是客户"逼"出来的："经营一个品牌的时候，我们要考虑它的整体性而不是细节，有一个完整的概念非常重要。很多企业都存在不同的死角，我们的任务就是帮助清除这些死角。我们针对的是中小型企业，不同的企业背景不一样，有些是技术出生，有些是市场出生，总会在产品研发、市场观念、推广品牌、产品渠道等某些不同方面有所欠缺，我们只是针对他们企业进行研发，让他们更完整。"广告设计公司是从视觉媒体的角度来谈品牌，咨询管理公司是从企业管理的角度来谈品牌，市场调研公司是从消费数据的角度反映一个品牌，但相互之间没有一个接口；工业设计公司恰恰起到接口的作用。对于以制造为核心的企业来讲，产品是核心，要靠产品去说话，然后把握品牌的整体性。

鼎典之陈向锋

本硕毕业于哈尔滨工业大学机械专业的陈向锋，历任深圳市南山区经济发展总公司工程师（1993–1995）、深圳市生产力促进中心产品创新基地主任（1995–2004）和深圳市鼎典工业产品设计有限公司总经理（2004至今），是一个从政府中走出来的设计师，兼任深圳市设计师联合会副秘书长、广东省工业设计协会常务理事。曾致力于快速成型技术的推广应用，成功组织了第一、第二、第三届"深圳市工业设计市长杯"活动，筹建过"深圳市工业设计院"，投身于推动设计业发展。

陈向锋语录

在已有的从事工业设计相关服务的历程中，我体会到的是责任。工业设计需要得到全社会的关注及认同，政府需要营造良好的工业设计氛围，扶植企业及设计机构的设计创新进步，企业需要提高对工业设计的理解和认知。工业设计服务机构需要提高阅读和把握设计的能力。自创办工业设计公司后，我更多的是感受到对企业的责任，企业都说"产品是我的孩子"。确实，"一个好的产品意味着一家好的企业"，相反，不好的设计可以使一家中小型企业倒闭，可以让一个中小企业的创业梦想泯灭。作为主要为中小企业服务的机构，我尤感责任在肩。是这种责任感推动着公司的进步及业务拓展，今年，公司又成立了另外一家主要从事品牌策划的公司，主要在产品线规划及品牌建设上尝试为企业提供服务，以消除企业在产品创新体系的盲区，通过设计帮助企业走上品牌创新之路。目前的鼎典是中小型设计机构，在全国还有很多很多像我们一样的设计公司，这是一支不可忽视的力量，正是这支力量的存在，支撑了大部分中小企业品牌自强的梦想，有一批中小型设计机构正在奋斗的路上。

为工业设计奋斗，是我毕生的目标！

印象

在整个走访过程中，鼎典对我而言则是惊喜。他们关注一些中小型企业和一些有成长力的企业，帮助企业将一个产品推向一个品牌。就产品造型而言，中国人有做新奇造型的能力，但从来没有设计出成为风尚的造型；就产品制造而言，广东有完备的制造链和低廉的劳动力成本，但从来没有制造出引领潮流的产品。为什么？一句话，中国设计缺乏的不是独创的设计，而是原创的品牌！如果说制造业专注于生产加工，面向终端消费者的企业则应重在品牌建设，而设计服务则恰恰通过关注用户需求、全方位地满足用户需求来帮助企业建构品牌。关注目标用户的真正需求，走品牌之路，这是广东乃至全国中小企业发展的必由之路。在这条路上，鼎典已经做出了好的榜样，也希望有更多的志同道合者踏上这条中国自主品牌创新之路！

大业：专利技术孵化器

大业成立于 1992 年，堪称为大陆第一代工业设计公司之一，服务内容已从早期的产品造型转向将各种专利转化成为社会财富的创意设计，主要职能包括三个方面：一是产品创新设计，合成转化满足社会大众需求的产品；二是架起技术与市场的桥梁，对新技术、新材料、新发明中的成熟专利进行孵化催生，转化为市场销售的商品；三是积极开展国外技术的引进、消化、吸收与创新，加快提升中国工业设计的整个水平和自主创新能力。

我们到访的是位于广州沙面的大业总部，殖民建筑平添出几分历史的厚重；而在这样一个闹中取静、远离城市喧嚣的独处之所，公司一角是充满 Loft 韵味的吧台与休闲空间，却蕴涵着工业设计的勃勃生机与无穷活力。大业在香港、佛山、宁波设有子公司，在北京、武汉也设立了分支机构，整体团队达 120 多人。

广泛与高校研发团队和专利人的密切合作，是大业的过人之处。李总介绍说："比如我们拿来一个新的专利、新的技术，但它还没有产品化，而我们就像一个中介机构，把产品完善，在模具、产品上体现出专利、技术信息来，这样就缩小了专利人员与企业之间的鸿沟，这也是我们企业的一个卖点。如果仅仅是一个专利或一项技术，它的很多信息还没有完全表达出来，作为企业，它不容易判断它的市场价值，包括材料、尺寸、工程技术、配件等信息，而我们参与以后，将它产品化、商品化，包括计算出成本、估算市场价值等，这样企业就可以对这个产品有更清晰的了解。"这一点大业称之为"孵化力"。

在"科技孵化"的道路上，大业已是硕果累累。

冲浪滑板车就是这样一个独具匠心的个案。国外的青年人有的喜欢滑板，有的喜欢冲浪，能否合二为一，让人们玩滑板有冲浪的感觉呢？大业运用孵化力成功转化并委托中国航空技术进出口公司广州公司（凯迪）生产的滑板车就是如此。当你站在滑板上时，不用脚滑，而只用双脚在滑板上前后动即可。该产品出口风靡全球，每辆车创纯利 36 美元，开中国小型单项产品出口高利润之先河，被评为 2003 年广东工业设计金奖。

将专利人的专利转化为健康扇，并转让给美的集团生产销售，被评为美的 2004 年最具市场潜力产品，获得国家级新产品奖。在与企业合作的工程中，采取销售提成的方式，既分担了企业风险，又共享了企业成果。

成功转化清华大学专利 VIT 并实现产品化，成功信息端产品方面别树一帜的创新典范。

将数字化洁具开发技术成功转化给佛山鹰牌集团变为现实生产力，改写了中国陶瓷洁具开发手工制作的传统技术及工艺的历史；填补了国内空白，使我国在这项技术上达到世界先进水平，获得 2005 年佛山科技进步一等奖。

成功孵化"可移动式生物自洁厕所"并形成产业化，已入选为 2008 年北京奥运会车载设备指定产品。

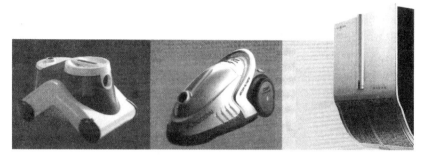

图 6 - 11　大业的设计作品

大业设计依托于技术，但并不完全依赖技术。他们从五个方面评价专利产品从而作出选择：1. 前瞻性，专利技术不能太前瞻，完全前瞻性技术难以投放市场；2. 市场性，与现有市场进行比较，专利技术是否有一定程度的提高；3. 可行性，对价格、质量控制、材料、成本等进行评估，判断专利产品的卖点和销售量；4. 地域性，对特定地域的企业进行服务；5. 产业化，配件、工艺链不能断，与产品相连接的配件必须到位。

大业观点

工业设计已经不是一个造型设计、一个产品设计，而是一个流程设计、一个系统工程来整合技术，我们可以通过市场来评估，项目要有市场。技术含在产品中，产品来体现技术。技术分两部分，一个是生产过程中的技术，比如印刷设备、加工设备，它本身就是一种技术，但有的技术是含在产品中的技术，是生产技术，也是所谓的硬技术。这就需要一个项目经理人，他要懂工业设计，懂这些方式方法，他也要懂得消费者的心理，他是一个产品的导演、一个指挥家。

大业之盛光润

盛光润，毕业于湖北工学院，现为大业工业设计有限公司总经理，兼任广东省工业设计协会副秘书长、广东省工业设计专家组专家、湖北工业大学客座教授、中山大学特聘副教授等，长期致力于科技创新服务及其科技创新服务体系的探索，分别在浙江、广西、广东、湖北、四川、重庆、上海等国内主要省市推广和协助政府建立了 12 家科技孵化公共服务机构，服务企业达 6 万多家。

印象

大业可以说是工业设计公司中的"明星"企业，其出色的工作早已见诸于中央电视台、广东省电视台、湖南卫视、科技日报、南方都市报、凤凰周刊等传媒。围绕专利技术，充分利用广东现有的加工制造资源，大业在设计自主创新之路上迈出了喜人的一步。设计在整个"作品—制品—商品—用品—废品"的产品生态链中发挥了极其重要的作用，也为设计企业和制造企业带来丰厚的市场回报。走访完大业，我们深刻地感受到：中国缺的不是制造不是造型，也不是创意不是专利，而是缺乏一个将创意、专利转化为好看、好用又好卖的商品。设计的"商品化"是当前设计教育最为匮乏的一块，也是当前制造型企业最需要的一块。

6.2.3　北京设计机构的服务路径

第三站：北京。洛可可——易造。

洛可可：从产品造型延伸出去

坐落于 DRC（设计资源协作中心）的北京洛可可工业设计有限公司成立于 2004 年，迄今已拥有三十多名专业成员，提供从造型设计、结构设计、热设计、手板制作、模具制造跟踪等全方面服务；上百款成功设计案例，主要涉及 IT 产品、家电产品、电器设备、通信电子产品和医疗设备等。

洛可可以产品为中心，设置了造型设计部、结构设计部和产品化 - 包装平面设计部。2006 年，洛可可与三星合作开发北京奥运地铁的系列工业设计项目荣获 IF 国际设计大奖，2007 年再度摘得两项德国红点（RED DOT）国际设计大奖。

心电检测仪是医疗设备行业用来测量心脏活动数据的一种手持设备，它小巧便携，能够快速测量病情数据，即时提交给医师诊断，也可作家庭健康检测使用。产品最大的特点在于独创的弧性手柄，通过外观造型达到对使用方式的引导：单手持机，电极片吻合手指弧度的稳定操作，及为高龄老人设计的右手测左胸的人机关怀使用方式。

"炫彩系列"指甲刀是一款倡导个性生活方式的设计产品。这款产品轻薄灵动，干净利落，彩色的皮质在完成"覆盖"功能的同时，更使产品成为时尚夺目的随身饰品。它不但突破了指甲刀的传统功能，更充分挖掘了其可能存在的巨大时尚感与形式美潜力。一种美丽的颜色代表一种时尚心情，炫彩系列从色彩的情绪出发，柔和皮质和金属的材质对比，同各类随身饰品一起，合力打造着现代完美的红色心情。

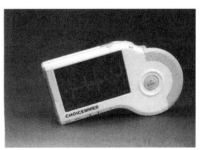

图 6 - 12　洛可可的设计作品

洛可可已通过芬兰诺基亚总部考核，成为诺基亚全球设计合作伙伴。

洛可可开发流程

1. 项目前沟通。合作双方充分交流，明确新产品的基本定位、差异化策略，以及工程结构方面的规格及要求。

2. 市场与消费者调查与研究。利用各种快速调研手段分析国内外竞争对手产品和消费者心理行为，以此为依据得出更为准确的定位和差异化战略。

3. 概念发想与草图阶段。设计师围绕第一阶段形成的共识和要求进行最初一轮的造型构想，为赢得宝贵的时间，建议双方以草图形式进行沟通和选择方案。

4. 造型深入和产品三维效果图阶段。重点探讨产品的形态细节、表面材质和色彩处理，并以三维效果图的形式展现出来。

5. 结构设计和数字化样机。结构工程师与工业设计师并行工作，利用参数化软件进行数字化样机设计，将产品系统结构以三维模型的形式展现出来。

6. 样机试制。进行样机试制加工，结构工程师进行全程跟踪。

7. 生产加工。设计图纸归档，跟踪模具生产，批量产品加工及供货。

洛可可之贾伟

贾伟，1976 年 2 月生，毕业于天津科技大学，曾就职于联想集团和神州数码，现为北京洛可可工业设计有限公司总经理兼设计总监。贾伟说到："有了鹰的视野，才会有鹰展翅的动力！作为一名优秀的工业设计师，只有拥有比用户更高更广的视野和对人的需求更深层次的发掘，才会从根本上解决现实中的种种问题，才能做出高于一般的设计。洛可可在行业里要做鹰，洛可可的每一个设计师也必须要做鹰！天高任鸟飞，你能飞多高多远，天就有多高多远。让洛可可这只鹰继续在高空下展翅鹏程！"

印象

洛可可是一个很专门的工业设计公司，更直接地说，很专注于产品造型，而且造得很好，IF 奖和 Red Dot 奖即是明证。由于接触时间有限，未能对其获得国际大奖的能力一探究竟，确是遗憾。但就设计服务而言，造型设计部和结构设计部是一般工业设计公司常见和必备的部门，而洛可可的产品化 – 包装平面设计部，则主要完成产品包装设计、界面设计和 SOP 作业指导等产品化设计工作。这个部门并非洛可可创立之初就设置的，而是随着设计服务的展开、为配合产品设计的不断深入和满足企业全方位服务的需求而增设的。由此忆起 1980 年 ICSID 的第 11 次年会上对工业设计定义的修订中补充了"当需要工业设计师对包装、宣传、展示、市场开发等问题的解决付出自己的技术知识和经验以及视觉评价能力时也属于工业设计的范畴"。一方面感叹中国设计公司真正意识到这个问题晚了 20 年，另一方面还不得不继续受制于现有的学科划分和教学体系，工业设计的学生只会做产品造型，产品包装、界面、宣传似乎都是平面设计的事情。

易造："一站式"设计服务

易造坐落于中关村西区的天创科技大厦，成立于 2005 年，虽然时间不长，但其发展速度、专业水平都值得称道。"Easy design，Easy made，Easy life"，"易于制造"的设计理念揭示了易造对产品的定义；"改变造就成功"的经营发展理念更是将易造人凝聚在了一起。尤其对于那些没有形成产品、却掌握着领先技术不知何去何从的客户，易造将从该新技术所适用的环境领域出发，为客户打造全新的工业产品。易造的"一站式"创新设计服务模式从概念化的技术出发，到市场上同类或类似技术或产品的市场调研及分析，再到现实的产品定位，再到产品的外观造型创意设计，再到结构手板，再到模具开发，直至最终产品的量产及包装设计完成。

2005 年开始，易造设计和福建金太阳电子公司合作开发系列太阳能产品，通过"一站式"创新设计服务，将太阳能单晶硅、非晶硅、多晶硅电池技术转化为实际产品，如首创双发光体的太阳能灯型 GOLDENSUN DH LIGHT 用于户外庭院照明，在刚刚结束的第 100 届广交会上此款灯型仅欧洲市场的订货量就逾 100 万只。

针对英国、荷兰等自行车较多的欧洲国家设计的野营运动太阳能产品 SOLAR FLASH LIGHT，

图 6-13 太阳能庭院灯

内藏磁铁的夹子使其能够吸附在任何铁质表面进行固定，也可方便卸下进行充电，从而实现自行车照明和手持照明两种使用方式，该产品在广交会期间 3 天内订货 50 万只。

让易造声名鹊起的是为幻响神州科技有限公司设计 i-mu 幻响产品。利用从稀土中提取的超能晶体，只要有音乐输入，便可以使任何一个平面如木制桌面、玻璃墙、金属橱柜、大理石地面高声唱歌，并具有不同特色的音质。通过易造的"一站式"创新设计服务，借用中国传统的民间传说"月兔捣药"的概念，通过巧妙的设计让超能晶体可以"看得见"，最终打造

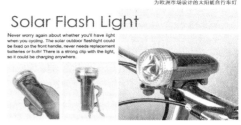

为欧洲市场设计的太阳能自行车灯

图 6-14　太阳能自行车灯

了除"让桌子会唱歌"的 i-mu 幻响产品。自 2006 年 12 月 20 日 i-mu 幻响产品上市，国内单月销售量已超过 15000 台，并获得了来自英国、马来西亚、印尼、韩国、日本等东南亚及欧美地区的大批量订单，仅惠普（中国）都已预订了不少于 1000 台的 i-mu 幻响产品。在 i-mu 第一代产品大卖特卖的同时，易造已为 i-mu 设计完成了第二代产品 piggy，第三代 i-bird，第四代 i-dot 等系列产品，i-mu 公司将根据其市场战略分阶段将其推向市场。

图 6-15　i-mu 幻响产品

源源不断的设计灵感来自富有激情的设计团队，丰富细致的经验使易造这个团队对于这些创新有绝对的实现力和控制力；精湛尊贵的设计更是诞生于易造对客户理念和市场运作的深刻理解；不断寻求突破，更是为了公司适应可持续发展的需要，易造追求的是做高品质的代表，民族精神的设计。

近日，易造正在为某企业的"无线数字信号传输技术"提供设计方案。客户提供的是一种较蓝牙更为高端的新技术，即在 150 米的空间范围内，以 3m/秒的传输速度，无压缩、高保真传输数据，可在无线状态下传输进行音频、视频的传输。易造正以"让音乐无处不在！"为主题，打造一款无线传输高保真音乐娱乐系统；稍后，为爱国者再造一款"让影像与你随行！"的"MP5"。

易造之谢勇

谢勇，硕士毕业于清华大学美术学，北京理工大学设计艺术学院工业设计系教师，历任北京琥珀设计有限公司设计总监（1999－2004）、欧卡设计顾问设计（新加坡）首席设计师（2004－2005），现为易造工业设计（北京）有限公司总经理。2006 年连获 IYDEY 国际青年设计企业家大赛（英国文化协会）中国区冠军、光华龙腾奖——中国设计业十大杰出青年、创意北京·年度青年人物金奖。

印象

在易造，我们看到了堪与 iPod 媲美的 i-mu 幻响产品，无论在设计和市场上都获得了成功。这再一次证明：中国的设计已经走上了世界的舞台。易造紧密依托中关村的技术和市场资源，积极探索中国企业的自主创新之路：通过设计创新挖掘已有技术的潜在市场。确实，在整个产业链条中，设计处于最前端，设计本身无法满足需求、占领市场、为企业赢利，但设计是撬动技术—产品—生产—销售—使用这个链条的"撬棒"，掌握这个"撬棒"、充分有效地利用这个工具，就会给企业带来市场和利润。这是个大家都明白的道理，谁先迈出这一步，谁就最先吃到蛋糕。此外，个人认为，从平面到建筑到产品的中国设计中的优秀个案都已经达到了国际水准，中国设计已经开始走出"自由"之路。

6.2.4 设计机构的服务路径比较

三地设计公司比较[①]

广东珠三角地区企业众多，造型设计需求较为旺盛，总体来说业务量并不少，但由于设计行业的激烈竞争，设计行情持续"走低"，小型设计公司疲于支撑，普遍处于困境之中。现状导致设计人开始反思设计服务行业的生存之道，并寻求政府对设计行业的税收和政策支持。总结为"反思困境、寻求支持"，位于图 6-16 的 A 象限与 B 象限之间。

大型的设计公司（如：号称中国规模最大的嘉兰图产品设计有限公司）靠规模化经营，保持着一定的利润。不过这些设计公司并不是完全依赖设计为生的，"向下端走"是珠三角地区设计公司典型的生存和发展策略，即除了为企业提供造型设计、结构设计、模具设计外，还提供配套、打件等生产环节的服务。总结为"踌躇满志、走向下端"，主要位于图 6-16 的 B 象限。

上海地区行业的竞争同样存在，设计公司各有生存之道。小型设计公司会保持与一两家企业客户的密切合作关系，全面负责包括产品、平面、广告、展览等设计工作，培养彼此"忠诚度"，定期收取适当的佣金，属于"小康型"设计经营的方式。位于图 6-16 的 C 象限与 D 象限之间。

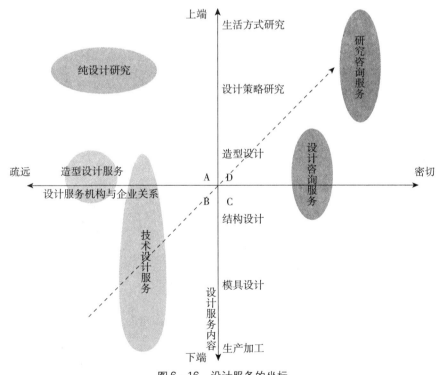

图 6-16 设计服务的坐标

规模较大的设计公司（如：设计指南）开始"向上端走"，即有意识地引导客户进行设计研究，调研消费市场的潜在需求，并与企业密切合作共同制定产品设计策略，从而提供全

---

① 本小节由清华大学美术学院刘新博士完成。更多内容参见中国建筑工业出版社出版的《产品设计评价》。

面的产品设计服务。由于上海在中国独特的经济地位，这些较为成熟的设计公司纷纷与国外设计公司合作，抢占国内的设计市场。明显不同于广东的大型设计公司，这些公司对于普通造型设计项目的收费较高，不掉价，采取的态度是"面向上端、等待市场"。主要位于图6－16的D象限。

像"桥中设计资讯管理"公司这样的新型设计服务业态采取的是"经营设计、培育市场"的策略。桥中是中国第一家以设计管理作为定位的公司，它借助广泛的国际设计顾问团队资源，可以帮助企业理解和实施设计管理项目、制定设计战略以及具体的设计项目执行。设计相关的主题培训是公司最主要的经营项目之一。同时也针对某一消费市场做详细的设计研究报告，并作为"产品"出售给相关企业，如2004年与国家专利局合作的手机发展趋势研究项目，将国内手机设计的最新成果调研、分析、归纳、整理成完整的研究报告，销售给国内手机制造商，并取得了相当大的经济利润。位于图6－16的D象限。

总之，处于A象限与B象限之间的设计公司利润空间日渐萎缩；B象限向"下端"的业务虽然有利可图，但需要相当的经营规模和长期的行业和市场培育，这种不以设计创造为主而转向生产加工的方式不适合院校的特长；位于图中D象限的研究咨询服务是设计服务行业未来发展的趋势所在。这种重视前期设计研究，并与企业密切合作的设计服务形态将是本设计资讯公司的定位方向；C象限与D象限之间的领域也是设计咨询服务行业争取一定利润空间的目标区域。位于A象限上方的纯设计研究是发现潜在市场需求的基础研究领域。

设计公司个案比较

走访结束，我和红石都颇有感触，确实是千人千面，个个都精彩；百家百路，路路都创新。更为关键的，我们发现通常对三地设计产业的看法是一种"误读"。

通常认为，三地生存环境对产业发展有所引导和限制，从而引导或制约了各地设计公司的发展。北京是中国的政治文化中心，外资企业和国有大型企业的研发中心都设在北京，因此，北京的设计界属于研发型，Design for Development；上海是中国的商业中心，中国最国际化的都市，因此，上海的设计界属于市场型，Design for Market；广东是中国的制造中心，因此，广东的设计界属于制造型，Design for Manufacture。

但就走访的七个设计公司而言，每个公司的自身特色、客户资源、服务模式都不相同，很难说京、沪、粤三地的工业设计公司具有某种地域性的特征，广东一样在做研发，北京一样在做市场，上海一样在做制造；而且各有千秋又互不干涉，既无交叉，也无竞争，正如指南周佚所言："我们玩的他们玩不了，他们玩的我们也玩不了。"唯一的共同点就是，大家都在做工业设计。

就有限的了解来看，指南、洛可可都属于传统意义的工业设计公司，以产品造型设计为核心展开设计服务，是很专业的产品造型设计公司；大业、易造在做产品设计的时候，有意识地引导、利用新技术，充分发挥专利技术的原创优势，在新技术的产品化和商品化上大做文章，走依托于自主技术创新的自主设计创新之路；作为一个国际性的设计公司，浩汉在本土却体现出强烈的制造型特征，地处上海，却有很强的为制造业服务的意识，个人以为是陈文龙的换位思考所致；桥中和鼎典都转向了品牌，但前者更多地利用外脑为国内企业尤其是大型企业提供新思想、新思路、新办法，有点接近"洗脑"的意味，后者则依赖自身力量从小做起，从产品造型、包装、宣传的细枝末节把握整体品牌为中小型企业服务，表现出"有难同当、有福同享"的江湖义气。

换一个角度看，工业设计公司的战线已经拉得很长很开，早已不是原来的"工业产品造型设计"，现在这些设计公司的多元面貌，从品牌规划到战略管理，从用户研究到造型设计，从模具制造到批量生产，从产品包装到市场营销，真正体现出"工业设计"的丰富内涵。而且，在每个设计公司基本都增设了"项目管理"和"设计研究"两类岗位，也真正告诉我们学工业设计不只是做造型、也不是只会做造型。

我们边走边看边想边记，留下了这样些许文字；我们既看到外国的设计走进来，也发现中国的设计走出去；既看到工业设计公司不断修炼内功，越做越强，也看到工业设计公司不断向外扩展，越做越大。我们欣喜地发现，真正服务中国企业的设计队伍正茁壮成长。

自主创新的希望在设计，自主设计的希望在中国！

6.3　案例：维尚家具的系统创新[①]

6.3.1　感受"维尚"

1. 点击"新居网"：装修设计的免费午餐

老友乔迁之喜，五一众友其聚新居，看到一房家具风格典雅、色彩协调、功能合理，齐齐称赞。我悄然问他："家具花了不少银子吧？"老友故作神秘："你猜。"凭我多年装修经验，保守地估计："至少 5 万。"老友大笑："4 万你全搬走。"看我一脸狐疑，老友坦诚："全屋 16 件家具，仅花了不到 2 万！"我依旧不信，追问一句："装修公司设计是单独收费吧？"老友摇头："设计全免费！""不可能，赔本买卖谁干？""真的，不信我给你看合同！"白纸黑字，一款一款仔仔细细，确实只花了 19789 元，还真不到 2 万。看到我仍一头雾水，老友乐道："来来来，我带你开开眼界，你连自己马上就要失业了都不知道！"

打开电脑，键入"http：//www.homekoo.com/"，"上新居网，看家具摆放到自家的效果"，广告语果真诱人。老友介绍：在新居网上，你可以自由搜索、挑选并找到符合你个人需求的生活空间方案。一种方式是按照户型情况进行搜索，找到与个人需求符合的生活空间方案：首先，点击进入"搜索我家"频道页面，分别输入搜索条件如空间、长度、宽度、门数、窗户以及门窗位置等，点击"搜索"按钮，就可以获得一系列与用户家庭情况基本对应的房型（图 6 - 17）；然后，从中选择与自家情况精确对应的房型，这时就出现了一系列生活空间的初步方案；最后，从左侧"布置方案"栏中选择符合个人需求的空间布置方案，在右侧"适合的空间方案"栏中选择与个人需求相符的生活空间方案，点击就可以看到从效果图、到尺寸图，从单体到报价的全套方案了。

另一种方式是直接按自己的需求搜索生活空间方案：首先点击进入"方案搜索"频道页面，根据对生活空间方案的个人需求，分别输入空间、房型、面积、价格、类型或者关键字，点击"搜索"按钮，就获得一系列与个人需求相符的房型效果图；然后，从中选择与个人需求相符的生活空间方案，点击就可进入方案明细了。

看到这里，我才明白，原来是网络图库搜索。"这只能做参考吧。效果图和实际场景相差

---

① 胡启志、胡飞：《维尚家具：设计创新吹响"中国制造"转型的号角》，《广东工业设计通讯》（广东省工业设计协会会员刊物），2010 年 6 月，第 48 - 53 页。该文为维尚案例的删减版。案例编写于 2009 年的暑期，本节则展现该案例研究的全貌。——笔者注。

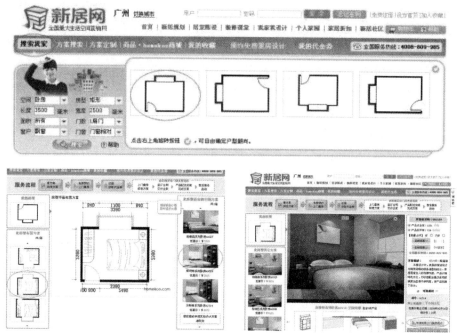

图 6-17　从户型到家具

图 6-18　方案搜索

很远呀。"我提出质疑。老友答道："是呀。当你根据自家房型搜索到合适方案的时候，就可以直接预约免费上门量房设计了。"老友继续介绍：在方案详情页右侧下方找到"申请免费上门量房设计"按钮，或者在网站上部找到"预约免费量房设计"按钮，点击进入"免费上门量房设计"申请专题页面；仔细填写个人申请资料并点击"提交申请"按钮，就完成申请过程。4 天内就会有人联系，安排上门时间，全程免费。

　　我追问："免费上门测量?"

图 6-19　免费上门量房设计

"是的，新居网将安排设计师预约上门量房、设计师根据量房结果免费设计出效果图。"

我惊诧："免费设计？还有效果图？如果设计我不满意怎么办？"

"改呀。设计师可以现场改，你要什么样子就改成什么样子，而且马上可以看到效果图。"

"设计效果的即时呈现？天哪，一张室内效果图要贴材质、调灯光、渲染，怎么也要个把小时呀，怎么可能呢？"

"你不信？"

"如果这么简单，我这个设计师还有饭吃么？"

"真不信？我马上带你去看！"

于是老友驱车带我来到了广州天河城广场五楼。

2. 步入"尚品宅配"：变换由我的即时体验

一踏入"尚品宅配"，导购员就推上一个小推车，上面摆满了各式饮料："请问您想喝点什么？"我愣了一下，老友径直拿起一杯饮料，冲我挤挤眼。原来不仅量尺寸免费、设计免费，饮料也免费。导购员开始询问我的楼盘。我刚提及楼盘名字，导购员立刻从电脑中调出几种户型图，问我家是哪种户型。我心中默念：资料收得还真够全的。接着，导购员带着我边走边看，从衣柜、橱柜到书柜、鞋柜，边看边问，从房间尺寸、家居风格到板材要求。不到 20 分钟，逛完了后导购员把我带到一台 43 寸的液晶屏幕面前，在电脑中输入她刚刚记下来的数据，然后就使用起"圆方"软件。

现场设计　　　　　　　　　　　　　　　　　　　　　　表 6-1

步骤	输入		输出	
1	设计师根据量房结果制作原始平面图		平面图效果展示	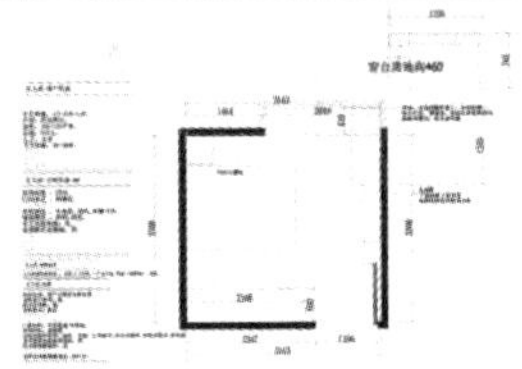
2	根据平面图进行初步布置		家具平面布置效果展示	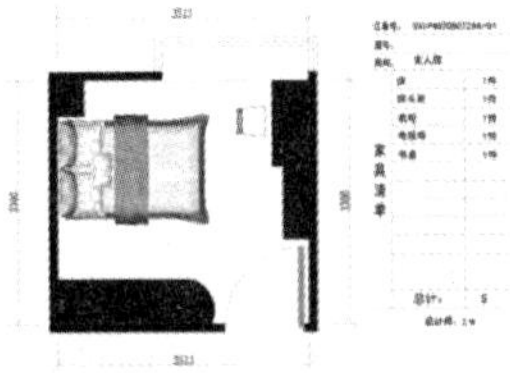
3	对衣柜的结构、材质、颜色、花纹等进行挑选		初步完成主卧的整体设计	
4	生成逼真的三维效果图		效果图展示	

续表

步骤	输入		输出	
5	同一空间可自由选择不同风格的产品		效果图展示	
6	产品线框图及尺寸标注		产品线框图	

不一会儿，平面图、效果图、线框图、尺寸图都出来了。晕，导购员居然就是设计师！我一边提意见，设计师一边操作修改。设计师还把我带到一个液晶屏幕面前，"嘀"的一声，可以看到同一款家具不同贴面材质的视觉效果。当设计师按我的意见修改完毕后，点击一个按钮，三维效果图、每件家具的尺寸图甚至报价都立刻逐一显示出来。设计师介绍说：只要客户满意，10～15天内能够为客户提供所有设计所见的个性化家具并安装到位。

据介绍，"尚品宅配"单店平均每天签约十余名，按此估算，"尚品宅配"和"维意"在全国的 20 个直营店和 300 多个加盟店平均每天接单 2000 份以上，每一款家具的尺寸、规格、面材均有所不同，按此推算，每天要生产 5000 款以上完全不同的家具。这对常规的家具制造企业来说简直就是一件"不可能完成的任务"。为了一探究竟，我们驱车奔向佛山维尚家具制造有限公司。

3. 亲临"维尚"："部件即产品"的工厂

维尚的工厂"隐藏"在佛山南海的盐步布匹市场后面。但出乎我们意料的是，工厂里并没有人声鼎沸、机器轰鸣的大生产图景。视野所及，十来个工人，戴着口罩，三三两两地伴随着几台装有"电子看板"的裁板机在工作，紧张有序。在一旁堆放着各式类型的板材，偶尔会有一两部叉车来回运送板材。

图 6-20　维尚厂房

走近一台正进行生产的机器，只见两位工人抬起一块板材，将一边靠近装配在生产机器上的"电子看板"，只听"嘀"的一声，工人将把板材放在机床上，之后就"袖手旁观"；等到裁板机把板材切割完毕，工人翻移板材，继续"袖手旁观"。如此循环往复，有条不紊。这就是第一道工序"开料"。

第二道工序是"封边"。切割好的板材采用意大利全自动缝边机进行全自动直线封边，可以多个订单同批次混合生产。

图 6-21　叉车运送板材

沿着生产线往下走，有 2 个工人在对一些板材进行人工钻孔；而旁边有 4 个工人围绕一台 CNC 钻床在紧张工作，机械臂"长袖善舞"般在各块板材上这里点一下，那里点一下。这就是第三道工序"钻孔"。与标准化的大批量生产不同，CNC 钻床并未重复进行同样的动作，说明每块板材的钻孔位置并不相同。黎干告诉我们，这是从德国进口的数字化全自动打孔机，高效、精确，同一块板材不同尺寸的钉孔一次加工完成，误差控制在 0.1 毫米以下。

图 6-22 开料

第四道工序是清洁。机器加工后，板材可能会残留一些诸如毛边、粉屑之类的瑕疵，维尚安排了专门的工人（主要是女工）将每一块板材进行细节修整和板面清洁，务求即将出炉的产品尽善尽美。

第五道工序是分拣。一列列货架上分门别类地摆放着各式板件，货架上每一栏或者每一格的标签信息与每块板件上的条形码上完全对应，工人根据条形码的指示进行完工部件的存放。一件完整的家具就是像中医的"抓药"一样，从分门别类的货架上将部件挑选出来，配搭成产品订单。

图 6-23 打孔

第六道工序是成品检验。本着对每一位顾客负责的原则，每一块加工完成的板材在封装前都会经过细心的质量检测。

第七道工序是产品打包配送。当所有的产品部件都已经检验完毕，那就是等待"收成"的时候了。工人们按照订单构成的指示，从容地从货架上找出相关零部件产品，然后用牛皮纸进行打包并捆绑起来，转移到仓库等待发送到全国各地。

图 6-24 成品检验

站在生产现场产品包装线的末端，我们看到平均每 30 秒钟就有一个包装好的成品板件从线上下来。据介绍，一个包装中板件的规格和数量由计算机"配给"，重量控制在 40 公斤左右（正好相当于一块 4′×8′ 板的重量，便于工人单人搬运）。如果平均按 8 个包装为一个订单计，每 4 分钟就可以出来一个单；每天开一个班计，轻轻松松可以完成 100 个单的加工。而该厂实际的产能已达到了 120 单的水平，日产量比项目实施前扩大了 4 倍。

整个生产流程参观完毕，我们走进仓库。偌大的空间，左侧是一个个由若干板件构成的产品堆，右侧则一排排的货架，层层叠放着大小不一的板件。我们不禁生疑：从车间到仓库都只看到板材，却没见到任何一件成品或半成品的家具。黎干解释道："在维尚的生产过程中，部件即产品。我们的成品就是由每个板件构成，每个订单有若干包板件，等所有的板件生产完后就一起快运到客户家里，并进行现场安装"。说罢指着一包包形态各异的包装盒，每个盒上都有一张装

图 6-25 打包配送

箱清单，上面注明了产品名称、板件清单、客户姓名、订单号、专卖店地址等各种信息。这就是维尚工厂正待发送至全国各地的定制家具成品！"其实维尚的生产非常简单：开始，只需一个普通工人拿着装有订单信息的 U 盘和开料单据到板材库里领取材料；之后，一切按部就班就可以了。"

参观完毕，感触万千。这样一个企业，有网站，有卖场，有工业设计，有信息技术，似乎最近热门的词都被它占全了。维尚究竟在卖家具还是在卖服务？维尚究竟属于怎样一种业态和模式？维尚的市场反响又如何呢？

4. 传奇"维尚"：金融海啸中的一枝独秀

2008 年金融海啸席卷全球，并逐步在中国制造业等实体经济中蔓延开来。全球最大的玩具代工厂商合俊集团轰然倒闭，"沃尔玛烧烤炉全球最大的供应商"金卧牛消失得无影无踪……广东省的家具、纺织、玩具等劳动密集型制造业受到了巨大冲击，国内家具行业更是随着房地产业一起堕入寒冬。然而，同为家具制造业一员的维尚集团，却不断传来逆势而上的喜讯：自 2008 年 11 月开始，在全球制造业最困难的时刻，维尚家具订单不断、满负荷生产；与 2008 年家具业营业额平均同比下降了超过 30% 截然相反，维尚家具创造出销售额同比增长 100% 的佳绩；2009 年 3 月 11 日，在佛山南海维尚经销商年会上，安徽淮南的经销商诉"苦"说，最近他们已经把 100 平方米的专卖店改成 400 多平方米的旗舰店，但顾客排着队来，设计师整天忙得团团转；2009 年上半年，更是"接单接到手软"。

维尚的经营成果（元） 表 6-2

	2007 年	2008 年	2009 年 1~5 月
总资产	4509085.80	15578052.52	18616720.60
流动资产	3208367.82	11549552.55	13395234.68
主营收入	6465329.09	63541936.81	24763141.76
净利润	139669.31	3845244.34	1978621.69
纳税总金额	328704.28	1001519.76	504787.90

这就是 2009 年最具传奇色彩的维尚集团。维尚集团下属"南海维意家庭用品有限公司"、"广州尚品宅配家居用品有限公司"和"佛山维尚家具制造有限公司"等三家企业，主要产品涉及橱柜、衣柜、书柜和浴室柜等板式家具。自 2006 年创立以来，维尚勇于求新、勇于求变、勇于求进，开创了家具行业全新的"大规模数码化定制"生产经营模式，实现了从传统家具制造向现代家居服务制造的转型升级。企业规模从最初 12 人的小作坊，发展成为今天具有 3 家独立公司、700 多员工的现代企业集团，在广州、上海、北京等大中城市设立了 20 家直营店和 600 多家加盟店，拥有"维意"和"尚品宅配"两大核心品牌，销售额从 2006 年几百万元迅速增长到 2009 年超亿元，增长率惊人。

维尚集团为什么能够在金融海啸中危中寻机、迎难而上？又是什么原因使得维尚集团危中求进，企业业绩出现了逆势狂飙的喜人景象呢？带着疑问，我们深入地解读"维尚"，发掘出其成功的 DNA。

6.3.2 透视"维尚"DNA

1. 服务型制造

我国的家居市场非常庞大，年消费额高达 6000 亿元，但家居行业的进入门槛低，仿制现象普遍，竞争十分激烈。一般家具企业往往把标准化大批量生产作为应对市场竞争的主要手段，这种经营方式存在库存量大、资金周转慢、附加值较低等缺陷，如传统家具企业要实现一个亿的销售额，就必须有一个亿库存。因此迄今仍没有任何一家家具制造企业能占到国内市场的 1% 份额。

图 6-26　传统家具制造业的价值链

就产品而言，维尚提供的产品与其他的板式家具并无本质差别；就客户而言，维尚的诱人之处不是其家具的质量和价格，而恰恰在于免费的、参与式的设计服务，能够满足消费者的个性化需求。从价值链来看，维尚利用虚拟体验设计和虚拟产品设计，在原料采购、加工制造之前就实现了销售定制，"先设计服务、再销售、后生产"，每年为超过 10000 个消费者提供设计和全屋家具定制服务。每个客户的需求不同，也就是每个订单、每个产品在外观、结构、功能都有所不同；正如付建平所说："我们是按需生产，成品库存为零，只有电脑上的虚拟产品。"因此，维尚一种是介于提供设计服务的装修公司和提供成品家具的生产企业之间的新型业态，是一种"服务型制造"。

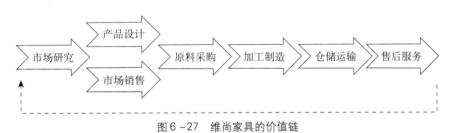

图 6-27　维尚家具的价值链

制造业所能提供的服务视其对自身产品依存程度的高低大致可分为三类：（1）售后服务，即维修自家产品、提供和销售零部件；（2）产品附加值服务，即以自身产品为中心提供具有某种附加值的服务；（3）专业服务，即与自身产品的使用没有直接关系的服务。维尚提供的则是完全不同于售后服务的产品售前服务，是针对用户个性化需求、提升产品附加价值的销售终端免费电脑虚拟体验设计服务，维尚家具的制造模式则是介于传统制造业和专业服务之间的"服务型制造"，设计能力成为维尚实现产品高附加值的重要手段。

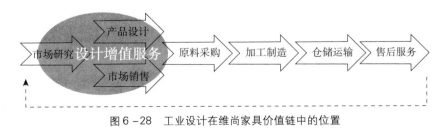

图 6-28　工业设计在维尚家具价值链中的位置

（1）销售终端免费的虚拟体验设计（experience design）服务。维尚家具已建立覆盖全国超过 300 家终端销售门店的渠道网络，每家门店平均拥有 2 个家居方案售前设计师，利用专业的销售设计软件系统，每天为超过 1000 个消费者提供免费的虚拟体验设计及上门量尺服务。

在维尚的终端体验店，运用虚拟现实技术，客户的视觉感受像是在真实的环境中一样，从而获得"身临其境"的"沉浸性"体验；并且可以与这个虚拟环境中的家具进行实时的、主动的交互，如运用 RFID 进行材料选择。通过客户参与、客户互动、客户创造等方式实现客户的自我价值和审美体验，从而使在维尚的购物活动成为消费者能够参与、值得消费者回忆的活动。终端销售前线革命性地参与到了为顾客设计方案的层级，不但提高了销售成功率，也为维尚家具后端高度专业的产品及方案设计中心提供了第一手及时的市场需求，加速产品创新速度，创新产品也能更容易地被市场接受。

（2）基于互联网的虚拟整合设计（integrated design）服务。维尚不是仅局限于家具行业的角度开发产品，而是以"整合设计"的理念，将室内设计、结构设计、软件设计等观念融入家具设计，不是针对产品单个开发，而是针对空间整体开发。在"新居网"，维尚并不是直接推销某款具体的产品，而首先是针对客户的实际情况提供空间解决方案。首先，维尚采集了广州、上海、北京等地的 1000 余个楼盘近 50000 种房型数据，并对各类房型进行分析和归类，建立了初步的"房型库"，并依托各地门店不断采集、更新、完善。其次，基于虚拟设计，已完成不同款式、结构、材质的多品类、多系列产品近万种，且每款家具的尺寸和材料还可以按需变化，以此几何级数的组合，未来可开发家具的种类和数量近乎无限，从而为客户提供了海量"产品库"。最后，在"房型库"和"产品库"的基础上，经过分析的典型房型库，按照不同风格和功能需求，为客户提供不同房型、不同风格、不同产品的多种空间整体解决方案库，供消费者在装修前选择、参考和反复比较。

维尚家具通过房型库、产品库和空间解决方案库为消费者提供家居空间设计和匹配的产品定制服务，这大大提升了消费者满意度和认可度，提升了维尚家具的品牌内涵和高度。

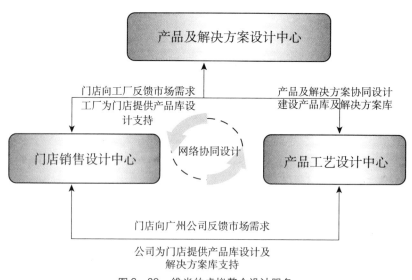

图 6-29 维尚的虚拟整合设计服务

（3）基于空间解决方案的虚拟协同设计服务。覆盖全国主要大中城市的房型库及其搜索引擎建设，目前全国房型覆盖率达到 90% 以上，消费者能方便快捷地搜索到自家房型。用户通过拍照、扫描等多种输入方式提交户型的原始图像。由户型图像文件生成户型图形后直接点击搜索即可得到与当前户型相似图高的房型匹配结果。门店销售设计中心设计师在协同设计平台上进行空间及产品的预设计并记录消费者个性化需求，产品及解决方案设计中心、产品工艺设计中心基于这些信息，利用在线云计算服务系统和离线设计软件协同设计家具产品外观、结构、工艺和匹配房型库、真实产品库的空间解决方案。

维尚家具摒弃传统的单一产品设计、销售模式，创新地通过为顾客提供一体化的空间解决方案来完成产品的设计与销售，产品外观、结构、工艺和功能完全匹配消费者自家的个性空间，相对于传统模式有较高的市场认可度。

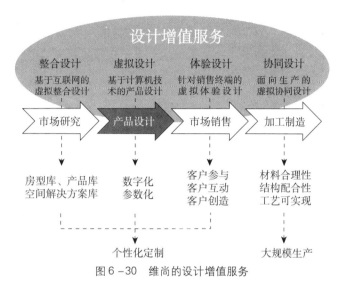

图 6-30 维尚的设计增值服务

2. 信息化流程

下图是维尚的生产流程，基于互联网的订单全过程管基于互联网的架构系统有效连接全国销售终端和工厂，随时随地进行订单全国的管理、控制和优化。

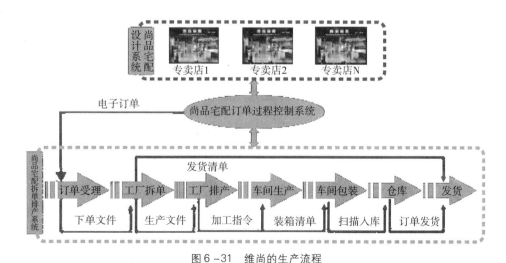

图 6-31 维尚的生产流程

（1）"市场研究"环节的信息化

通过全面的市场研究，建立了"房型库"、"产品库"和"解决方案库"；在为消费者进行免费售前设计的同时，也收集了大量的第一线市场需求并及时地反馈到总部设计中心。解决方案库与实际订单系统实现互联，智能化自我完善。如果客户接受某一设计方案，该方案就会自动进入数据库，如果客户不接受，会引导系统进行完善。

（2）"产品设计"环节的信息化

虚拟设计。维尚为客户提供了销售终端免费的虚拟体验设计服务、基于互联网的虚拟整合设计服务、基于空间解决方案的虚拟协同设计服务，三种设计服务的技术特征都在于"虚拟设计"；也就是说在虚拟环境中，设计和使用的产品并不是实物，而是一种图像和声音的"数字产品"。不管客户在什么地方，只要提供室内空间尺寸，以及定制家具的种类、款式等要求，销售终端店面的设计师就可利用销售设计系统作个性化电脑虚拟设计，客户即刻可以看到定制家具摆放在自家的三维视觉效果，所见即所得，而且能够立刻计算出费用。设计效果图不但给消费者以清晰直观的想象，虚拟的家具产品已经包含了生产数据，这些数据通过互联网可以直接上传到订单受理中心，无需再让人手绘制 CAD 图纸和加注生产及工艺信息。

图 6-32　订单产品参数化

订单产品参数化。维尚家具利用参数化设计技术来完成为消费者提供千差万别的个性化家具产品。参数化技术就是可以任意设定家具的尺寸，并快速得到各种尺寸的家具模型，同时自动生成零件图和各种排产清单。灵活的参数化模型设计方式，可快速生成不同的家具模型，并提升部件的标准化程度；大大缩短产品开发周期，让大规模定制生产成为了可能。参数化系统协助客户直接调用参数化产品库，修改产品参数，即可得到不同结构、不同尺寸的虚拟家具，继而可立即生成相应的生产图纸及表格数据。维尚家具每年为超过 10000 个消费者提供全屋家具定制服务，所有的订单由于多种多样的个性化皆是不一样的"产品"，设计中心在为消费者设计产品的同时也建立了海量的智能化产品库资源，直接调用参数数据库，修改产品参数，即可得到不同结构、不同尺寸的虚拟家具；产品库与订单管理系统无缝连接，根据客户的需求不断自我完善。

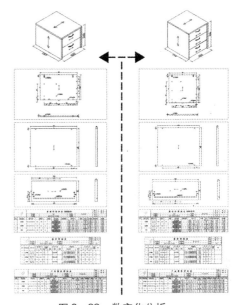

图 6-33　数字化分拆

基于特征的实体与曲面造型混合技术。传统的 CAD 系统中，实体造型和曲面造型是相互独立的，设计人员通过曲面生成的实体几乎无法再参与实体造型处理，给设计师带来不便。维尚家具结合了实体造型和曲面造型技术，设计师不受软件功能的限制而自由发挥，根据每个产品的具体情况，采用最佳的设计方法，从而实现产品设计的高效率。设计时，设计师主要用实体模型命令产生所需要的基础轮廓。此后，模型可分成若干曲面，以便增加复杂特征或编辑特殊的曲面形状。允许用户直接在曲面上操作，因而能得到所想要的任何形状。在任何设计阶段，曲面都能组合成实体，供进一步实体造型使用，例如，从外部型面产生内部型面或给零件增加加强筋和凸台。

（3）"市场销售"环节的信息化

圆方家具销售设计系统。维尚家具300多家销售终端店面运用了"圆方家具销售设计系统"，家居设计师利用此软件系统零距离与消费者进行家居配套的设计沟通，把消费者从过去被动地接受产品转变到了主动参与产品设计、制造中来，实现销售接单智能化、网络化。

网上订单管理系统。全国各地600多家专卖店的订单都可以直接上传到总部的订单处理中心，然后统筹安排生产和流通，从而实现零库存。无纸化办公和互联网运作的推进，还使企业每月可节省费用几万元。

虚拟现实网络云计算服务系统。基于海量图形图像数据处理的虚拟现实网络云计算服务系统为设计师提供家居设计网络云计算服务。设计师只要用计算机终端设计好的文件通过互联网上传云计算服务系统，系统能够在线实时或者离线等多种方式为设计提供效果图、虚拟漫游等渲染服务，设计师能够获得比单机提高20倍以上的渲染计算速度，大大加快设计师效率，也大大提升空间解决方案库的建设速度。

（4）"加工制造"环节的信息化

圆方家具生产设计系统。定制家具接单使家具企业在快速备料、成本核算、零件图快速绘制、产品快速报价以及后续生产安装等环节面临更高的要求。本设计系统正是针对上述问题而推出的家具生产综合设计平台，该平台融入了家具设计的相关标准，进行了工业设计的规范性，再结合参数化的虚拟设计和虚拟制造，避免了传统设计在生产制造和后续

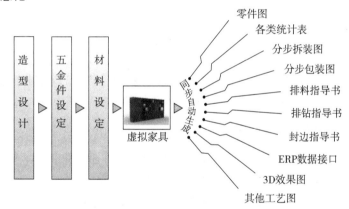

图6-34 圆方家具生产设计系统

安装出现的错误。其次，在虚拟设计和虚拟制造基础上，还提供相关产品在成本分析和对外报价的翔实参考数据。另外，自动生成的零件图纸和生产性数据还可以直接用于车间生产。

条形码应用系统。主管生产的黎干副总经理介绍："每一块板材上都贴有一个专属的条码，工人通过安装在生产机器上的电脑阅读条形码，然后再根据电子看板上显示的生产信息进行板材加工。"我们这才看到，每一块板材上都贴有一块近四厘米长、三厘米宽的条码。除了粗细不一的条形方块外，还有一些标示加工信息的文字、微型的加工指示图和一些数字，如"18mm紫橡"、"左侧板"等。黎干解释说："订单几乎所有的信息都囊括在这一小小的条形码上了，包括客户的信息、订单的内容、生产的工序等等"。条形码就是每块板的"身份证"，从而实现对每一部件从订单下达到产品包装完成的整个生产过程的点对点式的管理和跟踪，从按订单生产升级为按板件生产。

混合排产及生产过程控制系统。维尚家具应用虚拟现实技术，工程师可以利用实时的视觉图像，更直观、更方便地进行产品的造型设计、工艺设计分析、可制造性检查、性能评价，

快速、可靠地设计、制造出高质量的产品。

家具产品中常常多个零部件要装配在一起，零部件的配合性和可装配性往往要到最后产品装配时才能发现，造成零部件的报废和工期的延误，造成巨大的经济损失和信誉损失。利用信息化技术，可以进行产品的外观审查和修改、装配模拟和干涉检查、机械的运动仿真、零件的加工模拟，乃至产品的工作性能模拟与评价，从而在产品生命周期的上游设计阶段就消除了设计的缺陷、

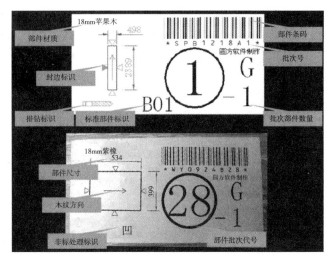

图6-35　维尚家具的身份证

评价加工的可行性和合理性、预测产品的成本和使用性能、提出修改的措施和方法。虚拟现实技术为维尚实施并行工程、敏捷制造，减少失误和返工，缩短研制周期和提高产品质量提供了一个最佳的环境。

（5）"仓储运输"环节的信息化

传统家具企业要实现1个亿的销售，通常必须有1个亿的库存。而维尚集团通过"定制化"柔性生产技术，先下单，后生产，实现了零库存，较好地消除了流动资金压力和降价风险，进一步增强了企业的生存和发展能力。传统的家具制造企业由于是面向库存的生产，资金大量压在仓库中，一般年周转率2~3次左右，而维尚是按客户需求生产，成品库存为零，年资金周转率10次以上。

由于信息技术在企业中企业的设计、生产、销售和服务等各个环节的充分利用，使得定制生产和大规模生产的成本相同，维尚也成为传统家具制造业中的"知识型企业"。更为关键的是，虽然运用了大量信息化技术，生产却成为最简单的环节，一线工人几乎没有技术要求，仅需1个星期培训，会读懂电脑显示要求，明白该放什么木料、如何摆放就行了。"如果是传统的产能，每天最多能做30来套的订单，但我们最高峰时曾经1天处理过千份订单。"

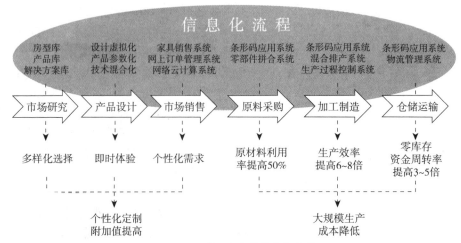

图6-36　维尚家具的信息化流程

3. 系统解决方案

维尚以消费者为中心，实施全程数码服务，坚持"客户需要什么，我们生产什么"，致力于为客户提供高增值服务和高质量的消费体验。售前，提供数码设计服务，由专业设计师根据消费者的个性化需求进行免费的电脑设计，迅速生成三维效果图，不仅可以让顾客看到家具的定制效果，还包括尺寸、产品的预算都非常清楚，并上门为客户进行实地测量，确保定制的准确无误。售中，通过订单管理系统将设计图纸上传到总部的订单处理中心，进行自动排产，然后将制造指令发送到工厂进行生产。消费者可以通过订单自助查询系统，随时跟踪订单所处的生产环节和状况。售后，负责送货上门，并由专业人员进行安装、调试及日常维护等完善的后续服务。

（1）产品系统：从单一家具到空间解决方案。维尚结合自身作为板式家具制造商的行业特点，将消费者购买的橱柜、衣柜、书柜、厅柜、餐边柜、床、床头柜、鞋柜等几十类不同产品按室内空间划分为厨房家具、卧房家具、书房家具、客厅家具和餐厅家具，从而实现全屋家具数码定制的第一步：

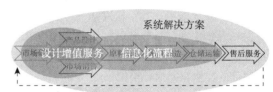

图 6-37　维尚家具的系统解决方案

"3房2厅"。这样帮助消费者建立起"空间"的概念，既有助于室内家具的风格协调统一，又有助于维尚家具的整体销售。

（2）服务系统：从售后服务到售前服务。维尚不仅提供售后服务，更提供"售前服务"，包括基于互联网的虚拟整合设计服务、销售终端免费的虚拟体验设计和服务基于空间解决方案的虚拟协同设计服务，还有免费的上门量尺服务和咨询服务。

（3）设计系统：网络协同设计平台。门店销售设计中心设计师在协同设计平台上进行空间及产品的预设计并记录消费者个性化需求，产品及解决方案设计中心、产品工艺设计中心基于这些信息，利用在线（云计算服务系统）和离线设计软件协同设计家具产品外观、结构、工艺、功能和匹配房型库、真实产品库的空间解决方案。网络化协同设计系统，完全改变了传统的工作模式，大幅缩短维尚定制家具产品设计和周期，快速地研发出满足市场变化和需求的产品，提高企业的竞争能力。在网络协同设计平台上，设计中心利用先进专业的在线和离线设计软件行进虚拟的产品设计，虚拟的产品制造，以极低的成本换取无限的产品种类，突破种类和数量的限制，可极大地满足不同客户个性化的需求。在产品设计需求分析、设计、制造及销售、售后服务等阶段，基于网络与数字技术的产品虚拟设计和制造提升设计效率和设计竞争力。

（4）生产系统：BTO 与 MES。维尚运用了圆方软件公司研发的"家具大规模定制生产 IT 解决方案"，这是一个从销售、设计到生产实现一体化管控的 BTO 系统（Build to Order），包括"圆方家具设计系统"、"网上订单管理系统"、"条形码应用系统"、"混合排产及生产过程控制系统"，并结合生产设备的改造升级，建立了"家具企业大规模定制生产系统"。面向个性化家具订单并实现大

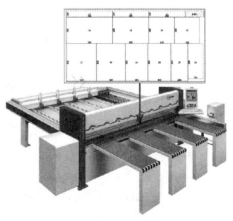

图 6-38　维尚家具的生产系统

规模定制生产，只要适时接入网络，系统内的数据就能不受时空限制，充分、快捷地实现共享。该系统以 BTO（按订单构成）的方式来搭建，"尖刀直插"生产全过程。在家具业内，实现了 MES（制造执行系统）应用零的突破。这是 ERP 的盲区。不少家具企业虽然上了 ERP，却至今未能对生产过程有效实现管控，就是因为 ERP 只解决"生产什么"、"生产多少"的问题，而无法解决解决"如何生产"的问题。圆方 IT 解决方案中 MES 子系统顺利实施后，工人只需按计算机的指令执行操作，因指令的设计十分简明、到位（软件人员对操作过程深思熟虑的结果），从而大大缩减了生产准备时间包括找料、核对、读图、思考、计算、调整等等。当这些不确定的和非增值的时间被消除后，工人不但干活轻松，劳动效率大幅度提高，生产的节奏也变得易于掌握，不会因为劳动个体的差异而出现波动，准时化、均衡化生产也就有了保证，在制品积压的现象自然已不复存在。

（5）系统流程：数字化网络化平台。利用网络平台，维尚集团将产品设计、生产、销售、配送和服务等各个环节有机地结合起来，形成一个高效快捷的体系，实现了资源的最优化，把分散全国各地的众多个体个性家具需求，汇集成为企业的大市场和大订单，很多原来目标不明确的客户，都把订单给了维尚集团，有些客户本来只想买部分家具，看了维尚的整体设计效果图之后，要求买整套家具。维尚通过互动平台向消费者展示各式设计方案，提供自助设计软件让消费者可以简单轻松地实现平面图形绘制、建材选择、家居布置等虚拟装修。利用网络自助服务，满足了消费者的个性化需求，有效刺激了消费，抢占市场先机，大大创造和扩大了市场需求。

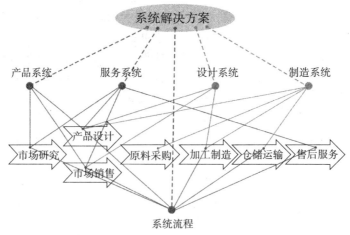

图 6-39　维尚家具的系统解决方案

6.3.3　透视维尚：工业设计的创新力量

1. 产品创新：工业设计与柔性制造

（1）理念：空间模块化

装修前，消费者脑海中通常浮现出具体的家具的概念，这里摆电视柜、那里放床头柜，在选购时会挑选自己喜欢的电视柜和餐台，结果常常是单个家具越看越好看、摆在一起越看越别扭。原因在于忽视了家具与家具之间的联系与呼应、忽视了空间的整体性和连贯性。而专业设计师进行室内设计时首先就需要明确"功能分区"，如玄关、客厅、餐厅等。维尚结合自身作为板式家具制造商的行业特点，将消费者购买的橱柜、衣柜、书柜、厅柜、餐边柜、床、床头柜、鞋柜等几十类不同产品按室内空间划分为厨房家具、卧房家具、书房家具、客厅家具和餐厅家具，从而实现全屋家具数码定制的第一步："3 房 2 厅"。这样帮助消费者建立起"空间"的概念，既有助于室内家具的风格协调统一，又有助于维尚家具的整体销售；在维尚，很少有客户只会单买一件产品，更多的客户都是整套、整屋地把维尚家具搬回家。

（2）造型：家具时装化

专业设计师都知道，家具的功能结构基本是大"同"小"异"；消费者选购家具时更看重的外观款式却是大"异"小"同"。维尚就在这一"同"一"异"中做足了文章。以衣柜为例，衣柜的功能就是存储各式服装，只要几块隔板围合成封闭的空间就可以实现，这是大"同"。衣柜的结构就是在围合的空间中安置隔板和挂衣架，通过隔板和挂衣架的大小、高低对柜内空间进行分割，从而实现挂大衣、挂裤子、放内衣等不同的子功能区分；在这里，隔板、挂衣架等装配件是各个衣柜都必备的，是小"同"，而隔板和挂衣架的具体尺寸和位置却因客户的不同喜好而千变万化，因而是小"异"。谈及衣柜的外观，因配件、材质、色彩、面饰工艺的不同而千变万化，这也是体现消费者个性化的大"异"。针对这个大"异"，维尚赋予了消费者自由选择的充分权力，一方面，同一产品提供了多种风格的选择，通过各种立体边线打破了板式家具除了横线只有竖线的千篇一律的单调，营造出简约风格、古典风格等；一方面，同一部件提供了几十种不同面材样板，通过无线射频识别（RFID）技术，"嘀"的一声即时呈现。维尚"家具时装化"的设计理念，满足了客户购买家具既要"合身"又要有个性的需求；利用圆方软件和云计算渲染技术，客户可以根据自己的需求和喜好对设计方案做出修改，并以三维效果图的形式即时呈现，买家具就像买衣服一样，客户不仅可以"看"还可以"试"，甚至可以"试到满意再买。"

维尚针对目标客户简洁、健康、品位的消费心态，坚持走差异化、个性化的"定制"路线，即根据客户的个性化需求进行设计生产，并由最初的衣柜、书柜定制发展到全屋家具定制，改变了人们传统的家庭装修方式和家具购买方式，使耗时、耗力、耗钱、污染环境、装修结果无法控制的家庭装修工作变得方便、放心、快捷和可控制，同时也减少装修公司和消费者之间不应有的矛盾。

（3）制造：产品部件化

之所以在维尚的工厂只见板材、不见成品家具，是因为维尚运用了"产品部件化"的理念，维尚家具的成品是由不同板件构成的，每个订单有若干包板件，等所有的板件生产完后就一起快运到客户家里，并进行现场安装。因此，在维尚的家具生产过程中，部件即产品。

基于家具产品族零部件和产品结构的相似性、通用性，维尚利用标准化模块化等方法降低产品的内部多样性，通过产品和过程重组将产品定制生产转化或部分转化为零部件的批量生产，从而迅速向顾客提供低成本、高质量的定制产品。

为了减少内部多样化，维尚通过先进的产品开发模式，把产品中结构复杂、功能或类型多变的部分独立出来，如家具的门、顶框、底框、床头板等有造型的、结构和工艺复杂的部件，以及家具内部的功能配置等，通过设计使其有统一的界面尺寸和通用的接口，成为标准的模块。被独立出来的模块，与产品的其他组成部分可以同步进行设计，还可以对模块进行加工、储存或进行外包加工。在模块化基础上的新产品开发，往往只需更新模块就可以实现。这样，就能大大加快产品研发、设计和加工的速度。

据了解，维尚家具在基础原型产品及技术上获得多项实用新型专利如"管件与管件间的连接机构及管件与板件间的连接机构"、"可更换桌面板芯的桌子"等，"管件与管件之间的连接机构"获得发明专利。

维尚通过产品创新，以结构零部件的"少"来谋求产品服务的"多"。为了吸引顾客并满足他们的个性化需求，维尚在产品的材料、结构和工艺等方面进行精心的选择和设计，并在形象展示和客户服务上做了大量的工作，务求能使客户获得最大的可感知的产品特性，从而找到最适合自己的产品。整个过程像用少量的积木块，搭建出比积木块多得多的造型来。

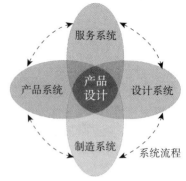

图6-40 以产品设计为核心的
系统流程

2. 服务创新：工业设计与服务型制造

就价值链而言，制造业和服务型制造没有本质区别；但两者在价值链的切入方式和提升生产力的手段上明显不同。传统制造业只提供产品，因此是客户自己来决定要在价值链的哪个环节（What）提高生产力以及如何（How）提高生产力。传统家具制造业只能被动地针对"加工制造"这个用户价值链的特定环节，以更为低廉有效的方式，把来自顾客的固定投入量，转化为顾客需要的固定产出量。仅仅关注加工制造这个环节，传统家具制造业不可避免地陷入"红海"；无论广告战、价格战还是造型战，都是制造业被动地费尽心思从用户那里争取更多利益的无奈之举。

维尚则非如此。首先，维尚在顾客价值链中发现"个性化需求"这个未被有效满足的环节（What）；然后，调整企业价值链，将"市场销售"环节前置，通过虚拟产品设计完成市场销售，从而将"产品设计"环节与"市场销售"环节同时完成；此外，基于RFID技术的材质效果即时显现、基于"圆方家具设计系统"虚拟设计等手段强化终端的用户体验，通过免费上门量尺和免费设计提升产品的精准度和有效性，使顾客价值链的产出量增加（How）；最后，顾客在支付了相关费用后获得了更好的产品和更好的服务，维尚也获得了提供产品及其附加价值的"溢价"回报。可见，服务型制造可以形成一种

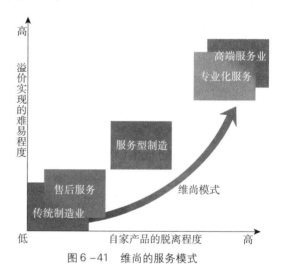

图6-41 维尚的服务模式

双赢的局面。维尚的整个价值链由以制造为核心变成了以设计服务为核心，700多名员工中仅有200名生产工人，其余500多人全是订单、设计、安装等客服人员，使维尚实现从传统的家具制造企业转型为面向家居消费的服务型制造企业。

需要强调指出的是，工业设计在维尚家具发挥的作用已不再仅限于产品创新，而是触及服务创新。所谓服务就是替某些人解决某些事物的某些问题。这里的某些人可以定义为"他者"，包括使用产品的人、环境甚至是组织中的零件。好的服务来自于客户愿意付出更多的时间、金钱、心力等。维尚通过提供质优且免费的设计服务，提高了顾客忠诚度，也提高了企业流程的效率；通过设计服务，不仅促进了更多的产品消费，而且让消费者永续使用企业所提供的服务。就用户价值导向而言，用户需要独特灵活的服务组合、优秀的服务水平、无缝及时的连接以及个性化的服务内容；就企业价值导向而言，企业需要转型能创造新的增长点、

更深入地理解客户需求，需要服务与产品开发、销售与市场之间进行协作，需要更深入地业务洞察力和更强的决策能力。维尚则通过产品创新和服务创新，在用户价值和企业价值之间找到平衡点，既发掘出新的收入机会，又降低了企业成本。

设计本身就是一种服务，产品本质就是特定服务（或曰功能）的物质载体。产品设计与服务设计的不同之处在于：产品创新在产品提供给顾客之前就已经完成了；而在提供给顾客服务的同时，顾客也在共同创造服务的本身。用户研究是服务设计的重要切入点，是服务最佳化的根源；服务设计不是以

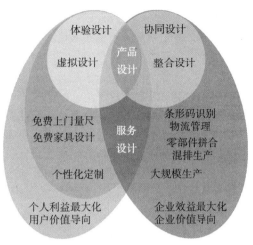

图 6-42 从产品设计到服务设计

创意与新颖开为导向，而是基于不同他者之间的适应性。同时，改善的服务质量既能有效地提升企业的形象，又能获得更多的赢利机会。

3. 流程创新：工业设计与企业再造

设计是一种解决与制造问题的循环过程，无论产品、服务或流程都是如此。美国麻省理工学院教授迈克尔·哈默（Michael Hammer）教授的《企业再造》（Reengineering the Corporation）一书提出"业务流程再造"的观点，通过重新设计组织经营的流程，以使这些流程的增值内容最大化，其他方面的内容最小化，从而获得绩效改善的跃进。

流程设计以企业流程与经营环节为对象，基于以客户为中心和组织为流程服务的基本思想，以信息化技术为手段，建立快速响应的体系，以高质量的产品和服务大幅度提高企业在市场中的竞争力。维尚正是如此。维尚以客户意见为导向，深入挖掘家具市场中用户参与设计这一未满足的需求，运用虚拟体验设计在网站和终端体验店中实现"先体验后设计"，运用虚拟产品设计在原料采购、加工制造之前就实现了销售定制，实现了"先销售后生产"，从而颠覆了传统家具制造业的业务流程。正是基于价值链的流程再造，将创意通过虚拟设计呈现出来，就能立即被"定制"出来，这样就能很方便地去进行"连续创造"设计，从而提高了企业整个流程的效率，更好地满足客户的需要，为企业在新的环境中获取了新的竞争优势。

计算机及互联网的技术发展，改变了人们的行为方式和企业的管理模式。信息技术的应用使得企业的流程再造成为可能。数据库、网络、通信技术可以突破分工的束缚，信息共享和快速流动大大消除工作环节中的壁垒和时延。以维尚的制造环节为例。把每件家具"拆"成若干零部件，这是将订单转化为生产最关键的一个程序。各地专卖店的订单通过"网上订单管理系统"集中到总部后，电脑系统会把定制的每一件家具拆分为各种规格的零部件，即一块块规格各异的板材，每一块零部件都有唯一的条形码与之对应，那就是部件独一无二的"身份证"。把产品"拆"成了部件，就可以在部件这个层次上"合"并同类项，进行智能排程和混流生

图 6-43 数字化拆单

产。即将一天的订单分段打包，如按 20 件家具为一工作段，将 20 件家具打散为几百个零部件，将这数百个零部件中相同或相近的零部件进行归类，通过电脑智能排产"合"成同批次进行生产。尽管各家具部件打乱了混在一起投入生产，由于每一个部件都有自己独一无二的"身份证"，"嘀"的一声，通过扫描条形码就能把每个订单的板件都找回来，轻松"合"成订单中的产品，从而实现了同批次混流生产。电脑智能排产一天可以分段多次出货，订单从投产到出货的时间大为缩短，通过"制造执行"指令准确下达，就能迅速提高生产物流的速度，从而也加快了入仓补货的速度。补货速度提高一倍，库存就能降低一半，成品周转大大加快；通过同批次混流生产，既能掌控小批量多品种的均衡生产，又消除了在制品的库存，而产能则得到了充分的释放。可见，流程再造的深度决定了企业信息化给企业带来的绩效的大小。

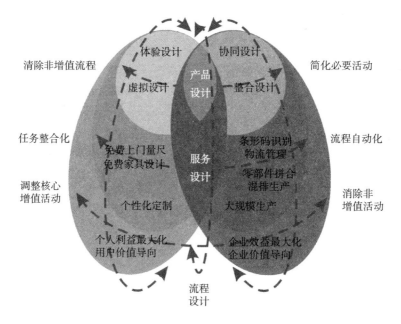

图 6 -44　从流程设计的展开

维尚流程设计的核心在于改之有进（improvement）而非为变而变（change）。重新设计现有流程的重点就是消除非增值活动和调整核心增值活动，其基本规律可以概括为四个方面的内容：清除非增值流程、简化必要活动、整合任务、流程任务自动化。重点内容包括：清除过量产能、等待时间、运输、加工、库存、失误、重复、检验、协调等环节的问题，简化表格、程序、沟通、技术、流程、区域等方面的问题，整合工作、团队、顾客和供应商，实现脏活、难活、险活、乏味的工作、数据采集、数据传送和数据分析等任务的自动化。

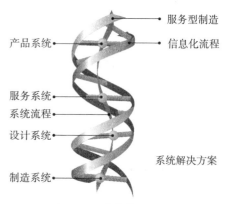

图 6 -45　维尚的 DNA

维尚集团发展模式最大的亮点就是以工业设计为核心竞争力，依托先进的信息技术，实现了从传统家具制造业向现代家居制造服务业的转型升级，成为传统制造产业中的"知识型企业"。维尚家具是一个值得关注的样本，其企业 DNA 在于服务型制造、信息化流程和整体解决方案；其核心竞争力在于涵盖产品设计、服务设计和流程设计的广义工业设计；其企业形态展现出工业化与信息化的融合、工业化与服务化的融合。在"中国制造"遭遇"金融海啸"的当下，维尚的成功不仅为珠三角制造业转型和产业升级提供了可靠的参考榜样，也为"广东制造"走向"广东设计制造"、乃至"中国制造"迈向"中国创造"提供了全新的思索方向。

第7章 关于设计的十个问与答[①]

7.1 创新与设计：孰是饭？孰是菜？

胡飞：请谈一下对"创新"与"设计"的理解。

尹定邦：想人所未想，先人之未先，敢为天下之不能为、不愿为和不敢为。我只能泛泛地说，创新对社会、对历史、对自然、对思想来说，就是求异思维的能力、求异思维的习惯。对设计来说，创新就有三个要求，设计师必须体验企业，对企业有体验，对市场有体验，对消费有体验，没有这三个非常深刻的切身的体验，你创什么新啊？你乱撞！瞎猫抓死老鼠。

柳冠中：设计的本来目的就是创新，要创新设计才有存在的意义。但是创新的层次和类型有所区别。现在国内比较重视的是技术创新，它是设计创新的一个动力。它会带来一些新的技术；设计主要是怎样把这些技术运用到与人结合的地方，与人的使用需求结合的地方。技术创新能够带动设计去找需求，因为设计关注的是技术和人之间的关系。设计具有这方面的优势。当然，不单是技术，设计也可以带动创新。关注生活，研究生活，研究人们的需求，再来检索已有的技术，用技术作支撑，进行重新组合，来实现需求。如果技术无法组合、有欠缺，那么企业的研发部门就可以根据这种需求进行技术攻关。设计和创新之间的联系密切。要么通过技术创新跟设计结合，或是设计带动技术创新，对人的生活有所改进。

许平：创新是一个比较宽泛的概念，一个产品、一种技术、一种生活方式都需要创新。创新可以理解为原有的格局、原有的技术、原有的关系的突破。凡是能把思维往前推动的，能把技术往前推动的，我们都可以称之为创新。但是，设计的含义可能又要比创新更具体一点。它不仅仅是包含着创新，同时存在着把创新的一种思路具体化、视觉化、可实现化的过程。所以，设计的过程在动作线上稍微长一点，而创新可能只是一个源头。现在整个世界发展的趋势就是，越来越把思维的重点放在了前面——创新这一块。

鲁晓波：设计的灵魂是创新。我们讲的创新有不同的层次，设计所涉及的层次也是不同的。有一种是需求上的创新，研究人们的一些心理需求，不是跟着市场走，而是从生活方式着手。这样的创新是生活方式上的创新，它带动了整个产品的创新，可能会带动着这个产业的创新。

童慧明：创新是一个很大的范围，而设计是其中一个范畴。其实什么东西都可以创新，管理创新、政治创新、体制创新、销售模式的创新，甚至教育模式的创新。但是一旦和设计挂上关系，基本上它是和制造业、跟所谓的现在刚从英国传过来的"创意产业"都有着密切的关系。这样的话，设计应该包含在创新里面。

[①] 2006年春夏之交，受广东省工业设计协会《创新设计》杂志社委托，我先后走访了清华大学美术学院的柳冠中教授、鲁晓波教授、蔡军教授，中央美术学院的许平教授，广州美术学院的尹定邦教授，广东工业大学的杨向东教授和广州大学的汤重熹教授，周红石走访了广州美术学院的童慧明教授；就创新设计与企业发展问题与各位"大家"或聊或问，或侃或答。零零散散整理成以下几篇文字，将"大家"们的观点、体验与思维碰撞的火花原汁原味地端给大家。原文刊载于《创新设计》第1期，2006年11月。囿于篇幅，杂志刊载时略去了"设计教育"部分。在此恢复全貌。——笔者注。

汤重熹：什么是创新？创新能力怎么界定？所谓创新就是把先进的科学知识运用在专业领域里面的应用能力。我们的企业应该怎么来创新？广东省中小企业的规模很小，并且集中，所以就形成了一百多个专业镇，如石湾、南庄陶瓷，乐从、厚街家具，官窑玩具，古镇灯饰，金沙五金，南城刀具，大沥铝材，西樵纺织，陈村花卉，虎门服装，盐步内衣……形成广东省富有特色的产业簇群。但是如果我们仔细研究的话，就会发现这些镇都是在卖劳动力和原材料。一个碗在美国市场上卖 10 美元，准确讲是 9.99 美元，可我们卖出去只卖 2 美元，还得包括材料费和运输费，实际只赚了 0.35 美元。但卖出去的产品里面所有的木料、塑料都是我们的，劳动力都是我们的。佛山更明显。我每次去都讲，你们不要以为佛山陶瓷很厉害，你们是在卖国土，30 美元一套卫生洁具，美国卖 300 美元，但我们要把自己的山挖掉，造瓷土；然后瓷土要提炼，一提炼就是水土流失；然后重硫来烧，造成天空污染。我们卖给美国是烧结的东西。这种烧结的东西是硅酸盐，很难回收。

杨向东：创新和设计，我觉得是同义词的概念。没有创意的设计，很难叫设计，实际上也没有生命力。所以，要设计，就要有新的材料、新的思维、新的变化，一整套设计元素都应该有所变化。而且重要的不是形态，是理念和方式的问题。创造出来的东西大同小异，都是已经有的东西，这就没有意义，不能促进企业的发展。所以创新很重要，是设计的生命，是设计的灵魂。

许平：大家也都知道，最近的"创意设计"、"创意经济"、"创意产业"谈得比较多。这个概念形成的时间不是太长，1998 年左右从英国开始，Creative Industry，我们把它定义为创意产业。那么，为什么会从设计产业到创意产业？因为创意产业的特点之一就是，它首先始于设计比较成熟、经验比较丰富的地区，像英国、澳大利亚、韩国等。英国首先开始，然后韩国去学习，然后台湾地区去学习。这些地区都有一个比较成熟的设计产业基础，然后在这个基础之上把设计的概念进一步单纯化、元素化，然后就形成了"创意"这样一个概念。那么，为什么要突破原有的概念呢？这包含了从一种操作性的行为向思想、思维模式、思想方式的改变，从源头上推动整个经济产业的发展这样一种需求。所以，设计产业转变为创意产业。我们在和英国设计同行交流时发现，当初他们提出把"创意"代替"设计"就是为了帮助设计师们突破对于局部的、一个外在形式的思考，让他把思维放在更加广阔的思想性的领域中去。有了新的思想，不怕没有设计手段来实现它，怕的是没有思想的设计手段，这就变成了一种纯粹的形式游戏。然后就是技术跟进、工艺跟进，最后做出来的产品看起来很有设计，但是没有思想、没有创意。这就是他们感觉到设计产业发展到后来的不足，所以才把创新提出来。所以，从早期的工艺美术运动，到后来的现代设计，到后来的设计产业、再到后来的创意产业，它有一个内在的逻辑，就是进一步把思想性因素从行为过程里面逐渐地剥离，让它漂浮出来，然后成为一种能够在更大层面上去影响产业、去推动经济的手段，然后变成一种竞争的因素。所以从这个角度讲，创新和设计之间存在这样一种区别：创新更注重思想、技术、手段、工艺的更新；设计更注重把它现实化、把它细化、把它直接化。但是决定设计质量的最根本的因素仍然是创造性思维，是创新。

胡飞：企业考虑的创新很多是技术方面的创新，在观念上并不一定把设计当做创新的一种手段。那么设计创新在企业创新中处于什么样的位置？能够发挥怎样的作用？

尹定邦：拿做服装设计的来说，一个款式设计，给你 2000 块钱，算高的。一个结构设计给 2 万甚至 20 万，为什么？一个结构设计可以带来几百套几千套款式设计，然后再加上 1 万套花式设计，那个企业可以生产很长时间都吃不完。结构设计的钱我给你，然后就是几百几千块钱一套款式，然后再几十块钱一套花式、配色、配花，出来上万种服装。哪些创新带有核心价值？哪些创新只有表面价值？很容易就被超越，很容易就被淘汰。我们搞工业产品，做款式、外观设计给个 2 万块钱，一个核心技术加外观设计，人家给你 20 万，一个是你的核心技术有独创的成分，能够开辟一个崭新的市场。

鲁晓波： 过去我们谈创新，管理创新、技术创新、机制创新，但是从国家层面很少提设计创新。而我认为设计创新是一种投入成本最少、见效最快的创新模式。实际上，我们所谈的设计创新和技术创新并不矛盾。比如说我们的 MP3、数码相机，国外给你的利润很少，要是别人再将知识产权调高一点，我们就根本不能赚钱，国内产业就会死掉。这说明技术创新有多重要。但是不是说明技术创新可以代替一切？我认为不是。现在越来越多的东西是同质化的产品。技术在同质化，市场也是同样的市场，这个时候设计创新就体现了一种新的核心竞争力，比如说明基就做得很好。其实国内很多厂家已经意识到，没有设计新颖性，竞争就很难。

柳冠中： 我们过去讲创新，更多的是技术创新，对设计创新的意义理解得比较欠缺。设计最大的特点并不是以技术来带动，而是根据需求来刺激技术的发展，这样效益可能会产生得更快。更关键的是，我们可能不一定非要用高技术，就普通现有的技术组合也能产生这种效益，因为它给人们生活带来方便。这就是设计的特点。尤其我们现在处在转型当中，怎么样从一个制造型转向一个创造型的企业？设计可能会带来一个很大的作用。

胡飞： 嗯，靠设计创新来引导企业创新。

尹定邦： 饭一样的设计才是好设计。普通的厨师都会炒几个菜，中高级厨师做的更是鱼翅燕窝、满汉全席，真正有本事的大厨师才会想到把饭做好。你以为煮饭是一个很简单的事情？其实煮饭很简单又很难。饭简单，几乎人人都煮得成，人人都吃。饭厉害的地方在于，只要吃米饭的地区的人几千年来，天天吃，几乎没有人说不好吃。而且在他受伤的时候、病重的时候、病危的时候，什么山珍海味都不吃，就是煲一点稀粥。一句老话，吃鸡可以吃出鸡屎味，就是今天你吃一只，明天再吃一只，后天再吃一只，不出一个星期，不管多好的鸡吃起来都会感觉有股鸡屎味。这是生理上的反应，这就不是好东西！饭就不会出现这种情况。任何设计的流行，都是一种时尚，一种历史，很快就被厌烦了。好吃的东西也是这样的。越是讲究，越好吃，厌烦的速度越快。而平实的东西最持久。

胡飞： 我们天天吃饭，但我们每天吃的菜不一样。

尹定邦： 广东人的那句话是非常聪明的，非常智慧的，非常准确的。菜那叫"餸"，是为了吃饭而起作用的东西，是送饭的东西。

胡飞： 呵呵，这就是"目的"和"手段"的关系。

7.2 南北企业与设计创新：大 or 小？ E 或 B？

胡飞： 针对珠三角、长三角和环渤海经济圈等国内几个势头比较好的地区而言，设计对本土企业在市场竞争中能发挥多大的作用？

许平： 目前发展的基础和发展的速度肯定是有差别的，珠三角明显要好于环渤海。环渤海还有一个特点，大型企业比较多，是国家产业的主体。而真正需要设计创新的是中小型企业，这恰好是南方企业的特点。所以设计开发最重要的是需求，恰恰大型企业的需求是非常有限的，因为大型产品更大程度上是靠技术、靠资金投入取胜的，而真正投入设计的成分相对少一点。而南方的很多中小企业，每个产品的设计投入都很多，不是靠资金，不是完全靠技术，更多是靠一些亲和性的设计带来闪光点。所以它的需求就会更多，设计自然就会发展起来。相比之下，这种回应的方式、回应的程度决定了这个地区设计成长的速度，目前南北方最大的差异就在这儿。

蔡军：广东的企业是在改革开放初期形成的，主要以加工为平台，也形成了一个系统。而内地在改革开放中期以后，相对政策才好一些。所以广东主要是加工型企业，上海、北京主要是研发型的。而现在的跨国企业，需要的不仅仅是加工企业，而是加工和研发的综合性企业。因此，需要建构一种产业服务链。

杨向东：其实大家都是在搞创新，各个地方基础不同。北京的高科技和 IT 业很有优势，从设计这个角度有很多文章可做，但是要从制造业、加工业、机械设备这一块来讲则不是优势。还有，北京是一个旅游城市，旅游用品方面发挥的余地比较大。而广东重要的是能把制造业转化到创新，不要再继续做下游的工作，要自己树立品牌。

童慧明：珠三角的企业在和外资企业竞争的时候有什么优势？

胡飞：以前大多数都喊成本优势。

童慧明：但是广东的成本优势正在逐渐失去。其实现在珠三角制造业的成本水准落后于长三角，导致成熟的操作工向长三角转移。现在珠三角的企业要维持自己成熟的 OEM 制造水准的话，就要提高工资。真正的更低成本的制造业在向西部转移，特别是低技术行业在向西部转移。如果说唯一有优势的地方，是珠三角制造业发展比较早，工厂的管理水平、工人的技术水平还是最好的地方，这边还形成了一个良好的产业配套，这个环境不是任何一个地方在一两年能建立起来的。珠三角的汽车配件生产在提升，江苏无锡的工业设计园准备打造一个汽车的设计中心。但是它没有一个产业链，只有一个设计公司是没有用的。两个三角洲比较，长三角主要是以外资的大型制造业为主，本土的力量没有太多的发言权，在品牌创造上行业很难产生本土品牌。

鲁晓波：南方制造业还可以，产品质量在明显提高。我觉得一些企业今天没有持续发展，主要是企业老板的思想没跟着发展。市场在变，我们的竞争环境在变，他还固守着原来创业的成功经验。原来是什么时候？现在又是什么时候？他觉得以前能成功现在还能成功，恰恰他过去的经验现在是成功不了的。这个时候企业要上台阶，要有新的因素来推动它。

胡飞：特别是当他通过制造已经达到一定的程度，还想往下发展的时候，他还这样做是不明智的。这个时候其实是一个很关键的拐点，这个时候是选择一种新的设计渠道还是按照原先的路来走，这个很重要。

柳冠中：按逻辑推理，从制造型向设计型转变，肯定要重视设计。但问题是目前的设计界自律不够。由于竞争的关系，珠三角地区的设计价格一降再降。我们想跟企业服务，要做出研究型的设计来支撑制造业，主要是从生活的需要去引导。但往往企业认识不到。肯定是要从制造转向设计，但关键在于企业怎么认识设计。这个观念调整还需要一个过程。

胡飞：是不是说，整个的社会环境和社会发展变了，而企业的设计机制和管理机制还是沿用十年前的。就像恐龙的灭绝。可能是它还沿用以往的生活方式，但外部环境其实已经变化了，而恐龙没能适应这个变化，所以灭绝。

柳冠中：所以说设计的确是一个宽泛综合的专业，光有能力不行，要跟上时代，要研究社会。体育和休闲这个概念模糊了，不一定非要做体育用品。有些服装公司的那些休闲元素可以引进体育，因为体育和休闲之间的界限已经模糊了。青年一代就更爱活动，这一点又有很大的市场，又有很多概念可以探讨。包括中小学生的校服，那简直是把中小学生的形象歪曲得不伦不类，健康体魄根本体现不出来，这个需要研究。

汤重熹：广东应该尽量从制造大省向创新大省过渡，这是广东省十几个洋顾问来广州后的共同心声。这从战略上来讲具有很大意义。中小企业规模很小，他们养不住一个设计师，即使有设计师也不能保证有饱和的工作量，所以设计师做了一个设计能生产很久，设计师守不住就离开企业。中小企业还是家庭管理式，老板说了算。出国是老板自己去，然后拍些照片，然后就按照片上面的来做。其实这些企业都知道创新设计的重要意义，但关键是怎么去创新。广东工业设计协会办这个《创新设计》的杂志来沟通企业家跟设计师、学者之间，企业与政府之间，产品跟社会之间。这是一个非常重要的桥梁。

柳冠中：从 OEM 到 OBM 这个转化，实际上对于设计公司来说很难。设计公司从接单到完成，希望周期快；那么周期一快，拿出来的东西很难做到创新，很难做到设计带动市场。所以这个转化是个未知数。现在设计公司要做生活研究就很难，除非他有基础、有先期投入。当然有些大型设计公司有可能做到。比如上海有些公司已经和国外合作，进行这方面的研究。但是据我了解，投入太大，面临困境。结果还是要靠开发、做模具、生产样品来维持。都知道要做，但没有利润。

杨向东：创新对于广东还有更深层次的意义。广东以制造业为基础，制造业实际上是加工业，打的是别人的旗号，用的是别人的东西，我们只赚少少的加工费和劳务费。这种情况给广东注入许多经济上的积累，特别像东莞、珠三角一带，已经有相当的积累了。所以对于他们，提创意实际上是提制造业的转型问题。我们其实是在整个制造链里面做下游的工作，如果要做上游的工作，就必须从设计创新入手，更远一点，就是品牌的创立。

柳冠中：企业也开始明白了这一问题，如美的。再过五年，广东企业的设计部门如果不调整的话，企业就会被淘汰一大批。认识到问题，但是该怎么办？还没有摸索到。上层和设计部在考虑，至于怎么做，还是举棋不定，没下决心。个别企业在做努力，比如李宁，（设计部）开始和人力资源部接触，拿出提案，用事实来打动老板，要让他感觉这么做能给企业带来新的思路。他们在研究开发中国系列和中国元素的东西。现在做得还比较肤浅，比如鞋上的雷锋或者三国演义之类的，这样很零散，最后产品也不能成为系列，感觉就是分散地把一个形象贴上去。李宁的服务对象就是中学生大学生，跟他们贴这些东西，他们理解不了。他们对中国的理解和学者对中国的理解不一样，最终的效果也就不一样。所以，这需要另外一种研究方法。这方面企业就没有准备。

胡飞：据我了解，李宁实际上请过很多国外知名设计师来设计中国风，但效果不佳。

柳冠中：李宁在香港有个设计部，北京设计部也有三五个外国人。外国人来设计中国风，根本不行。他们以为的中国风，中国老百姓接受不了。企业要决策具体概念，观念层到底打哪个市场，机制要跟着走，具体操作也必须这么走。由于管理层的背景不一样，企业在这方面比较混乱。

7.3　模仿、公模与自主创新：中国人不要妄自菲薄！

胡飞：针对现在珠三角制造业的模仿成风、抄袭成风，有什么看法或建议？

尹定邦：欧洲人美国人都在向我们抗议，在起诉，我们都不管那些，为什么？这样一种大环境，它就很难去鼓励知识创新。我花 20 年、30 年把一个新东西做出来，付出那么大的代价，转眼就是别人的了。

鲁晓波：这是因为经济发展到了一定阶段，但国家对知识产权的重视和执法力度不够。这个时候只要有利润空间就会有人去做。但一个优秀的企业，一个立足于发展的企业，持续这样做肯定不好。短期效益很明显，做一把赚一把，但在捞到第一桶金之后，应该制定下一步路怎么走。所有人都是这样做的，包括西方资本主义国家。但是一个负责任的企业，一个想持续发展的企业，应该有自己的战略。即使他现在迫于各种困难还要这样做，我希望他还是保持清醒的认识。

杨向东：抄袭或者叫拷贝问题，在我国根深蒂固。长期以来，我们缺乏知识产权的法制观念，对侵权打击力度不大，这是我们国内要解决的重要问题。创新需要时间，需要投入，还要承当风险，而拷贝简单得多。因此有些老板支持你拷，要求你拷，好卖的设计，稍微改一下，改得不像他，又是它，这就导致了抄袭。你按他的要求去做，最后抄袭者是谁？还是我们设计师抄袭了，再进一步讲，还是我们设计公司抄袭了。所以我们要想创新的话，我认为必须从自己做起，我们自己首先不抄了，我们的创新风气就带起来了。

尹定邦：种瓜得瓜，种豆得豆。过了季节种什么都不行，提前也不行，推迟也不行，都是恰到好处。创新必须恰到好处。汽车 10 万个零部件，9900 个是不用创新的。如果 10 万个零部件都创新之后就是一堆垃圾，它违反了工业化、标准化和通用化的基本原则。你的车坏了，掉了个螺丝你都补不上。别人的螺丝不合你的用，因为你的是创新的。现在全世界汽车的螺丝都可以配。螺丝不能创新，螺丝必须标准化。只有适度创新，没有绝对创新。

胡飞：设计要做的就是适度的创新，没有必要抛开这个规则去谈。

尹定邦：抛开基本规则，整个厂的东西都要换，整个企业都被你创新的东西毁灭，整个加工系统都不适合，整个技术系统都不适合。因为它是旧的，你是新的。创新会毁灭旧的东西，这是新陈代谢的规律。比如手机一发达，电报没有了，连原来的传呼机都没有了。传呼机被毁灭了。电报，不管是制造电报机的厂，经营电报业务的也完了，都要改行。一个新东西肯定要毁灭旧的，那么旧的该不该毁灭？发明汽车前前后后的时间是 200 年，它要道路，它要一大群企业去配套生产汽车，要交通安全的管制系统，要汽车的维修技术，要燃油的供应系统，不然这个汽车就全部是公路杀手。这个创新是要把整个一套旧的东西推翻，把所有的马车、轿子系统都要推翻。把整个新的系统都要建起来，谈何容易啊。世界用几百年的时间来迎接、适应和规范这样一个创新。把创新讲得太轻率了，那不是祸国殃民吗？

胡飞：设计是可以被模仿、被拷贝的，但是创意是无法拷贝的。

许平：对，模仿的只是一个外壳，一个外在的形式，模仿不到思想的本质。这就是我们的产业现状，我们的企业缺乏一种真正的活力，缺乏去推动产业去发展的因素，它只能是增加量，只能是量的增加。

胡飞：现在的产业现状是把外壳，就是我们所说的外观设计作为一个零配件。很多设计公司就是提供大量的外壳，比如手机：芯片都是一样的，外面几十种壳任你挑。

蔡军：外观设计使用了标准模版。

胡飞：对，大量的"公模"。特别是 3C 产品，甚至一些汽车制造业也开始采用"公模"。尤其那些不太知名的贴牌产品和打低端市场的产品都是用这种方式做的。

鲁晓波：不同战略的企业会选择不同的方法，这很自然。大量使用公模的那些企业，要么就是没有战略眼光，要么就是它揭不开锅，它只能靠这些去赌一把，维持它目前的状况，我是这样判断的。

许平：我倒觉得这样的加工技术越发达越好。而且我们可以把它理解为企业分担风险的做法。其实真正的创新，在任何国家、任何市场都是少数。现在需要的是扶持一些重点的、有这个条件、有这个精神的企业，让他们走到创意的最前沿去。绝大部分企业绝对都是跟进的，千万不要抱着理想化，所有的企业都把设计师奉为上帝，哪个国家都不可能。所以，对于设计师，一方面需要最合适的市场，还有一个真正提高自己的专业深度。专业深度是一个非常重要的环节。我们的专业深度是不是能够为企业化解风险，甚至值得让企业来冒这种风险，这也是我们自己要反思的一个问题。

尹定邦：创新是由一个政治、社会、文化和适应的环境。要有这样的人才，要有经济的保障和制度的保障。高端的创新、中端的创新和低端的创新，横向延伸、交叉延伸等等这一套东西，把一个核心技术的创新成果最大化。它有自己的一套规律。形式创新那是非常容易的事情。我曾经在电脑上画了一个三角形、一个圆形、一个正方形，把节点定下来，把变的尺度、长度、弧度节点的位置、比例数据输进去，一下出来1000多个杯子。几分钟时间轻松看出哪些杯子是市场上没有的，哪些很好看，哪些很好用，这就是形式创新。形式创新的价值大概可以值这包烟钱。它很快就被学过去，你不可能把1000个杯子都申请专利吧？人家一听说这种杯子的演变形式，电脑又是最好的方法，材料换一换，结构换一换，使用对象换一换，销售的市场换一下，大把的好东西出来，根本不侵犯你的专利。

胡飞：国家"十一五"规划强调自主创新，尤其对制造型企业来说，如何进行自主创新？

尹定邦：口号喊的震天价响，标语打的满街都是，报纸电视媒体到处都是创新创新创新，创新型社会，创新型国家，可是它需要的社会环境、法律制度的保障，思想、技术以及它本身。创新就是要让红军再走一次草地，到处都是陷阱，陷下去就死无葬身之地。创新是要付出很大代价的，日本经济停滞和衰退了十几年，为什么？它没有高端创新，它缺少源流创新，它靠买啊。人家创新了，创成功了，那条路走通了，它花钱去买。美国非要创新不可，它没地方买啊。它已经处在世界发展的前沿了，它没有地方买。它必须自己拿出很大的物力人力财力，政府拿出来，企业拿出来，去探索研究新的东西。美国佬也很聪明啊。它所有的钱首先放在军事领域里面，去开发，去创新，到军备上已经没什么用了，再转到民间，到了民间都用够了它才卖给你。

柳冠中：设计创新和技术创新要发挥作用，关键还是在于自主创新。一个企业的机制、一个国家的制度，能不能鼓励创新？允不允许失败？允不允许探索？作为一个企业，当然希望一下就成功，要减少风险，所以造成国内加工企业往往不敢碰创新，所以只有抄袭最稳妥。但是作为国家的发展，或者是一个企业长久的发展、可持续的发展，就必须要接触（自主创新）这一块。那么这就要求企业管理部门的整个机制要调整。自主创新实际上是设计创新和技术创新结合过程中的一个保证、一个技术平台。如果没有这个保证。那么技术创新和设计创新都是一句空话，最后在过程当中就不断被枪毙。像平常我们看到的，设计人员拿想法给技术人员看，一开始就被否认。很多有可能发展的方案一开始就被枪毙掉。这实际上就是关于自主创新的问题，就是我们机制上的问题。如果机制不重组、结构不重组，那么创新的积极性和可能性在一开始就被扼杀掉。

尹定邦：创新要敢想，敢做，敢于牺牲。……

童慧明：创新设计是带有原创性的设计，如果仅是一个造型的改改款，我们鼓励的不应该是这个创新。现在提倡自主创新，如果把别人的东西拿来改一个局部，这不能叫做自主的。研究人们的生活方式，研究消费者趋势和技术的可能性，找出来一些前所未有的产品的概念，才能叫真正的创新设计，才能给企业带来效益，就是所谓的高附加值。

杨向东：中国人不要妄自菲薄！东莞深圳条件很好，政府也提出要打造设计之都，再加上多年的积累，可以说深圳作为一个开放性的新兴城市，在创新方面别的地方强。另外，中国改革开放20多年来持续的高增长率和高速发展，出现了很多在国际上崭露头角的企业，比如华为。他的建筑，他的设计，他的高科技，外国人看了都很震惊。所以只要有政策有条件有环境，设计还是可以做得很好的。日本的清水吉志先生说，他看到中国现在的发展，感到中国很可怕。他说："我听你们的国歌都害怕，因为你们是前进、前进、前进，进！（笑），日本国歌君之代是一种平缓的曲子，你们这样前进、前进、前进，我们往哪里去？"我认为最大的"可怕"就是现在国家开始提倡创新，一旦国家开始重视，政策偏移，发展起来是必然的。我觉得国家发展到今天，不在于你有多少设计公司，最重要的是有能够推进设计的政策。而现在环境很好，机会来了，但是也不平衡。不要妄自菲薄。经过 20 年的发展，我们周围已经发生很大变化，人才储备已经有了，也有一定的经济基础了。再加上现在政策上对设计的扶持，强调创新，支持设计，所以现在中国设计会有发展。我们中国人不必妄自菲薄。

胡飞：现有国内一部分设计师在造型上也做得相当出色，但由于我们没有自己的自主品牌，所以最后的设计被别人买走了，挂别人的牌子。这种设计公司和设计师在北京有很多。

杨向东：我一个日本朋友佐冶邦雄（音），老在课堂上讲一个欧洲的优秀设计。这是一个体重计，整个称的表面是一个水滴，滴下来以后泛出来波浪，在这个波纹上面又安排了一个液晶显示屏，显示体重数。他一直认为这是欧洲设计师所为。后来才知道是浪尖公司在五年前受英国某家做健康称的公司委托设计的。这对他震撼很大。这件事再次证明，中国人是有创新精神的，我们有能力作出世界优秀设计，没有理由妄自菲薄！

胡飞：是不是说设计是创立品牌的一种手段？

童慧明：不一定是设计师，我个人认为一些有远见的商人、企业家如果有雄厚的资本、管理的系统和能力，完全可以创建一个品牌，利用这里的制造加工能力，把产品推向市场，创建出类似于 Nike、Adidas 这样的品牌。我这三年来在和一个广州的企业合作，这是他们的梦想。在这个过程中，对运动鞋、运动装包括手表都有一些了解。这个行业的产业链和制造业平台都很雄厚，关键看你有没有品牌运营的观念和比较完备的管理系统。当然，在这个过程中间，设计师是一个非常重要的角色。比如创建中国自己的品牌，需要一个比较强大的设计研发团队，如果没有的话它做不起来。

7.4　校企合作：退出还是改型？

胡飞：如何有效开展校企合作推动企业创新？

柳冠中：企业通常委托某个设计公司或者交给某个院校的设计组来做，做完了，他就完全站在一个对立面来审查设计。这种做法实际很被动。只追求短期效益，实际上是萎缩了。所以，企业要成立一个设计项目组，要对设计进行跟进。我们和联想合作的过程中，他们不是完全被动的。给你半年，你去做，要交谈，要对话，在过程当中有可能修改设计，根据实际情况来发展。这就要求企业不只是发单，而是企业人员和设计公司的人员在某些方面某些层次上合作，这样设计才能到位。联想这样做得很成功。我交给你做，因为你并不了解我联想、我的工艺和具体的结构，而且知识产权和利益问题也不便全部告诉你。有些项目完全交给别人做，交钥匙工程；有些设计公司就做概念，作为企业设计部的方案储存。所以企业在分配任务之前，要分一分任务的性质，签合同的内容要求也应该调整，这样才是"实事求是"，这样才可能服务到位。为什么华为花 300 多万给外国设计公司做设计？他们学到了设计管理过程中的一些关键节点，所以现在他们公司的设计师都是做设计管理，就是项目组的经理人，来跟外面的设计公司保持联系，有序的、动态的进行过程，而不是简单的甲方乙方的关系。我觉得这个恐怕企业要思考思考。

胡飞：这是个关于设计公司和院校为企业服务的新办法。

蔡军：院校正在退出实践性的舞台，这是肯定的，因为设计公司发展起来了。一方面时间投入不如设计公司，一方面老师、研究生这些人力资源的优势也不明显。现在企业可以招聘最好的设计师和工程师，资金投入也最大，所以（企业的设计师）全身心地做服务。这就是说，院校在服务模式上可能也要改。即使合作，也要求速度很快。

胡飞：一般七天左右吧。比如说七天时间出来一部手机或 MP3 的产品造型。

蔡军：时间特别短。广东企业要的就是造型。

胡飞：对，只要那个壳。是不是广东这边的企业对设计的理解，特别是对工业设计的理解，更多地注重外形？

鲁晓波：我认为是这样的。不光是广东对设计的理解和市场的成熟的问题，而是整个社会对设计的理解的问题。在市场经济的初期，很直观人们看到的是产品是否好看；等人们第二代第三代的需求的时候，老百姓选择的是一个品牌。那么选择怎样一个品牌？中国理解"品牌"首先是广告、宣传、营销手段。而我所理解的"品牌"真正意义上是拥有一帮忠实客户的品牌。这个品牌它不仅仅是广告，当然它离不开广告。那广告说什么呢？我第二次消费手机和第五次消费手机，我对手机的选择不仅仅是品牌，我选择的是它品牌后面所代表的质量和保证，所以这一点上必须有设计的支撑和支持。这种支持一方面是从外观上，一方面是从文化上，从一个品牌的构建、品牌的战略上。

汤重熹：广州德高电子电器公司，是做石英表石英钟的，早期是做销售代理，后来跟我们合作。一年一年的设计，作一些变化，比如钟和文具的结合，和生活用品的结合，尽量的想象。这个企业就从以前只有租来的几个小小的车间，发展到现在番禺的几个大车间，变为著名的企业。但最后他觉得每年给我们经费过高，他自己找一些设计师也能解决，于是合作几年后他自己招聘了一批设计师。

胡飞：可能他们只看到了最后的产出结果，没有看到我们在做产品设计之前的一些调查研究。

汤重熹：对！问题就在这。好比吃到第三个馒头饱了，就认为第三个馒头最好，前面的就等于零。设计绝对不是最后的那张效果图！

胡飞：强调制作，这是围绕制作展开。而且是老板出去外面看了，然后员工就按他意思来制作。老板的眼睛代替了设计师的眼睛，老板的大脑代替了设计师的大脑。

蔡军：但这样也有一个问题。就设计公司和企业的关系来说，过去院校只注重研究企业，不注重研究设计公司。现在的设计公司实际上是非常值得研究的。大公司有设计管理、有系统，它可能不太需要外部资源，但中小企业十分需要外部资源。许多中小企业几乎把所有的研发权交给设计公司，因此设计公司承担了十分重要的支持力量。但设计公司本身也存在一些问题，就是商业化的趋势、时间、人员匹配等等限制，它就不大可能为中小企业进行长期的品牌体验研究。这在广州比较明显。你要得越快，给你做的周期越短，时间越短，做的品质越不好，然后你就不断的挑，再挑别的公司来做。换设计公司、换客户、换企业，就这样换来换去，双方的合作就出了问题，形成了恶性循环。

汤重熹：你问企业家创新重要吗？他们肯定会说重要啊！但具体怎么创新他们就没有头绪了。光知道重要性和概念是远远不够的。和企业接触有时候会让人气得要命，但是又无可奈何，还得耐着性子慢慢跟他们解释。他们也认为设计要创新，但跳跃大了就不行。就希望沿着原来的演变，慢慢来。这些中小企业基本上没有设计师，通过各种各样的关系到处去找人设计。有时候同时找几家设计，来比较看看谁的好看。所以他们的产品基本上没有形成系列，没有一个延续性，没有一个基本的形象，左变一下右变一下，跳跃性很大，没有系统的设计考虑。他们知道要大力搞创新，但又希望自己的投资不要太大。最严重的就是佛山，很多中小企业根本没有设计室，只有试制车间。我到佛山一个最大的生产卫生洁具的企业去，他们就把我带到车间里去看，确实是每个人一个工作室，可工作室里没有电脑，大家都在那里忙做着翻模。我问为什么？员工说老板认为没有必要。所有的设计都用泥巴捏出来。我问他们怎么得到外面的信息？他们就说看模板。我继续问你们怎么进行研究呢？他们说没有研究，每年要完成的工作量都非常紧张。

柳冠中：如果设计师本身就觉得设计就是搞造型、就是画图，那么去哪个部门也没法做。平常没积淀，不关心这方面的事情，实际什么创意也提不出来，最后只能停留在外观。所以这两方面要融合。也就是说，企业的机制创新、自主创新是我们中国经济发展的一个瓶颈。这个瓶颈不解决，光谈创新讲1000遍都没有用。因为企业不给你这个岗位，没这个岗位就没这个刺激，没这个刺激就不可能在（设计创新）这方面加强，不可能增强这方面的修为、提高这方面素质，最后就成为一个美工。

蔡军：由设计界在这里空谈开发，其实可能也有问题。因为开发涉及品牌的建立、资产的投入等方面，这些不是我们所能想象的。它整个也是一个复杂的系统，需要很多资源来支持才行。

杨向东：首先推进需要时间，需要说服企业家。他们习惯长期做来料加工，又不费脑子，又赚点钱，劳动力也不算太贵。我们到东莞大量协助政府做一些交流、推广、普及工作，让他知道产品的设计里面有文章、有竞争力、有附加值、有效益，让企业家了解这些，让他知道设计对企业发展有好处，不是白投钱，让他认识到要在主动开发这方面投入力量。我们唤起他的需要，我想这个设计才更有业务可做，更有市场。设计师也有用武之地。

许平：应该说南方做得比北方更鲜活，至少成功的经验和模式更多一点。比如广州美院的刘杰老师为东莞的中小企业做设计，这就是一种非常有中国特点的做法。我最近一直在谈论这个问题，要站在中国的土地上，以中国的方式来总结中国的经验。我们今天的中国设计并不是一无是处的。我们在以自己的方式摸索自己成长的方法。从现状来讲，没有一个现成的路可以提供给我们。西方也不可能把他们的经验原封不动的搬到中国来。我们之所以着急，是我们在和西方最先进的国家比。其实，我觉得有些事情是急不得的，一定要有一个发展的过程。现在就是企业和中国的设计师在共同努力，在寻找最适合中国的一种模式。

汤重熹：创新实际上是一种观念，一种概念。真的要把创新体现出来，我们的思想、我们的观念要孵化，就得通过设计。现在企业的问题在于，我们的设计管理不得力。你要有设计创新就得让这些设计师有出来交流看看的机会。出来交流、开会都是老总，还经常上台做报告，他以为创新了。科龙最直接的例子就是卡通电冰箱，花了多少钱啊！做了多少模具啊！还请了一个欧洲的设计师来设计。下死命令一定要坚持做，结果推销不出去。这些是走投无路的设计！

胡飞：那么现在的设计管理是否可以作为调整企业机制的一个手段切入进来？

柳冠中：设计管理的介入，可以提高设计成功率，但具有一定的被动性。如果企业的整体管理不纳入的话，它仍然是一个局部。当然如果设计管理做得好的话，可以不断和领导层对话，把设计师组织起来，拿出一些非常规的想法或者对企业品牌的建设、企业战略发展和对市场的认识，能不断地影响决策者来改变设计的看法。这也是必要的，但是光靠设计管理来提高设计部的效率是不够的。企业管理中对设计的认识还是若即若离的关系，在设计管理中解决的问题，只能是把设计师的潜能挖掘出来。但如果设计部本身的定位就是美工的话，那么设计管理的作用也是很小的。

蔡军：我觉得设计团队中需要一个产品经理。他可能是设计师出身，经验丰富，跟过模具、跟过机械制图、跟过产品，一直跟下来，至少跟过三四轮产品。这样他就知道哪一个阶段该怎么办。比如台湾的一个产品经理，叫杨波贤（音）。他是学工业设计，又长期的在企业里面做，做完后去设计公司，然后又回到企业。他盯包括手机也好电子产品也好，从头一直盯到生产模具、试制然后一直到装配到完。他这个过程过来以后，他有十年以上的工作经验，到现在没看一个阶段他马上就知道结构、材料等等非常清楚，而且从一开始设计他就知道这个东西他能不能做，做不做得成，设计师反而不太知道的东西。

胡飞：很多人抱怨设计师在企业内部地位不够高，不被重视，实际上是设计师本身也承担不了这个重任，也就需要这样的产品经理。

鲁晓波：一个设计师、一个设计公司只把服务建立在造型的基础上，或者技术服务这个层面上，这个层次比较低。我不是指南方和北方。可能我要认同在南方，很多中小企业在起步的时候，由于市场竞争的需要，他们很实际，他们无所谓品牌，他们需要的是解决问题、带来利润。这个效益如何带来？就是同样的投入，你要把它做得更好看，把它做得更像一个品牌的东西。这个很有效、很实际。在工业设计的初级阶段，广东做得很好。但是我们今天看来，如果设计公司的服务就停留在这个层面上，那肯定会死。就像现在，我去广东、深圳，听到的是设计界一片抱怨，他们抱怨设计费越来越低、乱砍价，设计师无法生存。这是一个奇怪的现象。人们对工业设计的认识在逐步提高，我们的市场在逐步扩大，包括国外的公司进来后，更加看重本土化的设计资源的利用问题，按道理我们的前景应该是比较好的。为什么会形成这种状况？我就想说：同志们，我们应该上台阶了！设计服务的内容在发生变化，企业的需求也发生变化，原来的知识、原来服务的层面已经不能满足人家了，不发生变化不行。现在厂家不愿付费吗？不是，它是根据服务来付费。我做了一个造型，能用 pro-E 建模，能够生产出来，工艺都没问题，因为广东的制造业资源以及整合资源的能力，在北方是没法比拟的。但是，我看到的问题点是什么呢？今天我们把设计提升到文化的层次，在解决温饱问题后，人们追求更多的是一种文化和精神的东西。造型也是一种文化，光造型好看，在文化层次上还是一种比较低的东西，一种浅层次的东西。深层次的东西就需要生活方式的创新、品位的打造。不是说一个简单的好看，它就跟你的商业运作，跟你的机制创新、技术创新、其他创新整合在一起，跟你的战略整合在一起。在这个层面上我们讲企业的需求，这就不应该按南北来区分，而应该从中国企业所处的不同阶段来划分，设计师在不同时期面对不同程度的消费者和市场，要提供不同的服务。现在企业需要的是从高层面来整合，从战略的角度来把脉。比如要先拿出产品识别的一种战略，下面才涉及怎么操作的问题。如果老是在最低端操作，那设计师就是一种工具。如果我们能在行为上去左右企业，去引领市场和消费者，那主动权和价值就完全不一样。很多设计师抱怨钱越来越少。而培养了很多操作层面的设计师，企业的需求又在更高的层面，很自然就没有生存之道。这是我的一种分析和看法。

胡飞：在这个层面上，设计实际上做的就不仅仅是造型、制造，而是全程的服务过程。

许平：对，真正的设计应当是和加工机制配合、和市场分析机制配合，考虑完这个过程它才是一个成熟的方案。这个时候才能把产品拿出去给甲方。那么在这之前呢？如果仅仅是一个造型设计，仅仅是一个停留在构造中的设计的话，这样的设计还不能成为一个严格的设计产品，它只能是半成品，甚至是一种实验品。那么，你要把实验品发放到市场上去，让企业的生存和它捆绑在一块儿，那肯定是不过硬的。所以我们谈到企业创新和设计创新的时候，还必须把相应的后续问题跟上，这也就决定了我们对设计的研究、对设计的理解不能仅仅停留在一种设计形式、一种设计表现的浅层次。要把设计过程和它得到的市场效应、最后的构想、最后的预设、最后的控制这些过程都联系到一块儿，才是一个完整的设计产品。所以设计管理必须跟上，它变成完整的设计程序中一个非常重要的环节。

7.5　设计风险的承担：企业？设计师？还是政府？

胡飞：企业为什么不愿意接受设计？

许平：企业要接受一个设计的理念，要接受一个创意的理念，企业是要冒很大风险的。这个设计风险的问题，目前国内还没有很多人去关注。设计风险的存在，我们既要强调任何一种创新、任何一种变革都是需要承担风险的；但也要看到，风险对于企业的这样一种致命的威胁。那么，对于一个设计师来讲，他当然也有风险。设计师承担的是专业声誉方面的风险；而对于企业来讲，它承担的可能是生存方面的风险。这两种风险都是客观存在的，必须正视它。我们在推动设计的时候会比较容易注重设计的价值观，它的理想性方面，而对于它现实性的风险，却无视它的存在。设计风险是一个客观的问题。不管是作为设计这一方，还是企业这一方，都有理由、都有必要把设计风险加以正视，从正面去考虑它。这个风险当然包括投入的风险、方向的风险、工作方法的风险和市场回报的风险。那么，研究这个课题的目的不是说去把风险排除掉，风险是不可以排除的，任何一个创新到最后都要承担风险。那么，怎么去分担风险，如何把风险带来的威胁减低到最低程度，然后让企业能够更加主动、更加放心、更加大胆地去接受设计师的承诺，去接受一个创新的方案。我觉得我们这些年在设计推动方面之所以进展比较慢，原因之一就是我们缺乏对设计风险的正面回应。

胡飞：风险单方面的被企业承担着，设计公司收到设计费就行了。而实际上，这个设计推向市场后是否成功，却没有受到设计师的重视。

许平：对，没错，现在实际上是设计师很没有道理地把设计风险推给了企业。我们也在探讨设计收费标准，但实际上我们的设计是不符合一个真正完成的设计项目的内涵。这种内涵包括对市场风险的分析，对市场风险的判断，以及对于可能形成市场风险的某种措施的预案。这些完全没有包括在内。然后我们就把一个半生不熟的方案推给企业。第一，企业不信任（设计师）；第二，企业客观上存在着很大的风险。这也是造成设计市场不对称的一个方面。我们以前讲不对称，感觉企业是主体，设计师是被动的，设计师属于弱者。其实反过来看的话，企业跟我们同样存在一个不对称的问题。我们下面要做的，就是如何去研究这个问题，然后促成一个合理的关系，真正的起到作用。

胡飞：对制造型企业来说，能否产出真正领导消费者需求的产品也是未知数。投入巨大，风险也巨大。那么设计业或设计公司是不是应该寻求一种能够按照实际情况制定某种机制，分担风险或一定程度上降低风险的机制？

柳冠中：设计公司也是要开工资的，必须有一定的利润才能发展。而现在设计公司都是低利润，都是设计劳动力密集型，一个礼拜要出多少张图。所以这个瓶颈在于整个国家。从世界发展来看，所有国家发展工业设计都是国家扶持，比如韩国、日本。从 1970 年代开始，三个五年计划，大量扶持，靠国家的制度和政策和准政府机构，来协调企业和设计公司之间的关系，以及与社会需求的关系。这方面我国已经开始了，但还有待完善。

胡飞：顺德政府曾倡导企业的行为政府不过问，现在政府开始引导企业走向自主创新，政府开始发挥作用。真正对企业来说，政府发挥的作用主要可以发挥在哪几个方面？

尹定邦：我们讲创新，我们政府拿出国民收入多大的一个比例来支持创新？我们用来创新的经费被多少科研腐败所吞食？辛辛苦苦创新的东西，又被社会这种没有法律和制度保障的社会制度所吞食。我们一直走日本的路，当然我们还可以走一些时间，比如再走 20 年，但是我们如果不及早的改弦易辙，我们一样会陷入一个新的胡同，而且这个胡同比日本的那个还要死。……

许平：北京的 DRC 是院校和北京市科委合作推出的一个项目，它希望起到一个类似于设计中介的服务平台的一个作用。它本身是一个有形的载体，其功能也是一个资源服务的平台，政府机构。一方面利用政府连接企业设计需求，一方面连接设计资源，在这之间起到连接、转化的作用。

杨向东：北京市正在实施 DRC 建设方案，即设计资源建设方案；上海在搞创意企业集聚和都市工业，全是与设计相关的，政府还对一些有名的设计师，每年给 200 万的资助，让你搞；无锡更不得了，政府很重视，搞了一个国家级工业设计园，几个亿投进去，积极招商，他还每年有一个设计节；深圳要打造"设计之都"，搞"文博会"，而工业设计也是其中的重要内容之一；东莞市现在也在做设计竞赛和建立一个工业设计院，力图使东莞这个制造业基地由加工向创新转化。另外，广东珠三角的许多专业镇也在积极推进工业设计。现在，抓工业设计，推动创新已成为一种政府行为。中国的国情就是这样，如果不跟政府配合，你非常困难，如果跟政府方针、政策一致，你们买卖能够做得更大，事业就更能够成功，媒体也会为你鸣锣开道。（笑）……但不管怎样，我认为用创新和设计推动地区产业的进步是非常英明的决策，我们设计界人士应该积极配合，赶快搭上这班车。就中国来讲，我的看法是，不在乎多增加多几个设计师、多一间设计公司，而在于政府政策上的支持，现在机会来了，要抓住他，跟政府多点接触，支持他，让他多投入，要不然钱可能不知道花到哪去了。我们就是要让他把钱花到我们设计上，把中国设计搞上去。

童慧明：我知道中国工业设计协会、北京工业设计促进会与发改委正在合作，做一个国家关于创新设计的政策的研究。比如税收上，国家或地区政府创立创新设计的风险基金，这种方式台湾早就做过。企业在搞创新的时候可以申请这个基金会的无息资助。在整个研发的过程中，政府会和大学合作，全程监控和指导企业的研发。当产品成功投放市场后，再讲贷款归还。如果失败了，而且是非预测非可控的原因，可以注销这笔贷款。这就是政府通过金融的手段去资助企业的创新。

胡飞：就是中小企业创新还是要依赖政府的大环境。

童慧明：这只是一个方面。政府还可以组织一些大型的设计研讨会或者展览，包括到海外市场去推广自己的设计。这一点很关键。中国政府应该有一个政府级别的设计促进机构。最佳的从属关系应该是在发改委的下面有一个类似设计促进局的机构，只靠民间协会是很有限的。

柳冠中：国外还有一种设计师中介机构，通过它帮助企业联系设计师，还组织社会的一些权威机构、权威人士来评审。并不是企业说方案好就好，而必须是这个国家派出机构来做一个客观的评价。如果企业接受这个方案，那么企业开发过程中的一部分费用由国家来负担，可以减免税收，可以无息贷款，就是国家要给企业一些支持来引导企业，这样企业开发的成本降低了，风险也降低了。另外可以把国家发展计划，比方可持续发展、能源问题、污染问题等要求融在设计方案里面。对设计师也是这样。设计师不能企业说行就能够用，评价机构对设计师也有要求。设计师不能只改个造型，因为这样跟国家的发展计划没关系。韩国、日本和台湾地区都是这么做的。而我们自己还没有这么一个机构。

许平：比如浙江的一些服装企业，他们有上百家上千家，其中有 50 家筹款集资，合作搞了一个设计中心，然后聘了几个设计师，让设计师有一个空间为这些企业提供设计服务。一旦设计师的设计作品被企业采用，企业另外还会分成。这是一种非常有创意的机构，用民间的方式来提供一种带有公共性的服务，对企业来讲是分担了设计风险，就不至于为了一个设计师去承担成本。另外也不会让设计思路拴在一个设计师上，因为设计师是可以常更换的。这是一种比较好的模式，这也是南方做得比较好的模式。

胡飞：我听说广东有这样的情况，设计与销售捆绑，设计首次取费可能就是设计成本，然后按照设计成品的销量提成，比如每卖出一个就提取一块钱两块钱。

许平：这是一个不得已的方法，是企业在无奈之下想出的一个下策，就是用结果来进行威胁。这和我们从前端开始就主动地考虑到风险问题，然后采取一些预先的设计、一些保险机制是不一样的。它是一种惩罚性的结果，你如果做不好的话自己要负责。这个问题解决的办法有很多种，但与我们对这个问题前期的投入，对问题采取的一种预见式的机制和对这个可能产生的后果的一些分析，解决方式的一些设置、构想等，不是一回事情。

胡飞：前面这种操作方式也存在一定问题，如对最后销量的核定……

许平：这是一个非常具体的局部问题，它牵涉不到我们对大关系的判断。现在我们要判断的是一个大的关系。设计市场存在这样一种不对称，这种不对称是客观上阻碍设计市场发展的一个重要因素。所以国外的真正的设计事务所，必须要有相应的风险分析，和一些必要的预警措施。它是前期的一些化解风险的工作。只有把一个设计项目做到足够成熟的地步，（设计事务所）才能做出成熟的产品提供给甲方和他的用户。目前国内这方面是比较缺乏的，这和我们整个设计程序的规范、成熟程度有关。

柳冠中：如果这个瓶颈想靠自然而然的企业竞争以后从 OEM 到 ODM 过渡，那么必须得有一股驱动力。这个驱动力调整企业、调整设计部门，也要改造自己的观念、对自己的认识。不是嘴巴说的，要在实际行动中或是管理体制上体现出来，这就是国家和政策的引导。就像改革开放，国家给政策，企业一下都上了，轰都轰不走，这就是政策的作用。我们说生产力和生产关系，生产关系如果不调整，生产力就被制约。光靠自发形成的话，可能在这十年的转变中，外国的设计公司进来了，而中国的设计人员永远是在做造型做外观。现在已经有这个苗头。外国公司纷纷进来，而我们中国人还在迷信，华为委托外国公司做机箱造型设计，一下就给三四百万，而给中国公司呢？顶多三四万。这样怎么去研究生活、去研究需求呢？这就造成一个恶性循环。

胡飞：换一个角度看，是不是原创性越强、创新越强风险也就越大？

童慧明：这里有一个认识的误区。原创性的设计肯定是要有投入，要有风险。为了回避这个风险，我们最好的方式是在一种改良性设计的基础上去做。另外，从中国制造到中国品牌，我们要真正做出一个自己的品牌，就必须要有原创理念，否则很难在国际市场上建立自己独特的品牌概念。这一点，过去我是认同的，但是现在我又不认同。由于风险太大，我们没有必要都那样去做。如果中国整个的制造业全是这样的一种概念去模仿，我相信我们的创新设计是白喊了。大家全是在低水准上帮别人打工，去做 ODM 就够了。我用一个比较刻薄的话来讲：实际上是在为自己不敢冒险、不敢创新做理论上的掩护。我认为中国企业已经具备了这种能力是可以这样去做的。

胡飞：你指的是联想这样的大企业？

童慧明：不见得，小企业也完全可以做。

杨向东：首先还是认识，什么事情都是一样，要想达到什么目的，就必须存在一定的风险。实际上鼓励创新的时候，就是在鼓励失败，对失败要有宽容的态度。技术也是一样，搞一个新技术一定能保证成功吗？不一定啊。但是持续不断地做下去，肯定是会有回报的。而设计还不同，设计的投入不是很大，没有技术的风险大。

汤重熹：通过在设立设计信息中心，可积极引入先进设计理念和方法，提高企业的设计创新能力；帮助企业、设计公司交流学习；加强行业的协作与交流；为企业进行一些调查研究；提供国外最新的资讯材料等，目的提升工业设计水平，提升产品参与国际竞争的能力。

7.6　狼来了么?

胡飞：针对国外的设计公司进入国内，比如 IDEO、ZIBA，设计业内有点"狼来了"的感觉。应该怎么看待本土设计公司和国外设计公司？我们本土设计界的从业人员怎样才能发挥自己的优势？

许平：中国市场一旦打开后，中国设计师面临着一种更加巨大的风险。因为中国设计师最缺乏的就是市场经验，而正当他有可能获得市场经验的时候，中国设计师的市场机会又被剥夺了。所以这个压力会更大。

柳冠中：竞争很激烈，明显的就是降价，比谁的价格低。最后出来的东西并不是设计师追求的那样。企业只是要一个新样子，只要一个短暂的产品，所以就降价。降价，服务质量就降低，这就给外国人带来了机会。如果要调整，就要把国内的设计行业组织起来。如果只是单兵作战，只会带来降价的恶性循环，价格炒作、广告炒作。所以设计界必须有一个机构来协调，形成设计界的自律和标准化。这个在近五年要得到解决才行，不然就是乱战。

尹定邦：人家有一套成熟的创新的经验、程序。但核心的东西他不告诉你。表面上适当的变一下，高昂的设计费你就给了。国外的设计公司就是比你老道。它成功的经验比你丰富。

鲁晓波：首先，我们要迅速打造几个能按照国际商业规范来提供服务的设计公司。一是它的运行效应，一是它提供的设计服务质量、可靠性。这应该是全程的，是指导它直到制造出来，而不是简单画几个效果图。还要替企业在设计的战略层面提供咨询、提供服务、提出解决方案，甚至提供生产、销售的所有环节的各种资源的可能。这样的设计公司、设计咨询公司才能和国外的设计公司抗衡。否则永远是在人家走过的路上拣点残羹剩饭。

汤重熹：首先，沟通上我们还是有优势。和中小企业的沟通，关于前期的市场了解，我们比较迅速。第二，国外设计公司的价格确实很高，当然他们也是物有所值。

胡飞：现在可能对本土的了解还有一定的优势，但设计师的服务仅限于做造型，首先设计师自己就把自己的路给堵了。

鲁晓波：其实我们的设计公司和我们的制造业走同一条路，都是加工，别人是用机械加工，你是用电脑加工。这有什么区别呢？所以我们今天的设计业不要再走制造业的道路。知识经济的核心是什么？就是运用知识、整合知识，把它变成生产力的可能。设计的内涵、外延在不断地扩大，扩大的目的还是实现设计师以前要实现的目标。但是所运用的资源、所涉及的知识、所涉足的范围都大大地扩大，这就对设计师提出新的要求，也对设计公司提出新的要求。

蔡军：我有这样的一种感觉，就是狼来了，或者说天天喊狼来了，结果狼真的来了。开始时可能中国的设计机构希望他们来，但真正来了以后，这种竞争啊，又很残酷，觉得国内的很多客户突然之间和国外的设计公司合作，国内的设计公司就不行了。但实际上我觉得也有好处。国外公司的设计收费是非常高的，他的服务也确实有一套系统，有一套长期积累的办法和理论。这些会提高国内企业对设计的认识。首先设计是有价值的，一部手机可以做到100 多万，而不是 5 万、10 万或者 2 万元做一部手机，当然做的内容完全不一样。

许平：但是也不必把这个问题想得太严重，我相信以中国的市场之大，中国的需求之多，不是一两个公司就可以笼罩的。市场本身就呈现一种多样化、多层结构的特点。我们可以在不同的结构里面，根据不同的对象采取不同的对策。最终会积聚我们自己的优势，去和大型公司竞争。社会也将是多赢的。另外，国外的大型设计公司也会注意到这个问题，他们在探讨新的社会服务方式。比如说，IDEO 除了做设计服务以外，还做教育服务，还做培训。他就发现给一个企业做现成的产品，还不如给企业做"模式"的输出。同样可以在这里面获利。但是，他给企业的是一种造血能力，这可能会回避直接地给企业做一些设计，他给企业的是设计能力。这些都是非常好的思路。那么我们呢？我们熟悉我们的情况，更熟悉我们的血肉同胞，更熟悉我们企业真实状况，为什么不能做这些业务呢？条条大道通罗马，用我们的思路，创意的思路，去解决我们自己的生存问题。

杨向东：由于中国有一个非常好的发展势头，国外的设计公司看好国内设计市场，纷纷来了到中国，中国已经成为全球设计力量寻求扩张的市场。这种情况下，我们的设计公司，不管你实力大小，都会面临一场残酷的较量。康佳姚总刚才讲，这种竞争不在同一起跑线上，的确，毕竟你处在一个起步不久的阶段，而他已经跑了很长时间了，包括资金、经验，包括设计的其他的资源等在内的各个方面，我们都处于劣势。面对这些问题，我们必须认真对待，迎接已经到来的挑战。参与国际化设计竞争，和强手比拼，将加速我们的成长。

鲁晓波：要做到这一点，光靠设计师是不足够的。其一，在国家这个层面，国家应该做一些事。现在国家发改委正在制定一个工业设计发展战略，这是非常重要的。其二，行业协会应该做协会的工作，应该去做行业的规范。第三，企业应该有这样的意识，设计不仅仅是一种美化，企业竞争力不仅仅是靠营销，你没有好的东西、好的卖点是不行的。还有一个层面就是设计师，特别是职业设计管理者，或者说设计老板要有这种意识。各个层面都这样做，当然还有教育界，在教书育人的时候，应该给他一个全方位的培育，而不是应该仅仅给他一种技术，光靠技术是不够的。

7.7 设计创新成功之路：国际图式还是本土经验？

胡飞：国内有没有企业在设计创新方面做得比较成功？或者有没有设计公司已经开始设计服务的转型了？

柳冠中：北方的联想。联想设计部最先是做包装的，后来开始做产品设计，现在改名叫创意中心。整个设计部门已经不仅仅是外观设计了，它已经具备了各种实验手段和设备，也和 IBM 一样做场景实验，观察用户在现代办公和娱乐场所的消费行为和需求，然后提出一些策略。在发现问题之后，设计部就组织研究人员来攻关。这就不是被动的，而是不断地提出问题、解决问题的过程。联想这个机构并不大，但是相对整个国内基本比较完整。其他的比如康佳和美的也试图做这个，但是企业结构系统的基本定位还是枝节末端，不是一个活跃的主体，而联想在机制上已经有一个保证。

童慧明：联想走的基本是一个国际化的道路，特别是收购 IBM，整个研发团队等于是变成了一个国际合作的团队。海尔也是比较明显的。广东本地的像 TCL、美的，都是重视设计和研发而推动了品牌的建设。

蔡军：联想可能是一个比较符合国际发展的模式。相对来说，它起点比较高，愿意在设计上做大的投入，而且它也尝到了设计的甜头，所以它就一直持续地往这方面投入，也云集了很多国际级的或者重量级的高手。所以它跟广东的一些企业在定位上有点不太一样。美的、康佳、TCL 现在也在做，可影响力弱，可能跟它的产品影响力有很大的关系。但是整个大平台可能有一点问题。

鲁晓波： 我觉得企业真正地把设计战略和设计策略结合、设计的作用放到一个总体的战略的层面，比如说三星、LG做得比较好，企业主管设计的可能都是副总，很高的位置，不隶属于任何一个部门，这是其一。其二，我觉得企业应该有一套自己的机制，一个有效的科学的机制，把设计的作用能够真正的彰显出来。比如说汽车业，一个车型设计是它最核心的技术，这绝对是控制最严的。我到奔驰参观，他们公司的设计总监带我去，一再问我，你没带摄像机吧？因为很熟了才这样问，一般人都不让进他们的设计部门。所以说要建立一个设计机制，建立一种科学的设计评价体系。

柳冠中： 这方面国外一些大公司做得较好，他们的设计绝对不是最后一道工序，一开始在制定产品计划的时候设计人员就参加进去了。设计人员跟营销部门和市场部门联合起来开发产品，实际上就把设计师的主动性融入到企业的机制里面去。我们国内很少有公司这么做，当然目前已经有一些苗头了。昨天，我刚刚在李宁公司讲课，他们有30多人的设计团队，小伙子们很精干，很有主动性。但他们普遍抱怨的是，他们是最后一道工序，就是上游压下任务来，他们必须在一个礼拜或两个礼拜完成，下游的追着他们要图纸。挤在中间，最后只有应付，于是设计师就成为图案师或美工了。所以，他们的积极发挥不出来。他们的产品部一个设计师都没有，全部是搞市场经营的，所以希望设计师能够进入那个平台，能够有发言权。所以我说，这个体制如果不调整过来，企业如果不明白，老把设计当做一个美化、装饰或是外观，那么任何创新都是一纸空话。

鲁晓波： 宝马公司也非常控制其他人对设计师的干扰。不是说谁都可以端个饭盆进设计部门的。比如销售人员，进去说这个不行，那个不行，它绝对是禁止这种做法的，连聊天都不行。如果我们的营销人员，把市场上的经验无意识地传递给设计师，我们设计师的原创性就会受到影响。因为设计师很害怕用这些市场过去的经验来引导他。而中国反过来，是要让营销人员来评价你这个设计怎么样，你这个设计在市场上会怎么样。

童慧明： 上海有个指南，它走的路运营模式是很成功的。因为它面对的都是国外客户，它已经变成了一个由中国设计师主持的、为国际客户服务的机构。说回来就是佛山的大业、深圳的浪尖，还有嘉兰图、毅昌，它们实际上已经成了一个设计创新和制造、销售一体化的企业。其他设计公司基本都处于设计服务的状态。一种是专业化服务。我比较推崇的是这条路。就是说锁定某几个行业，和企业建立一种长期共同成长的关系，不求什么都能做，专注于几个产品，把那几个产品做好。例如浪尖，专门打出手机类，它做很多的手机，像大业，嘉兰图基本上是什么都作。量很大，人很多。对国内的设计公司的发展应该开始思考这个问题，不要求覆盖面非常宽，但求在某几个行业做得很专。其实现在很多企业愿意找这样的合作伙伴。对某个行业一类产品的技术方法很精通、很熟悉，企业的技术平台和设计公司了解的平台可以对接。这样就会比较到位。

鲁晓波： 当然我说的这个经验，不是要让所有的企业都去采纳，而是让一些有实力、有引领能力的企业去做。比如说跟进，像日本韩国的一些企业，它就是跟进。投入的少，研发成本也相应较少，在市场上也能得到相应的利润，因为成本低。这也是一种战略。

胡飞： 但浩瀚是雇佣了中国本土的设计师，相对来说他的成本也会降下来。

汤重熹： 当然，毕竟都是中国人，沟通容易点，所以他们在越南也开始办，在台湾也有本部，所以浩瀚一年的总资产是一个亿。算是比较成功的，你看他的设计厂房是很大的，后来去看里面都是机器，什么三维成型、汽车点阵、三维扫描仪器等。

鲁晓波： 倒不是说一个大的公司一定要有自己的设计团队，我觉得关键是它要运用设计核心竞争力。比如奔驰，他们完全是全球采购。它在亚洲开一家研发机构，跟中国企业搞设计竞赛、workshop，然后具有好想法的学生可以到奔驰做 workshop 和实习，然后可以利用意大利人去做模型。这是全球采购资源，不是一定要借着庞大的设计队伍。而且在评价设计时，绝对不是老板说了算，要有一个很有效的评价体系和机制。我觉得国内厂家要想上台阶的话，首先，需要真正地理解设计、认识设计，在整个企业的战略上认识设计，不仅仅是一种美化。第二，要加大研发和设计的投入。光有设计没有原创的东西也是不行的，中国要从营销型企业向研发型企业转变，新的竞争力就应该有新的内容，新的内容就应该体现在研发和设计上。这样才能转型。广东一些企业只是经营劳动力，不可能持久。

胡飞：那么像浩瀚这条路是不是广东也要走的一条路呢？就是把设计拓展到后期制作。还是把设计重点放在前期调查研究？

汤重熹：广东要是能把后期做好那是很好的，包括小企业也要求设计把后期一起完成，要求设计公司能有后期的工程师，数据要准确，他要能马上开模。他们希望设计出来就是模型，最后能有准确数据用来开模，并且误差要小。像以前那种就靠设计效果图来赚钱是非常困难的。

鲁晓波：我觉得企业和学者不一样，我们不能把学者的观点强加给企业。企业在不同的竞争层面上，很自然地会选择相应的战略和策略。像明基就做得不错，这是一家台湾的企业。国内典型的例子就是长虹，长虹过去对设计不重视，是国有企业、老牌、大批量。当然它现在还具有这种靠大批量取胜的优势，同时又把设计的优势整合在一起。有很多产品出来，有很明显的改进和进步，这就很不错。联想、美的、海尔、海信、TCL、康佳等一些比较有影响力的企业，都在发展。

胡飞：有人曾说过，广东没有设计大师，你看国外的建筑师可以去做手机、服装。设计公司是不是应该可以提高这种跨行业知识？我们感觉广东的设计有点急功近利，因为这里毕竟挨着产业。

童慧明：这是非常明显的。广东的设计和整个产业的业态关系就是急功近利。为什么中国没有设计大师？所谓设计大师就是明星，就是除了行业的人知道，社会的人也知道。如果只是行内知道就不叫大师。现在中国的氛围，对设计创新的社会理解和认识是产生不了大师的。另一个角度来讲，我认为相当多的大师是有个人风格的。它不受整个市场的影响，有一个自己的独立的观念，或者设计的哲学，从形式上表现出来它的风格。这种风格通过被业界、被社会媒体包装，被人们认知、接受。以自我为导向，不以社会、需求为导向。

胡飞：您认为这种国外的大师也是靠包装来被大众认知？

童慧明：还没有一个默默无闻的人、不懂炒作不会炒作的人能成大师。像 Philip Stark，都娴熟于这方面的运作。这是必然的。

胡飞：您认为我们需不需要走这样的一条路，包装几个设计大师出来呢？

童慧明：我认为现在还不成熟，等 10 年、20 年以后吧。

7.8　设计教育：研究型还是专业化？

胡飞：在这个基础上反过来思考，设计师已经不再是设计外观。这样对设计师能力的能力，提出哪些新的要求？

柳冠中：现在大部分设计公司和设计师都在做外观设计，从造型本身上在做文章。国内工业设计教育 90% 是工科院校，但优势并没有发挥出来，而是在培养制造型人才。但是也不能说责任完全在教育机构上，因为我们国家的经济发展阶段是模仿制造阶段，所以需求就是造型，所以现在培养的几万人都是在做造型。但从今后企业的发展来看，这方面肯定要调整。因为国家要创新，国际市场要竞争，这些压力让我们认识到光有造型设计是不够的，必须要自己的品牌、自己的知识产权。那么就需要另外一种人才，对设计理解要重新。

胡飞：目前的理解大多是外观，是造型，是壳子。

许平：这和我们设计教育的胎记有关，它是脱胎于美术教育。比较容易认为任务就是完成造型，比较忽视它为什么要这样，以及我们怎么才能做得更好一点。另外，它比较强调艺术的偶然性。它对可控制的后果不太愿意去设想，而且也觉得是不应当去设想的。而这点和把一个商品真正投入到市场的思维方式是不一样的。这也是目前教育中最为缺乏的。要解决这个问题，可能相应的要开设一些课程，要调整教学结构。

柳冠中：八、九十年代争论得很厉害，但市场需求就是造型，所以实际上以前的教育大纲设置的都是造型。不过现在已经开始调整了。设计创新分为三个层次，一种是造型设计；另一种设计是把细节内部调整以后使它有新的面貌，产生一个新的品种；还有一种是从生活入手、需求入手，发现新的性能，发现新的服务方式。在这三个层次中，第二层次在我们现在的设计教育中明显不足，所以必须增加怎么观察生活，怎么研究生活，怎么从现有的产品中找到问题，提出新的产品概念。这方面光画效果图、结构图、电脑图就不够了，那仅仅是技术美工。需要训练思维、训练出想法。

胡飞：在设计实践过程中我们发现自己的知识储备和企业需求相距很大，通常是我们想说服他，但不得不被他说服。

蔡军：现在学校的教育只做到电脑效果图为止，后期的工程技术全部都扔给工程师。但往往结构设计需要重新修改和评审过程中，都是工程师在作决定，设计师没有发言权。设计师只能靠边站，因为他不懂。只有设计师不但了解前端，后端一直到模具、生产都能够把握住的话，他才能有发言权。我们现在的培养模式，包括清华美院，都欠缺这方面的知识。如果设计师真正能够把控这些，能够具有综合的知识能力和团队能力的话，这些问题就容易解决了。

杨向东：设计公司就不满意，那么有名院校的毕业生到了设计公司什么都做不出来，没有多少创新精神，或者业务不很熟。这实际上就反映出学校教育的问题。创新还没有从教育方法上体现，培养的人才的创新能力还不够，停留在所谓的造型，真正设计本质的创新没有。在学校提倡设计是大设计的概念，不仅仅是一个造型的问题，不能只停留在形态、材料、质感、色彩。所有的高科技都是要用设计的思想、创新的思想来组织，才能有新的产品出来。把高科技都堆在一起，不见得就是受欢迎的产品，最后很多功能完全没有必要。为人的需要服务，这才是工业设计要解决的问题。学校实际上教给学生的不仅仅是造型技巧，更多的要教他们发现问题、解决问题，教他们自己组织知识结构。要把创新作为教育的主线，而不能仅仅靠掌握知识和信息。

蔡军：设计师和工程师的互动是很必要的。比如设计师要熟悉工程师的语言，设计师可以用PROE建模，而且要求做到工程平台的一些前端接口，而不只是象征性的。这样一个接口需要在教育中去改善。

胡飞：这就是专业化知识的培养，特别是以美术为背景的，他就只关注到造型。

蔡军：这也是因为长期的专业分割，在专业之间缺乏交叉。此外，也缺乏与企业进行更深入的实际交流平台。应该有一个跨专业、跨行业的人来把这些东西串起来。

柳冠中：由于中小型的设计公司没有具备一个完整的系统，分工也不明确，中国的设计师往往需要谈合同，做方案，甚至最后跟企业交接落实。所以相对来说，设计师不仅要具备专业技能，还要具有多方面的能力；不单是画图，而是要应变；不单是知识技巧，还应该有应变能力。中国的设计师要具备一个完备的素质，做一个全面的人。

胡飞：有人提出现在本科教育要向职业教育转化，要把设计教育细分，然后专攻一方面，比如专门研究家具。这样本科四年毕业之后，他对家具就有很深的了解。针对这种教育思路，你怎么看？

柳冠中：这个思路可能是个必由之路。早期设计人才少，他需要跟各种工种、跟其他知识结构的人合作，在设计过程中不断丰富完善自己，所以需要综合型人才。但当经济发展到一定程度，企业发展不平衡，每个地区的经济发展模式不一样，就要走专业化分工这条路。设计教育现在也具有相当规模了，如果培养出的人才都差不多的话，那么他的去向就成问题，所以要"专攻"。

童慧明：通常对一类产品的了解，往往是通过做过一轮两轮的设计之后才能真正地了解。第一个设计都有可能是很皮毛的。等到做到第二个第三个的时候，你才可以了解这类产品。从理论上来讲，focus，专注于某几个行业，作为老板和设计师来说，应该有一个愿望和专业的意识，对整个的设计发展趋势作一个了解。

柳冠中：当然这也会产生问题，因为当某一类型人才饱和后，设计师就要转行。那么他怎么适应这个改变呢？学校教育里，工作对象可能是家具，学习过程中必须把方法传授给他，一旦他专攻的方向萎缩，他就有能力转行。

胡飞：现在企业需要大量技术性人才，尤其是在设计面拉宽之后。实际上这就需要分工，解决某一部分的具体问题，也就是说，设计产业自身形成流水线。

尹定邦：设计为什么很宽？因为康德设计了哲学，爱因斯坦设计了相对论，毛泽东设计了中国革命，蔡元培设计了北京大学，张艺谋设计了他自己的电影。如果没有目标、计划、预案、谋略与激情，他们将一事无成。

柳冠中：分工可能是一个必然的趋势，设计的工序会分，教育的形式也会多渠道，不能都培养本科生，也得有职业学校完全技巧的训练。现在很明显做模型的人没有了，甚至要求清华美院培养一批做油泥的。当然要清华培养这类学生可能性不太大，但应该有学校培养这类人才，社会也有这个需求，企业也有需要。

胡飞：比如深圳等地就有这样技术性的学校，不一定所有的设计师都是素质型的、综合性的，而是多层次多渠道地培养人才，这是对设计教育提出的一个很大挑战。

鲁晓波：我认为教育不取决于地域性，而取决于学校的学科发展。它的优势学科在什么地方，它的传统优势在什么地方？它的文化是什么？它的资源在什么？这都是不一样的。这取决于不同的学校，而没有所谓的高层次和低层次之分。比如美国的 Art Center 在设计实践上绝对是一流，但是设计研究、设计管理就比不上 IIT 和卡纳基·梅隆。这就说明一个学校、一个学院要有它的学科定位和发展优势。像哈佛大学把研究放在一个很重要的位置，但没人说它的设计做得好。日本的千叶大学，它的入学要求远远高于东京大学、东京艺术大学，它是在研究这个层面上。反过来日本的东方美术大学，在设计上、在设计师的培养上它就很有亮点。

胡飞：往这条路走下去，清华美院、中央美院的设计人才和广州美院的设计人才类型就不太一样。

许平：嗯，怎么说呢？也不应当有共同的类型。或者说它承担的使命也不一样。不能要求他们明明在北方，没有这样的环境，还要求它和南方一样。同时也不能要求南方的学生更多地考虑北方的问题。教育本身也是具有地域性的。南方可能更注重实用一点，北方可能更注重概念和大的格局。

尹定邦： 世界不统、国家不统、地区不统、大学内部也不统。

柳冠中： 我们中国设计教育的模式太单一，中专的教育大纲跟本科大纲跟研究生的大纲基本是一样。这实际上是单一的培养人才。应该有些院校根据不同的发展阶段和教育背景考虑到 5 年以后的状况，有些解决企业要什么人才就培养什么人才。要分工、分层次、分类别。工业社会最大的特点就是分工啊，到了信息时代，实际上这个分工不会改变，这个本质不会改变，而且是多品种、多渠道的，但是设计教育必须适应这个趋势，进行社会系统分工，这样效率才高，所以教育部要思考这个问题。去年设计教学研讨会在广西召开，统一大纲要求，那简直是培养全才，根本就不可能。

鲁晓波： 我觉得应该根据学科发展方向自由选择，而不是简单说南方应该怎样，北方应该怎样。我想南方同样需要管理大师和设计大师，北方也需要管理大师和设计大师。现在各个学校都在强调学校要有自己的办学自主权。美国就没有这样，美国教育部没有说你应该这样发展，都是各个学校找到自己的办学优势。中国的教育界也很奇怪，老是按照一个模子，比方说哪个学校做得好，其他学校也会参照这个模式，也不管资源是不是和别人相吻合。我觉得我们的学校也应该找到自己的学科发展特色，走自己的路。

胡飞： 针对当地的特点，在设计教育培养学生的知识结构是不一样的！

汤重熹： 对！比如广东这边就强调产学研结合，例如广州美院就要求是课题制，一般要求学生能以实际的课题来学习、研究，在实际的设计项目中能学到东西。而不能老是做虚拟的设计，以实际课题强调设计的限制性，也就是我们常讲的，工业设计是戴着脚镣跳舞。

胡飞： 那么以现在美术院校的师资结构，是不是很难适应这种课程的设置？

许平： 目前的课程结构很难适应现在的市场需求。但师资还不一定。我觉得师资的潜力还很大。老师既有对产品方面的把握，同时也有人文方面的基础。我觉得只要他关注到这一方面，把这些纳入自己的视野，从认识上去把握、去转变，就不是很困难。在这些方面，既有它的专业性，同时也有它的探索和发展，它也不是那么完整。所以不能指望哪一天忽然从天上掉下一个非常成熟的市场人员解决我们的问题。很多问题还是靠自己去解决，包括我们自己。

蔡军： 怎么从操作型、技能型转向研究型？这个转变是很困难的，因为师资结构不一样。老师的结构就得适应，能适应得快的还好，适应得不好的、慢的、不适应的，就遇到很大的问题。所以还是需要一个平台。我们希望将来搭建的平台，更多要和国际前沿研究接口，把设计从过去太多的技能化、感性化、经验性的混合转变到具有一定科学性、实验性和实证性的研究平台。我们的目的就是这样的研究培养，应该是引导，是战略引导，是前沿性的方向。

杨向东： 现在的设计教育存在滞后于设计业前沿发展的现象。因此我们院校教师需要与企业、设计公司及社会交流、接触，在校学生需要更多地接触实践，需要在座各位设计公司的老总们、卓有成就的设计师们经常去为他们讲课。不然学校将会出现教师无新东西可教，学生学到无新东西可学的现象。我觉得设计教育是和各位的事业紧密联系在一起的，你们应该更多地关注设计教育，支持设计教育，因为那里是你们选择优秀设计师的资源库。我相信只要院校与设计公司在创新人才培养上积极配合，一定能找到更好的双赢方法和渠道。

7. 9　设计竞赛：品牌？方案？还是泡沫？

胡飞：对于现在企业铺天盖地地举办设计竞赛，有什么看法或建议？

童慧明：这就是我说的"泡沫"了。

蔡军：从企业品牌宣传角度来说，搞设计竞赛为企业拓展思路、跳出框框、扩大设计团队、开阔自己的眼界都很有利。但是像中国常举行的这种竞赛，国外并不多见。比如一个我们学生参加过的比赛啊，我就不提名字了（笑），企业就直接把设计竞赛获奖的产品造型，那个让人眼睛一亮的造型，要求工程师以及企业内部的设计师来帮助调整、完善，就把这个获奖产品的模具打出来。不知道销售怎么样。

胡飞：对。去年长虹举办的平板电视设计大赛，最后大奖的作品可能也想量产。

蔡军：即使我们的社会、市场一时有反响，但是长期来说绝对不可取。这个东西不大可能长期地指导公司的策略、PI 等等。你再想一下，你自己走的是什么路线，是你跟着学生走呢？还是学生跟着你走？

胡飞：据说长虹觉得去年的效果不错，投入不大但又拿到了很不错的设计，今年还要接着搞竞赛。

蔡军：它们在走 TCL 的老路。TCL 这方面都已经停了，听说他们自己也已经意识到这样下去会越办越糟糕。

童慧明：Braun Design 可以说是一个经典的设计竞赛：所有学生的参赛、获奖作品一概不会被它考虑纳入生产，也从来不会从这些获奖作品中拿到 Idea 用于生产。它做这个竞赛的目的，就是想为学生营造一个平台，让全球的学生展现自己创新能力。它要的是设计的质量，绝对不仅仅是一个商业的宣传。它每两年举办一次，参与最后展览的那个冠军奖的完成度是非常高的，是可以投产的原创设计。但是它绝对不会生产。但是中国的设计竞赛非常功利，不会得到什么好东西。而且太过于频繁，每年一届，几乎都是投方案，一个三维效果图就参加评选了。大多数的企业就拿效果图去评选，其实就是一个 Idea。Idea 与真正投产和严谨的产品可行性中间距离太大了。所以就变成了低水平的设计竞赛，拿到了一个低水平的设计。它除了作为一个广告的效应之外，没有别的意思了。所有企业都这样做的话，这个广告也没有意义了。TCL、美的、华帝也可以做，这种短命的设计已经没有价值了。

胡飞：我觉得企业如果想通过比赛拿到什么的话不要用这种方式。另外就是它作为一个宣传的话也是一个选择吧。

童慧明：但是这种宣传你想达到一个什么目的？说明它是一个创新的企业？所有企业都这样做的话，你就不创新了。你必须拿出独特的、有自身特点的东西，让院校让学生认为这个竞赛是有价值的。现在你到赵永志的网站上看，上百个设计竞赛。国内竞赛一个不参加，就找国外的比赛。

蔡军：企业应该根据自己的品牌、市场来确定。要做竞赛但是应该按照企业前瞻性的一些想法去安排这样的竞赛。学生做的东西呢，最好是能着眼于企业三年、五年的一些点在竞赛中体现出来，通过竞赛去摸清青年一代生活消费群对设计、产品、审美、趋势等这些理解。

胡飞：比如说像飞亚达这样的企业，设计竞赛对它的盈利问题有没有一个推动作用？这么多年来品牌建设有没有成长？

汤重熹：这个效益是在增加，但是我觉得有点作秀的感觉，比如请了很多专家来评审，当然有那么多作品，一等奖和二等奖还是能评的出来。但关键是评出来的奖是不是就能够给你带来效益，这就很难说。

胡飞：那么，学生是否没有必要去参加呢？

童慧明：它现在已经干扰到正常的教学。学生正常的业余时间要让他们自己去选择参与什么样的比赛，你真正想要去参加国外的设计课题，这个课题直接下到学校里面，这个课程本身就是一个专题的课程。两三个学校之间的作品最后评一个奖，这样的作品往往是有价值的。学生是在老师的指导下花了5、6周的时间做，而不是用业余时间，或在投稿之前临时凑一个交。这点和我刚才说的设计公司一样。其实企业希望利用学校的教学平台，具备原创潜力和能力的平台为它的企业发展做一些好的设计。如果企业想从学生的作品中拿到可以投产的产品的话，那就不要去做，学生不可能具备这种能力。学校的教学绝对不具备把学生培养到能够做一个可以投产的设计。

7.10 国际设计前沿：生活？创新？还是文化？

胡飞：当今的世界工业设计领域的发展新动向如何？国际工业设计发展前沿和趋势对中国工业设计有什么启示？

鲁晓波：关于这个问题，我觉得首先是大家在趋同，这是肯定的。因为我们选择了市场经济，市场经济在西方经济发达国家已经有了上百年甚至几百年的历史。我觉得设计教育上也在趋同。我认为趋同有它好的一面，这好的一面是人类共同的财富，不同的国度、不同的民族彼此间的了解、沟通和理解，这很重要。但具体来说，区别还是很大。首先，学生拥有的资源不一样。国外学生拥有的资源众多，一方面是他自己的经济实力，一方面是学校的图书馆。我这次去哈佛看了一下，教学条件总体上差距很大。其次，从人才的需求层次上也有很大的不同，中国毕竟还是一个发展中国家。国外企业的重点也不一样，它在管理、法制等各方面的规范性也和咱们不一样。但是中国的市场，国外也没法比。所以我觉得真正的区别可能更多的是一种更规范的东西、一种更系统的东西。

杨向东：在西方，英国最提倡创新意识。这是一个老牌的资本主义国家，听起来比较衰老，但现在很重视创新。这个老年国家，生活也非常好，他的创新意识就很强，大量的时间都花在讨论上去。英国给人比较保守绅士，那么怎么么会在创新这块做得很好呢？是政府引导的。日本提倡一种全民创造，是一个国策。这个和设计很有关系，他们叫做发明协会，从全国到各个县，然后到区、街道，以至妇女、儿童，都在提倡创造。我们现在街头看的很多东西都是家庭妇女搞出来的。

柳冠中：国外知名设计院校基本都转向研究生活、研究用户，大量培养怎么去分析，这受社会发展、经济结构调整和国际竞争加剧的影响。以德国某校为例，1980年代实际上是技术学校，等于大专这个层次。最近二、三十年的发展有了根本的变化。他们的本科毕业设计答辩，12个学生，其中两个学生做的是企业的题目，做得相当好，IT产品或者家电，另外十个做研究型课题。它并不是设计出一个东西，而是研究一种自然材料转化到生活当中的可能性，研究怎么把它变成我们今后产品中的原材料。最后做了十多种可能性，没有一个完整的结果，一长桌子，摆满了实验室。而这十个同学拿到了学位，另外两个同学没拿到。理由很简单，你做的东西和企业设计师做法一样，成果也不错，但是现在的设计师也基本能做到；而我们培养人才是为今后的社会转型和人类发展需要，显然做企业实题没有达到这个要求。当然，这是国外研究型大学的一个动向。而我们还在学西方的设计教育体系，等把这个完全弄明白以后，再一看国外，他们又到了另外一个层面，我们又要重新来。

蔡军：国际的新动向更多的不是专注于产品本身，而是专注于产品背后能够引申的东西，比如文化性的东西、用户的需求或者是用户背后的一些东西。比如 INTEL 挑战杯的竞赛，传统的 INTEL 只是强调技术的研发，强调摩尔定律，越快越好。后来发现人们对这个不感兴趣，你做得再快，跟我的应用没有关系。所以它现在就遇到一个瓶颈，它就开始转移，它的重点就是用户研究中心，专门去研究这么快的芯片能够拓展到哪些应用上，比如说人们将来生活中的很多方面，这个也是一个信号。

胡飞：实际上是往产品的延展的服务就是非技术的东西的方向进行研究。

蔡军：现在包括社会学、心理学或者是消费行为的研究。现在人口的变化、家庭结构的变化、居住的变化，引起了很多产品的变化。我们也发现这个里面也有很多值得去研究的东西，比如说市场上一些突然销售很快的东西，实际上这些东西都和生活形态的变化有关系，这些东西要去跟踪研究，能够发现一些内在的东西。

尹定邦：社会到底要什么？我们的设计师有什么能力真正去按准社会的脉搏，知道社会要什么？忙着把图纸搞完，拿一两万元设计费，社会到底要什么？他不知道。你说我要什么？他要什么？消费需求是设计的源动力、是设计创造的源泉。可是消费需求你怎么知道？你给你老婆买过衣服吗？几次成功的？连老婆都不成功你还要设计师把这个社会搞清楚？！

胡飞：即使不喜欢她也说好。（笑）

尹定邦：她说好就是不穿呐。然后再过一段时间就说你别买了。

汤重熹：以人为本的设计和感性设计，设计首先要创新，同时要让消费者觉得设计就是"为我设计的"，对它产生一种感情，得到一种满足。

胡飞：如果想让用户感觉这些设计是真正为自己所设计的，那就得加强设计的前期工作。

鲁晓波：所以我想，中国的设计教育界可能要克服一些急功近利的事情，要沉下心来做研究做学问，要引导学生有一个扎实的学风，不要培养一批急功近利者。尽管现在很多机会，我认为还是应该提高教学的质量，适当把握人才的规模。美国培养出来的该干什么就干什么，但是中国就不行。教育部现在提出来要适当控制高校扩招规模。过去失业的是下岗工人，现在失业的是大批大批的大学生。拿了大学文凭但不能担这个责任，这是很麻烦的。当然这是一个很复杂的问题，整个社会要稳定，所有人都在学习，学习也是一种提高。要是有这个能力，多提供一些教育机会这肯定是不错的，但是你要权衡他们毕业以后又造成了一个更不稳定的因素，现在国家政策在进行不断的调整，来解决这个问题，现在我想回到设计界，提高质量比扩大招生数量更重要。

汤重熹：设计是一种团队的精神，既不要求自己设计师所设计的东西件件都能生产，这样的要求是过分的，而且是不切合实际的。在同时做一个项目的时候，你要学会去欣赏那些没有被选中的方案，因为他们也在为这个项目牺牲。有问题大家一起来商量一起来解决。你的被选上了大家为你高兴，而不是嫉妒的眼光看待问题，觉得老总没有眼光。要尽量避免这种情绪。

许平：我觉得可能现在我们看到的国际上的好东西，和我们差别最大的地方是在价值观上的差距。对于设计师的责任是如何思考的？我觉得我们探讨艺术设计，是在探讨社会责任，更注重人文内涵。而往往感动我们的设计，也是这样的一些设计。不排除国外的一些商业性设计，这个也很正常。但是站在最前沿的、能推动时代发展的就是有思想的设计。在这一点上我们的设计教育不能太短视，不能看作组织的需要。以中国之大，应该有一批人去思考设计，去学习西方设计的历史。

胡飞：这是否就是现在比较热门的"设计伦理"和"设计批评"两个概念？

许平：设计伦理和批评当然是一个纯理论的东西，当然有很多人去关注，我想说的还不是这个。我想说的实际上是设计师本身的立场，这是有区别的。我觉得国内设计师有一段时间太注重于实用这一块，太强调设计是一个实用的、市场化的问题，而且没有把中国市场化的方式理解清楚。其实真的市场前提是非常需要加以保护的产业性的东西。如果把我们的设计师培养成为只要到达目的不择手段的状况（应该说有一段时间发展太强调这个东西），以至于我们设计发展到看着都很讨厌的程度，以至于我们将设计往一个更重要的角度去转换的时候，不要说国外，连国内的人都怀疑，设计不就是玩几下阴招？设计真的有价值吗？这就是我们搬着石头砸自己的脚。我觉得有几个方面：1. 真正的设计含量在哪里？2. 设计师自身的人格魅力在哪里？3. 中国设计文化的自主含量在哪里？我觉得这三方面的挑战，在今后的一段时间内将一直持续下去。

参考文献

外文原著

[1] Bernhard E. Bürdek (2005). Design：History，theory and practice of product design. Birkhäuser Verlag AG.

[2] Buchenau，M. Fulton Suri，J. (2000)，Experience Prototyping，In the Proceeding of the DIS2000，Designing Interactive Systems，New York City，USA，ACM Press.

[3] Caplan，Ralph (1982). By Design. New York：St. Martin's Press.

[4] Herbert A. Simon (1981). The Sciences of the Artificial，Cambridge，MA：The MIT press，2nd.

[5] Herbert A. Simon (1983). Reason In Human Affair，Stanford，California：Stanford University Press.

[6] Jonathan Cagan & Craig M. Vogel (2004). Crating Breakthrough Products：Innovation From Product to Program Approval，Engine Industry Press.

[7] Nathan Shedroff (2001). Experience Design. Indiana：New Riders Publishing.

[8] Philip Kotler (1999). Marketing Management：An Asian Perspective，2nd. ed.，Prentice Hall (singapore) Pre. Ltd.

[9] Richard Buchanan，Victor Margolin (1995). Discovering Design—Exploration Design Studies. Chicago：University of Chicago Press.

[10] Sakol，T.，Sato，K. (2001). Object-mediated User Knowledge Elicitation Method. in the 5th Asian International Design Research Conference，Seoul，Korea.

[11] Sander，E. B. N. (2000). Generative Tools for CoDesign，In Proceedings of CoDesigning 2000，London：Springer.

[12] Victor Papanek (1985). Design for the Real World；Human Ecology and Social Change，2nd ed. Chicago：Academy Chicago.

中文译著

[13] [英] 爱德华·泰勒：《原始文化》，连树声译，桂林：广西师范大学出版社，2005 年版

[14] [美] 艾伦·库帕：《交互设计之路：让高科技产品回归人性》，北京：电子工业出版社，2006 年版

[15] [英] 亚当·肯顿：《行为互动》，张凯译，北京：社会科学文献出版社，2001 年版

[16] [德] 埃德蒙德·胡塞尔：《欧洲科学危机和超验现象学》，张庆熊译，上海：上海译文出版社，1988 年版

[17] [美] 奥格尔斯等：《大众传播学：影响研究范式》，观世杰等译，北京：中国社会科学出版社，2000 年版

[18] [法] 波德里亚著：《消费社会》，刘成富、全志钢译，南京：南京大学出版社，2000 年版

[19] [美] 巴伦·李维斯，克利夫·纳斯：《媒体等同》，卢大川等译，上海：复旦大学出版

社，2001 年版

[20] ［美］Chris Crawford：《游戏设计理论》，李明等译，北京：中国科学技术出版社，北京希望电子出版社，2004 年版

[21] ［美］C. K. 普拉哈拉德．《金字塔底层的财富：在 40 多亿穷人的市场中发掘商机并根除贫困》，林丹明，徐宗玲译，北京：人民出版社，2005 年版

[22] ［美］大卫·费特曼：《民族志：步步深入》，龚建华译，重庆：重庆大学出版社，2007 年版

[23] ［德］恩斯特·卡西尔：《人论》，甘阳译，上海：上海译文出版社，2003 年版

[24] ［德］弗里德里希·席勒：《审美教育书简》，张玉能译，江苏：译林出版社，2009 年版

[25] ［奥］弗洛伊德：《梦的解析》，高兴、成熠编译，北京：北京出版社，2008 年版

[26] ［美］海施编：《认知：设计意味着商机》，杨慧鸣译，北京：京华出版社，2008 年版

[27] ［德］海德格尔：《存在与时间．北京》，陈嘉映，王庆节译，北京：生活·读书·新知三联出版社，1999 年版

[28] ［荷］胡伊青加：《人，游戏者》，成穷译，贵阳：贵州人民出版社，1998 年版

[29] ［美］赫夫特：《剑与电——角色扮演游戏设计艺术》，陈洪等译，北京：清华大学出版社，2006 年版

[30] ［英］约翰·齐曼：《技术创新进化论》，孙喜杰、曾国屏译，上海：上海科技教育出版社，2002 年版

[31] ［德］齐奥尔格·西美尔著：《时尚的哲学》，费勇等译，北京：文化艺术出版社，2001 年版

[32] ［美］吉尔兹：《地方性知识——阐释人类学论文集》，王海龙、张家宣译，北京：中央编译出版社，2000 年版

[33] ［美］Jef Raskin：《人本界面：交互式系统设计》，史元春译，北京：机械工业出版社，2004 年版

[34] ［意］克罗齐：《美学原理·美术纲要》，外国文学出版社，1982 年版

[35] ［英］李约瑟：《中国科学技术史》，北京：科学出版社，上海：上海古籍出版社，1999 年版

[36] ［美］马克·地亚尼编著：《非物质社会——后工业世界的设计、文化、技术》，滕守尧译，成都：四川人民出版社，1998 版

[37] ［德］马克斯·本泽，伊丽莎白·瓦尔特：《广义符号学及其在设计中的应用》，北京：中国社会科学出版社，1992 年版

[38] ［美］马克·波斯特：《信息方式》，周宪等译，南京：南京大学出版社，2000 年版

[39] ［英］玛格丽特·布鲁斯、约翰·贝萨特：《用设计再造企业》，宋光兴、杨萍芳译，北京：中国市场出版社，2007 年版

[40] ［美］马克斯威尔：《质的研究方法：一种互动的取向》，朱光明译，重庆：重庆大学出版社，2007 年版

[41] ［加］马歇尔·麦克卢汉：《理解媒介——论人的延伸》，何道宽译，北京：商务印书局，2000 年版

[42] ［法］罗兰·巴特著：《符号帝国》，孙乃修译，北京：商务印书馆，1994 年版

[43] ［法］罗兰·巴特：《符号学原理》，王东亮等译，北京：三联书店，1999 年版

[44] ［法］尚·布希亚著：《物体系》，林志明译，上海：上海人民出版社，2001 年版

［45］［美］苏珊·朗格：《情感与形式》，北京：中国社会科学出版社，1986 年版

［46］［美］威廉·利德威尔等著：宏照等译：《最佳设计 100 细则》，上海：上海人民美术出版社，2005 年版

中文著作

［47］陈邦仁：《中华古锁》，天津：百花文艺出版社，2002 年版

［48］陈向明：《质的研究方法与社会科学研究》，北京：教育科学出版社，2000 年版

［49］邓成连：《设计策略：产品设计之管理工具与竞争利器》，台北：亚太图书出版社，2001 年版

［50］杜瑞泽：《生活型态设计——文化、生活、消费与产品设计》，台北：亚太图书出版社，2004 年版

［51］费孝通：《论人类学与文化自觉》，北京：华夏出版社，2004 年版

［52］韩强：《王弼与中国文化》，贵阳：贵州人民出版社，第 2001 年版

［53］贾杏年：《锁海漫游》，北京：轻工业出版社，1984 年版

［54］林惠详：《文化人类学》，北京：商务印书馆，1934 年第 1 版，1991 年第 2 版

［55］林盘耸：《企业识别系统》，台北：台湾艺风堂，1988 年版

［56］李德顺、孙伟平、孙美堂：《家园——文化建设论纲》，哈尔滨：黑龙江教育出版社，2000 年版

［57］李乐山：《工业设计思想基础》，北京：中国建筑工业出版社，2001 年版

［58］李乐山：《设计调查》，北京：中国建筑工业出版社，2007 年版

［59］李晓明：《模糊性——人类认识之谜》，北京：人民出版社，1985 年版

［60］李砚祖：《产品设计艺术》，北京：中国人民大学出版社，2005 年版

［61］柳冠中：《设计文化论》，哈尔滨：黑龙江科学技术出版社，1995 年版

［62］柳冠中：《工业设计学概论》，哈尔滨：黑龙江科学技术出版社，1997 年版

［63］柳冠中：《事理学论纲》，长沙：中南大学出版社，2006 年版

［64］姜云：《事物论》，海口：南方出版社，2002 年版

［65］谭建荣、冯毅雄：《设计知识：建模、演化与应用》，北京：国防出版社，2007 年版

［66］唐绪详：《中国民间美术全集·饰物卷》，南宁：广西美术出版社，2002 年版

［67］童恩正：《文化人类学》，上海：上海人民出版社，1989 年版

［68］奚传绩编：《设计艺术经典论著选读》，南京：东南大学出版社，2002 年版

［69］颜鸿森：《古早中国锁具之美》，台南：中华古机械基金会，2003 年版

［70］阎海峰、端旭著：《现代组织理论与组织创新》，北京：人民邮电出版社，2003 年版

［71］杨砾、徐立：《人类理性与设计科学——人类设计技能探索》，沈阳：辽宁人民出版社，1987 年

［72］叶舒宪：《神话——原型批评》，西安：陕西师范大学出版社，1987 年版

［73］吴良镛：《人居环境科学导论》，北京：中国建筑工业出版社，2001 年版

［74］中国大百科全书总编辑委员会：《中国大百科全书》，北京：中国大百科全书出版社，1991 年版

［75］诸葛凯：《设计艺术学十讲》，济南：山东画报出版社，2006 年

［76］朱红文：《工业·技术与设计——设计文化与设计哲学》，郑州：河南美术出版社，2001 年